中央高校教改基金教材项目资助
中国地质大学资源学院教材建设专项资助

"互联网＋地球科学"教材系列

油气开发地质学
（第二版）

OIL AND GAS DEVELOPMENT GEOLOGY

谢丛姣　杨峰　龚斌　编著

内 容 简 介

本书为中国地质大学"互联网＋地球科学"教材系列，由"油气开发地质学"课程的知识点和油气田开发动态二维码链接两部分所组成，重点介绍油气田的开发地质分类、油气田开发程序、油气田驱动方式和开发系统、注水开发油气田的主要技术决策、油气田开发动态监测和油气田开发规划方案设计等内容。

本书采用以数字化、互动性为特点的新媒体技术，以新教材为"客户端"整合教学资源，旨在实现师生共享学习资料，提高教学水平。本书使用"互联网＋"富媒体形式，在保留本书原有典型内容的基础上，增加了近年来油气田开发领域的新技术、新理论和应用实例，以16个二维码链接的形式展现数字图、动态图、音频、视频等多媒体媒介，将传统出版与数字化出版融合，实现了教材的立体化。既不影响教材的整体性和主次性，又为学生提供了更直观、更新颖的教学内容，实现寓教于乐，进一步为学校"双一流"的人才培养服务。

本书是为地质院校石油工程专业的学生编写的，为中国地质大学(武汉)资源学院石油工程专业"油气开发地质学"和全校通选课"油气开采与集输"课程的指定教材，也可供地质工程、资源勘察工程、油气井工程、采矿工程等专业以及现场从事油藏地质、油藏工程、石油物探的专业技术人员参考。

图书在版编目(CIP)数据

油气开发地质学(第二版)/谢丛姣等编著．—武汉：中国地质大学出版社，2018.7
("互联网＋地球科学"教材系列)
ISBN 978-7-5625-4156-1

Ⅰ.①油⋯
Ⅱ.①谢⋯
Ⅲ.①油气田开发-石油天然气地质-研究
Ⅳ.①TE143

中国版本图书馆 CIP 数据核字(2018)第 047470 号

油气开发地质学(第二版)			谢丛姣　杨峰　龚斌　编著
责任编辑：胡珞兰　谢媛华	选题策划：毕克成　唐然坤		责任校对：徐蕾蕾
出版发行：中国地质大学出版社(武汉市洪山区鲁磨路388号)			邮编：430074
电　　话：(027)67883511	传真：(027)67883580		E-mail:cbb@cug.edu.cn
经　　销：全国新华书店			http://cugp.cug.edu.cn
开本：787毫米×1092毫米　1/16			字数：330千字　印张：12.75
版次：2018年7月第1版			印次：2018年7月第1次印刷
印刷：武汉市籍缘印刷厂			印数：1—2000册
ISBN 978-7-5625-4156-1			定价：58.00元

如有印装质量问题请与印刷厂联系调换

前　言

根据《国家教育事业发展"十三五"规划》确定的"十三五"时期教育改革发展的指导思想、主要目标、战略任务和保障措施的要求，《油气开发地质学》教材第二版在《石油开发地质学》教材第一版的基础上，贯彻执行教育部关于压缩专业课学时精神，在新一轮教学大纲和教学计划指导下，重点吸收最新科技成果和各大油田的开发实践经验，综合应用"互联网＋"手段和技术进行了改编，增加了以数字图、动态图、音频、视频等多媒体为媒介的 16 个二维码链接，立体展示关键知识点。教育部高等教育司 1998 年 7 月颁布的《普通高等学校专业目录和专业介绍》中规定，"油气开发地质学"为工学（08），地矿类（0801），石油工程（080102）专业之主干课程，编著者从开发地质研究的基本方法入手，重点分析水驱油田在注水开发过程中的各种地质效应，为油藏优化管理服务。

油气开发地质学是近几十年发展起来的石油地质学与油气田开发工程的交叉学科，为提高油气田开发水平及技术应用效果发挥了重要作用。与 1979 年美国的迪基教授编写的《石油开发地质学》相比，内容已发生了很大的改变。就工作方法而论，它属于地下地质的范畴，但是它除了研究油气田的静态地质特征外，还要对开发动态做出地质分析。它包括油气田从发现后投入开发直至油气田废弃的全套地质研究工作，而且在不同开发时期有不同的研究方法。随着油气田开发的不断深入，油气田综合含水率上升，开发难度不断加大，同时也出现很多意想不到的新问题，这给开发地质工作者提出了更高的要求。因此，油气开发地质学不仅要向深度发展，更要向广度进军，要借助高科技发展技术和计算机手段，与其他学科相互交叉渗透，一方面为优化油气田开发设计、工程研究以及数值模拟奠定地质基础；另一方面又借助相关学科获得更多的地质信息，深化对油气田特征的再认识，以尽可能高的最终采收率把油气开采出来。

本书的绪论、第一章、第二章、第三章由谢丛姣编写；第四章、第五章由谢丛姣、杨峰共同编写；第六章由谢丛姣、龚斌共同编写。全书由谢丛姣统稿。二维码链接制作由中国地质大学（武汉）艺术与传媒学院专业团队制作完成。本书第二版的完成要特别感谢中国地质大学出版社的精心策划、编辑与资助，中国地质大学（武汉）教务处、资源学院也给予了大力支持。在改编过程中还使用了三大石油公司等科研合作单位的实际资料，在此一并表示衷心感谢。同时对 2004 年 9 月第一版以来 4 次印刷使用该教材的所有石油工程系的本科生提出的建设性意见表示感谢！珊瑚群的壮丽结构是从礁碎屑的基础上生长出来的，愿这本"互联网＋地球科学"新教材能为新一代石油工程师开发油气田打下坚实的地质基础，祝愿他们的明天比珊瑚群更璀璨！

本书是为石油工程专业的学生编写的，也可供地质资源与地质工程、资源勘察工程、油气井工程、采矿工程等专业以及现场从事油气地质、油藏工程、石油物探的专业技术人员参考。

由于编著者水平有限，书中定有不妥之处，敬请广大读者批评指正！

编著者

2018 年元月

绪 论

　　石油是不可再生的资源,油田开发是石油工业一个永恒的话题,油藏优化管理则是油田开发的主旋律。石油工业发展速度的快慢直接影响到我国现代化建设的进程,21世纪的油田开发将面临更严峻的挑战。60年来,我国的油田开发经历了从大型背斜整装油藏到复杂断块油藏,从孔隙性砂岩油藏到裂缝性碳酸盐岩油藏,从陆相沉积岩油藏到火山岩、变质岩油藏,从中高渗透油藏到低渗、特低渗油藏,从稀油油藏到稠油、高凝油油藏,从常规油藏到非常规油藏等多姿多彩的实践过程。在长期的开发实践中,油气开发地质学不断地由静态到动态,由宏观到微观,由定性到定量方向发展,逐渐形成了一门比较成熟的学科(裘怿楠,1996)。

　　油气开发地质学是油田开发深入发展的产物,随着油气田开发技术的发展而发展。

　　现代石油工业若从19世纪(1859年)算起,已有近160年的历史。早期的石油勘探开发以地质学家为主体,油气田发现以后交由石油工程师管理开采,地质学家不参与石油开采活动。美国石油地质家协会(American Association of Petroleum Geologists)与石油工程师协会(Society of Petroleum Engineers)的成立,以及它们在学术会议、出版物上表现出的学术分工也非常明显地反映了这一历史分割,这也是由当时的石油开采水平所决定的。

　　20世纪30年代以前,油田发现以后,油田主抢占租地,抢先钻生产井采油,油田开发比较盲目,是所谓的"掠夺式开采"阶段。这以美国20世纪30年代初发现并投入开采的东得克萨斯大油田最为典型。该油田1930年9月发现,很多公司蜂拥而上,两年内打了近万口采油井,截至1940年在560 km^{2}的含油面积内钻成了26 000口生产井。油井出现明显的井间干扰、过早见水、产量递减过快等问题,促使石油工程师们采用限制井距和单井产量的办法来保护油田的生产,油田开发转入了"保守开采"阶段。20世纪30年代以后,由于井深增加,钻井费用加大,井距也逐渐放大,并认识到地质上和能量上为统一体的油藏,其钻井数目和井网密度并不影响最终采出油量(Logigan,1979;Parke,1979)。

　　20世纪40年代,污水回注给油田开发带来了一次历史性的革命。注水开发要解决的基本问题首先是储层连续性和连通性问题,其次是储层客观存在的非均质性问题,储层各种尺度的非均质性极大地影响了注水开发效果。这两个问题的解决突破了"笼而统之、大平均"的传统地质工作方法。这两大问题仍然是当今开发地质、油藏描述、储层地质在不同尺度和不同精度上要解决的主要问题。

　　20世纪50年代,注水开发很快成为普遍工业性应用的主导开发方式。这一历史性的变革是开发地质学产生并逐步成熟、独立的主要契机和动力。

　　油气开发地质学的出现以苏联的米尔钦克于1946年出版的《油矿地质学》和美国里诺1949年出版的《地下地质学》为标志。前者更具创立开发地质学的代表性;后者更多地侧重于资料录取和建立钻井地质剖面的方法。从1975年马克西莫夫编写的《油田开发地质基础》来看,苏联的开发地质学比较成熟,而美国正式出版的《石油开发地质学》在1979年才由塔尔萨大学的迪基完成(Jordan等,1957;闵豫等,1984)。

　　20世纪60年代,我国的油气开发地质学继续发展并成熟起来,这应归功于大庆油田的成功开发。油田的决策者们在总结苏联的油田和我国的玉门油田等老油田开发经验的基础上,一开始就非常重视开发地质工作,把石油地质队伍明确划分为"区域地质"(专于盆地的区域勘探)和"油田地质"(专于油田开发中的油田地质工作)两部分。从1960年到1964年,突破了陆相碎屑岩储层的小层对比技术以及利用测井资料定量解释分层孔隙度、饱和度,特别是渗透率技术,在此基础上提出了油砂体的概念,正确指出注水开发中控制油水运动的基本单元是油砂体,形成了一套以油砂体为核心的储层地质研究方法。

20世纪70年代,随着注水开发的深入,储层非均质性对采收率的影响暴露得更为明显。由于油价上涨,三次采油技术受到重视。在美国,各种先导试验纷纷出现,工业性应用也具一定规模,促使开发地质工作向更深层次发展。其中最具代表性的是沉积相分析技术被引入到储层研究中,储层地质学已初露端倪。

20世纪80年代,现代高新技术的飞速崛起,促使开发地质学进一步向更高、更深层次发展。石油资源重组,计算机技术的发展,数学与地质的完美结合,分形、混沌学等非线性数学新理论和方法的出现,为描述地质现象提供了最新式武器,地质统计学的兴起与应用就是最好的体现。三维地震的发展,使得地震技术可以解决开发中的储层描述问题,相应地形成了储层地震学、开发地震学,这些都为实现精细定量描述储层提供了可能。开发地质和油藏描述由宏观向微观、由定性向定量方向大大地前进了一步,也由单一的地质学科走向了与地球物理、油藏工程、采油工程等多学科的协同(synergism)和综合(integration)的道路。

20世纪90年代,油气开发地质学又有了新的飞跃。1985年由美国能源部主持的第一届国际储层表征会议就是以油藏描述为核心,探讨开发过程中储层动态变化特征。长期以讨论石油地质勘探技术为宗旨的著名刊物AAPG,也以1988年11月为开发地质专刊,大声疾呼"还储层地质以本来面貌",此后每年的11月成为以发表开发地质论文为主的专刊。这表明油气开发地质学已成为石油工业中非常重要的地质基础学科,并非常成熟地按着本身的特点和规律在向前发展。

21世纪的油气田开发,将以动态的观点对待油藏描述。开发过程中油气田系统的变化将得到深入的研究,这将有力地指导高含水期以后的油气田开发。以此为契机,许多目前开发效果不理想的油藏将会得到根本性的改善;许多目前难以开发的油气田、边际油气田将会得到有效的开发。根据现有的工艺水平,当所有已经开采的油藏枯竭时,也只能采出1/3的地质储量,最多也只能采出一半,剩下的一半还留在地下,这是21世纪油气田开发要解决的根本问题。21世纪,三次采油将成为普遍工业性应用的主导开发方式,并且首先在油田注水开发进入后期的大批油气田中实现(陈淦,1997)。21世纪油气田的开发必将使三次采油的早期应用逐步成为现实。

19世纪的油气田开发主要是利用油气田的天然能量进行一次采油,由于工业技术水平较低,油气田开发带有"掠夺式"的色彩,大部分油气田的采收率达不到10%。20世纪发展起来的注水开发为二次采油,被称为是一次"历史性革命",油气田注水开发获得了较高的采油速度,采收率可达30%。国外把三次采油分为热力采油、混相驱采油和化学驱采油三大类,微生物采油技术在20世纪末已有所发展,三次采油无疑是油气田开发的又一次"历史性革命",可以大胆预言,三次采油将成为21世纪普遍工业性应用的主导开发方式。

油气田开发地质工作的核心任务是描述油气藏开发地质特征,现代油气田开发以实现正确的油藏管理(sound reservoir management)为标志,用好可利用的人力、技术、财力资源,以最小的投资和操作费用,通过优化开发方法,从油藏开发中获得最大的利润(裘怿楠,1996)。为实现这一目标,从技术上来讲,预测各种开发方式下的油田生产动态研究包括以下6项内容:

(1)资料采集(Data Acquisition)。
(2)油藏描述(Reservoir Description)。
(3)驱替机理(Displacement Mechanism)。
(4)油藏模拟(Reservoir Simulation)。
(5)动态预测(Performance Prediction)。
(6)开发战略(Development Strategy)。

只有正确预测油气田生产动态,才能作出正确的开发战略决策,优化开发方法。油气田生产动态的预测一般通过油藏模拟来进行,近代技术条件下,总是以数值模拟为主要工具,尤其在对水驱油机理认识相当成熟的今天,已完全可以应用数值模拟技术正确地模拟注水开采动态,其关键是必须有一个合乎地下实际的油藏地质模型。所谓"进去的是垃圾,出来的也是垃圾"就是指由于油藏地质特征描述的错误,导致油藏模拟预测动态的失误。油气田开发地质工作者的主要任务就是在油藏管理的全过程中,正确描述油藏开发地质特征。油气田开发地质特征很多,不同勘探开发阶段由于目的、任务不同,所要重点把握的特征会有所不同。从勘探寻找油藏的目的出发,圈闭条件重于储层的非均质性;从开发油藏的目的出发,则可以完全相反。二者的分工(表1)萌芽于20世纪50年代,到70年代已相当成熟(裘怿楠,1996)。这一分工主要强调勘探地质与开发地质的研究目的和研究内容不同,实际工作中,勘探地质的成果总是服务于开发地质,并成为其基础工作。

表1　勘探地质与开发地质的分工

分工	勘探地质	开发地质
任务	发现油气田	开发油气田
对象	含油气盆地	油气藏
阶段	盆地分析→布预探井钻探有利圈闭→发现油气田	评价油气田→布开发井投入开发→油气田废弃
研究内容	盆地内油气从生成到形成油气藏,油气藏的分布规律	油气藏内油气水分布,开发过程中影响流体运动的地质因素
研究层次	全球地质→油气藏	油气藏→流体流动单元

根据我国注水开发的实践,石油开发地质学须解决的九大地质问题是(裘怿楠,1996):
(1)储层构造形态、倾角、断层分布及其封闭性,裂缝发育程度。
(2)储集层的岩性、岩石结构、几何形态、连续性,储油能力和渗流能力的空间变化。
(3)隔层的岩性、厚度及空间变化。
(4)储层内油、气、水的分布及其相互关系。
(5)油、气、水物理化学性质及其在油田内的变化。
(6)油气藏的压力、温度场等。
(7)水体大小,天然驱动方式及能量。
(8)油气储量。
(9)与钻井、开采、集输工艺有关的其他地质问题。

本书围绕这九大问题,分 6 章重点介绍了油气田开发地质分类、开发阶段划分、天然驱动类型、注水开发油气田的主要技术决策、油气藏动态监测以及油气田开发规划方案设计。油气田开发是一个系统工程,在油气田开发总体系统工程中,开发地质是中心环节,它涉及到油气田开发的全过程,是油气田开发的灵魂(胡复唐,1995)(图 1)。

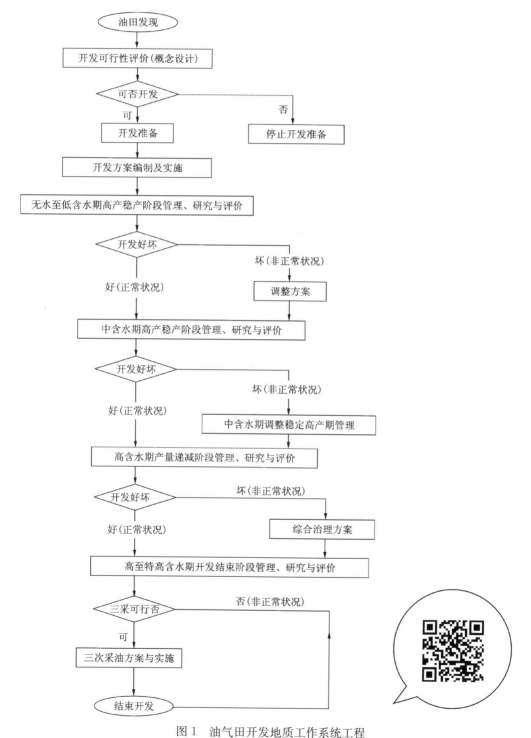

图 1 油气田开发地质工作系统工程

油气田开发地质特征研究是石油工程研究工作所不可替代的,但它需要其他学科交叉渗透,互为补充。石油地质学是基础,测井地质、储层地质、油藏描述、油藏工程是手段,油层物理与渗流力学、地下地质学是先修课程,油藏数值模拟、提高采收率、钻采工程则是油气开发地质学的延续与发展,多学科的协同与综合将会给油气开发地质一个广阔的前景,油气开发地质学一定会在21世纪得到进一步的发展。

目 录

第一章 油气藏的开发地质分类 ·· (1)
    第一节 概　述 ·· (1)
    第二节 按油藏的几何形态及边界条件分类 ··· (5)
    第三节 按所储流体性质分类 ··· (9)
    第四节 按油藏储集渗流特征分类 ··· (12)

第二章 油气藏开发程序 ··· (16)
    第一节 开发地质研究的对象 ··· (16)
    第二节 油气藏设计和开发的阶段性 ··· (24)
    第三节 油田开发次序 ··· (38)

第三章 油气藏驱动方式和开发系统 ··· (43)
    第一节 天然驱动类型 ··· (43)
    第二节 油藏开发系统 ··· (55)
    第三节 气藏开发系统 ··· (57)

第四章 注水开发油田的主要技术决策 ··· (63)
    第一节 开发层系的划分与组合 ··· (63)
    第二节 注水方式的选择 ··· (87)
    第三节 合理井网密度的选择 ··· (106)
    第四节 压力梯度 ··· (125)

第五章 油气藏开发动态监测 ··· (129)
    第一节 对产量、含水率、注水量的监测 ··· (130)
    第二节 对油藏压力的监测 ··· (133)
    第三节 对井和地层温度的监测 ··· (146)
    第四节 开发过程中对流体性质变化的监测 ··· (152)
    第五节 对流体界面的监测 ··· (154)
    第六节 对开发层系波及程度的监测 ··· (162)

第六章 油田开发规划方案设计 ··· (166)
    第一节 开发规划方案编制技术的发展 ··· (166)
    第二节 油田开发规划方案的基本内容 ··· (168)
    第三节 油田开发规划方案优选 ··· (171)
    第四节 油田开发规划设计系统 ··· (179)

参考文献 ·· (192)

第一章 油气藏的开发地质分类

油气开发地质学是指油气藏从投入开发直至开发结束全过程的地质研究工作,它以正确描述油气藏开发地质特征为主要任务,是正确管理油气藏的基础。开发地质既要早期识别油藏特征并深入描述油气藏,又要初步预测油气藏开发动态特征,针对不同类型、不同性质的油藏分别描述。因此,需要对油气藏进行开发地质意义上的分类。

第一节 概 述

一、油气藏开发地质分类的意义

21世纪以来,中外地质学家对油气藏的分类大致有按油气藏的形态分类和按油气藏的成因分类两大派别。如石油地质学家对油气藏的分类绝大多数是以油气藏的圈闭条件、聚集条件及分布规律为主要出发点,从成因上进行分类,其目的是为石油勘探发现新油气藏服务,与油田的开发条件和开发特点联系较少。对合理开发油气藏来说,原来的圈闭成因分类已不再适应要求。因为它没有充分考虑油气藏的天然能量,油、气、水的分布特点,流体性质等因素,对油田开发指导意义不大。随着人们在开发中对油气藏的认识程度不断深入,逐步总结出各类油气藏的地质特征和开采特点,提出了各种开发地质分类方案。油气藏的开发分类可以有效地指导油气田合理地进行开发设计,有针对性地对同一类油气藏进行开发,或以此为借鉴,为开发同类性质的油气藏提供宝贵经验,进一步增产挖潜,最大限度地提高原油采收率,以保证油田开发取得最好的经济效益。

二、油气藏开发地质分类方案

油气藏分类的方法很多,从不同的角度、不同的目的出发,可以得出不同的油气藏分类结果。例如按圈闭的成因可分为背斜油气藏、断块油气藏、岩性油气藏、复合油气藏等。若按烃类相态来分类,又可分为气顶油藏、凝析油藏、气藏等。若按油气储量规模来分类,可分为巨型油气藏、大型油气藏、中型油气藏、小型油气藏等。为油气田开发服务的油气藏分类方案应以油气藏的开发地质特征为主要分类依据,与上述分类应有较大的区别。

油气藏的开发地质分类原则应以能充分反映和影响开发过程,从而影响所采取的开发措施的油气藏地质特征为原则,使其划分的油气藏类型既有科学性,又具实用性,能概括地反映油气藏总体的地质特征,有效地指导油气藏的开发。

由于控制和影响油气藏开发过程的地质因素很多,分类时既不能随意命名引起混乱,又不能考虑太细,过于繁琐。以下是最常见的几种分类方案。

1. 欧美石油地质学家的分类

美国和苏联的油藏工程师如麦斯盖特、克雷洛夫考虑油田开发的天然驱动能量把油藏分为水压驱动、气压驱动、重力驱动、弹性驱动和溶解驱动等几类,这一分类方案在主要利用天然能量采油阶段是具有一定的代表性,但也是不完善的,因为一个油藏普遍存在两种以上的天然驱动能量,而且在开发过程中,起主导作用的驱动能量还会发生转化。因此,在目前各种人工作用和改善油田开发效果的措施日益被采用的情况下,这种只考虑天然驱动能量的分类方法显然不能适应当今形势的要求。

2. 我国油藏的开发地质分类

1982年闵豫在《油田开发地质学与油藏研究》一文中论述油藏研究的6项内容,首次提出了按开发特点进行油藏分类的方案。

1982年林志芳等在《我国油藏的类型和开发特征的初步研究》一文中将我国已有的油藏分为7类:①中高渗透率多油层油藏;②低渗透率油藏;③块状砂岩底水油藏;④稠油油藏;⑤裂缝孔隙型砂岩油藏;⑥裂缝性非砂岩油藏;⑦气顶油藏和凝析气顶油藏。

在此之前的分类可归纳为以下几种:

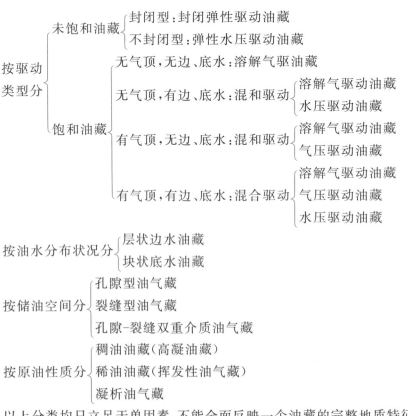

以上分类均只立足于单因素,不能全面反映一个油藏的完整地质特征。

1983年,裴怪楠等在《我国油藏开发地质分类的初步探讨》一文中提出适合我国陆相湖盆沉积特点的分类方案,一共为七大类,见图1-1。

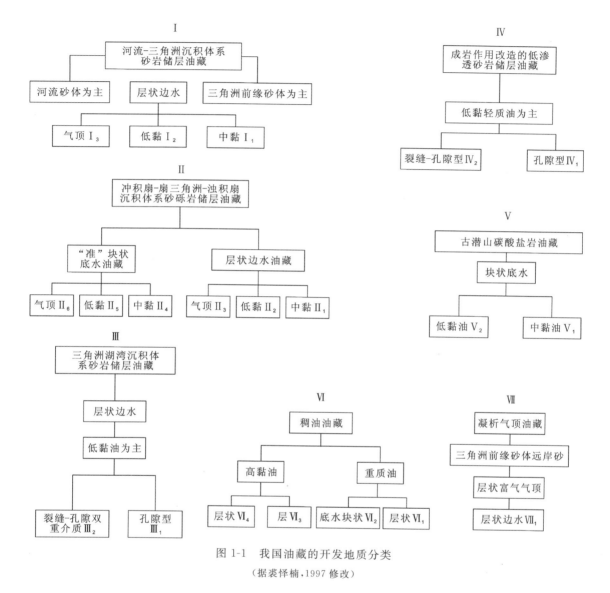

图 1-1 我国油藏的开发地质分类

(据裘怿楠,1997 修改)

分类依据有 4 点:①储层特点;②原油性质;③油、气、水分布;④裂缝发育状况。
该分类方案首先考虑储层特点,把油藏按碎屑岩储层特点分为五大类。

Ⅰ.河流-三角洲沉积体系砂岩储层油藏:具体可分为河流砂体(陆上)和三角洲前缘砂体两类。

Ⅱ.冲积扇-扇三角洲-浊积扇沉积体系砂砾岩储层油藏。

Ⅲ.三角洲间湖湾沉积体系砂岩储层油藏(包括伴生薄层碳酸盐岩油藏)。

Ⅳ.成岩作用改造的低渗透砂岩储层油藏:砂岩经较深成岩作用改造以后,其原生孔隙大量损失,次生孔隙可能成为主要储油空间,裂缝也随岩性致密而更加发育。

Ⅴ.古潜山碳酸盐岩油藏:孔洞缝储油,基岩块为碳酸盐岩。

其次考虑原油性质,又分出两大类。

Ⅵ.稠油油藏:$\mu_o \geqslant 20 \text{mPa} \cdot \text{s}$(该界限与"储量规范"中规定的界限不同)。

Ⅶ.凝析气顶油藏:具有凝析气顶的油藏。

在上述七大类的基础上,根据油藏其他地质因素,考虑自然组合,进一步划分出若干亚类。结合我国陆相含油气盆地油气藏的实际特点,将八大类划分成20个亚类,各主要亚类地质特征见表1-1,我国部分油藏分类命名见表1-2。

表1-1　主要亚类油气藏开发地质特征比较表

油气藏类型	储层特点						原油性质	边底水	油藏实例	备注
	岩性	物性	孔隙结构	几何形态	层间、层内非均质性	砂层形状及叠置关系				
I_1	砂岩	高孔隙,中、高渗透率	较好,规则	条带规模小	层间及部分层内非均质性严重	层状、砂泥间互、多层	中黏、高含蜡、高凝	边水不活跃,油水系统规则	萨尔图油田、胜坨油田	包括主要的大油田
II_1	砾岩	中孔隙,中渗透率	复杂,不规则	小叶状体或条带	层间、层内非均质性严重	多层、厚层状、砂砾岩与泥岩间互	中黏、高含蜡、高凝	边水不活跃,油水系统规则	克拉玛依油田、辽河油田、双河油田	
III_1	砂岩、生物灰岩	低、中孔隙,中、高渗透率	好	席状	弱	薄层状,层次很少	低黏	边水不活跃	兴隆台油田沙一中第四组	部分黏度较高,但在同一构造带内仍属相对较轻质,高产,占储量很少
IV_1	胶结致密砂岩、碳酸盐岩	低孔隙,低渗透率	复杂,不规则,次生孔隙发育	条带砂体	中等	层状砂、泥间互、多层	低黏	边水,油气过渡段(带)长(宽)	马岭油田	低产
V_1	变质岩等	低孔隙,低渗透率	孔缝洞双重介质型,复杂不规则	以圈闭连片	局部有成层性	块状	中黏,溶解气少	底水活跃	任丘油田	少部分变质岩储层,无边底水
VI_1	疏松砂砾岩	中孔隙,中渗透率	复杂,不规则	小叶状体或条带	层间、层内非均质性严重	厚层状砂泥间互、多层	重油,高胶质沥青质	边水不活跃	克拉玛依油田东二区	
VII_1	疏松砂岩	高孔隙,高渗透率	较好,规则	条带	层间、层内非均质性严重	层状、砂泥间互、多层	高黏、低凝	边水较活跃(砂层连通较好时)	孤岛油田	多数为次生油藏
VIII_1	细砂、粉砂岩	中孔隙,中渗透率	差,规则	席状条带	弱	层状、砂泥间互、多层	低黏	边水不活跃,气顶能量大	板桥油田	

表 1-2 我国部分油藏开发地质分类命名表

油藏名称	简单命名	详细命名
胜利胜坨油田	砂岩油藏	高饱和边水层状砂岩油藏
河北任丘油田	碳酸盐岩油藏或双重介质碳酸盐岩油藏	低饱和块状底水双重介质碳酸盐岩油藏
吉林扶余油田	低渗透油藏	带裂缝砂岩低渗透率油藏
辽河双台子油田	砂岩油藏	带凝析气顶层状砂岩油藏
辽河高升油田	稠油油藏	带气顶块状底水稠油油藏
辽河静安堡油田	高凝油藏	边水层状砂岩高凝油藏
新疆克拉玛依油田	砾岩油藏	边水层状低饱和砾岩油藏

三、分类方案的改进

上述分类方案都是以 20 世纪 80 年代初期我国已发现的油藏为对象，因而许多类型的油藏不可能被包含在当时的分类方案之中，如高凝油藏、挥发性油藏等。更主要的是上述分类把有可能在一个油藏中同时存在的不同性质并列起来归为两大类，而同一油藏又可以分入不同类中，造成同一类油藏的开发动态特征和开发方法可能会完全不同，这样就失去了按开发特点进行油藏分类的目的和意义。因此需要对上述分类方案加以改进。

影响油田开发的因素很多，而且有主有次，并非每个因素对每个油田都起作用，因此，任何并列式的分类不是包括不全就是分类太多，陷入烦琐哲学。为了解决这一矛盾，我国具有丰富的油田开发实践经验的学者唐曾熊(1996)提出了一个关于油藏开发的分类评价系统，其核心是从组成油藏的几何形态及其边界条件、储集及渗流特性、流体性质这 3 个独立的因素出发，对不同的因素进行分类描述。但并不是只按这三大特征分类就可以有相近的油田开发部署和类似的油田动态特征，而是按此系统逐级逐步描述，然后进行开发部署。下面按改进的分类方案分别对油藏进行开发地质分类。

第二节 按油藏的几何形态及边界条件分类

油藏的几何形态是油藏最直观的外部特征，但不能用一个定量尺寸来描述它，只能用其边界条件和几何尺寸在开发中的作用来加以区别。其中边界条件特指非渗透性岩体(层)圈闭、气顶和底水。油藏按几何形态及边界条件可分为块状油藏、层状油藏、透镜状油藏和小断块油藏 4 类。

一、块状油藏

块状油藏为厚度大、面积与厚度比相对较小的油藏。

从油田开发意义上来讲，块状油藏的边界条件很重要，尤其是下部边界。如果油藏下部边界全部是底水，或从平面投影图上来看，气顶和底水覆盖了整个油藏面积的绝大部分，油藏内部又无连续性好的隔层，或隔层已被发育的垂直裂缝所贯通，那么这类块状油藏在开发过程中，整个油藏与气顶或底水形成一个统一的水动力学系统。块状油藏的重要特征是存在底水，底水能量及底水锥进条件是块状油藏研究的重点。

块状油藏可按下述3个方面进行早期识别。

1. 预探井的各种录井资料、测井资料

块状油藏一般有连续的较厚的储层，如连续的孔隙性碳酸盐岩或渗透性砂岩剖面，油水界面出现在储层中，而不是被隔层分开的独立的油层和水层，砂岩含油井段中缺乏属于稳定沉积类型的泥质岩层，碳酸盐岩储层中缺乏厚的纯石灰岩或纯泥灰岩夹层；或者是储层为裂缝型或裂缝孔隙型，储层与夹层中有发育的劈理和垂直裂缝，测井解释在含油井段有明显和普遍分布的裂缝显示。

2. 地震资料解释

地震资料与预探井资料的结合是区分油藏几何形态的最重要手段。块状油藏在地震剖面上的显示是单一岩性的储层段内部反射波少，而高度大、面积小的古潜山及礁块等圈闭则有明显显示，少数油田可见反映油、水界面的平点展布整个油田。

3. 预探井的试井资料

预探井的试井资料除确定油、气、水层及产能外，就是进行探边测试和压力系统的确定。块状油藏有相当大的底水能量补充，在压力恢复曲线上表现为无限大地层的反映或高压边界的反映。

通过以上3个方面资料的综合研究，对油藏几何形态分类有了初步判断，但预探井得出的结论还需结合评价井的资料进一步确认，评价井完钻后还要进行各种资料的综合研究，以便得出正确的认识。

二、层状油藏

与块状油藏相比，层状油藏的厚度相对较小，面积相对较大，油藏的上下边界是不渗透的岩层，而不是气顶和底水，这种不渗透岩层形成的油藏上下部边界内的重叠部分占油藏平面投影面积的50%以上。

层状油藏的储层展布面积通常比较大，但由于我国油藏以陆相湖盆沉积形成的储层为主，在整个油田全面分布的层状储层为数不多，因此容易与透镜状油藏相混淆。二者的区别在于：如果在经济极限井距下，能形成较完整的注采井组就是层状油藏，否则就是透镜状油藏。

层状油藏的识别也可以从3个方面的标志来寻找。

1. 预探井的各种录井资料、测井资料

层状油藏一般为储层与非储层交互分布，最典型的是砂泥岩剖面，砂泥所占的比例比较接近，油、气、水关系简单，上气、中油、下水按重力分异，油、气、水层由非储层隔开。

2. 地震资料解释

层状油藏在储层段为砂泥岩剖面,地震剖面在此段内反射波明显,呈连续平行的波状结构。

3. 预探井的试井资料

层状油藏见不到明显的边界反映,或只有单一的边界反映。多油层油藏要应用重复式地层测试仪(RFT)测得整个含油层系的压力系统,层状油藏如果各处油水界面深度相近,其各层原始压力与深度关系的斜率在数值上应相当于地下原油密度,其高部位油层的压力系数一般大于1。

层状油藏比较常见。这类油藏的开发要注意边水和气顶问题,更要注意各油层的层间差异、平面非均质性、隔层稳定性问题,在此基础上优选出一种最佳的开发层系和采油工艺组合,而不是把层系、井网、采油工艺分割开来单独研究,这样才能获得好的开发效果。本书重点讨论的就是这类油藏的开发地质特征。

三、透镜状油藏

透镜状油藏大部分是以岩性圈闭为主的油藏。储层分布不连续,单个储集体分布面积小,在经济极限井距下不能形成完整的注采井组。这类油藏的大部分储量只能依靠弹性驱、溶解气驱和重力驱等天然能量开采,因此产量递减快,采收率低。

透镜体油藏的特点是各个小储油体形成独立的油气系统,一般由数量很多的微型油藏组合而成,单个油藏的油柱高度往往都很低,在微观孔隙半径分布比较分散(毛管压力曲线没有平台)的情况下,会出现许多油水同层,而层内无明显的油水界面。透镜体油藏一般高产期很短,由于泥多砂少,含油井段又长,通常是自下而上分段射开,逐层上返式投入开发,当产量低于经济极限后就上返开采新层,总的采收率一般为10%~20%。

透镜状油藏的识别方法如下。

1. 预探井的各种录井资料、测井资料

从岩性上来看,透镜状油藏以泥质非储层为主,储层分布在相当长的井段中,探井纵向上油、气、水关系复杂,具多套油、气、水系统。

2. 地震资料解释

透镜状油藏在储层段地震剖面反射波相对较稀,且很不连续。

3. 预探井的试井资料

透镜状油藏在压力恢复曲线上有多个边界反映,多油层透镜状油藏中,各层原始压力与深度关系的斜率接近于1MPa/100m。

四、小断块油藏

小断块油藏是指那些由小的断层圈闭构成的油藏,在经济极限井距下难以形成完整的注采井组,其开发特点与透镜状油藏相似。

小断块油藏的识别方法如下。

1. 测井资料

钻井资料测出的地层剖面可以识别出钻遇的地层,通过地层对比很容易判断出小断块油藏。

2. 地震资料解释

小断块油藏大都分布在山间盆地或断陷盆地,在拉张型断陷盆地断块构造的下降盘往往会形成断层很密集的地堑带和阶梯式的断裂带,这些断裂带中大部分油藏都属于小断块油藏。

3. 试井资料

小断块油藏在压力恢复曲线上有多个边界反映。

按油藏几何形态及边界条件分类的油藏研究重点可参照图1-2。

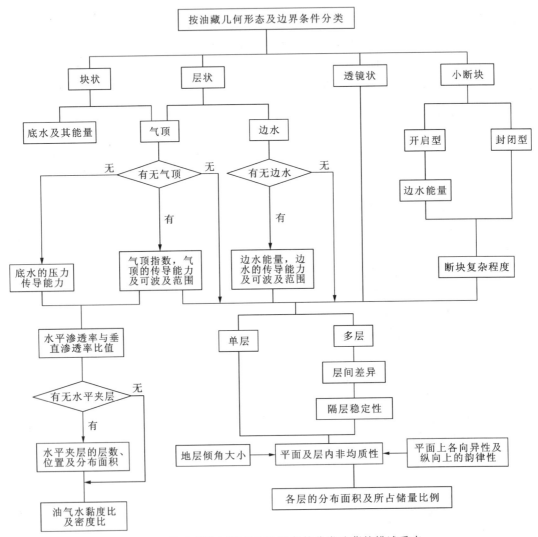

图1-2 按油藏几何形态及边界条件分类油藏的描述重点

一般来说,根据预探井阶段以及录井、测井、地震、试井资料就可以对油藏的几何形态进行确认。如果在预探井阶段还不能非常确切地判断隔层的稳定性,可借助评价井的资料进行小层对比和沉积相研究,得到关于隔层稳定性、连续性的确切成果,区分层状或块状油藏就有了充分的依据,通过三维地震、各井间的地层对比以及断层组合可进一步了解断块复杂程度。

实践证明,对于我国复杂断块油田在做完三维地震之后还不能使认识达到定量程度,就要借助试井资料进行判断,评价井的压力恢复曲线边界特征应与预探井的基本相似。预探井由于含油井段长度不大,要准确地划出深度与原始压力关系的斜率往往比较困难;而评价井钻在油藏圈闭的不同高度部位,测压点分布的深度差异可以很大,甚至接近整个油藏的油柱高度,这样就可以更准确地确定深度与原始压力关系的斜率,更可靠地区别层状或透镜状油藏。总之,评价井完钻后仍要进行各种资料的综合研究,油藏几何形态分类才能得到确认。

第三节 按所储流体性质分类

油气藏所储的流体是指油、气、水,它们的性质主要包括密度、黏度、凝固点及烃类、非烃类组分等,最简单的分类就是按密度分为石油和天然气两大类。目前国际上通用的分类是按油气藏所储流体的性质进一步细分为6类油气藏,即天然气藏、凝析气藏、挥发性油藏、高凝油藏、稠油油藏和常规原油油藏。

一、天然气藏

天然气藏定义为流体在地下储层中原始孔隙压力下呈气态储存,当气层压力降低时,气藏中的天然气不经历相变(许多天然气藏采出的流体在地面常温常压或低温下有液相凝析油析出),在气藏温度条件下,压力降到气藏枯竭压力仍不出现两相的气藏,都属天然气藏,在相图上显示为气藏温度大于临界凝析温度。

天然气藏的开发与油藏开发有很大的区别。首先 p-V-T 特性对开发特征有决定性的作用,尤其是天然气藏的开发对压力极为敏感;其次是能量的补充,对油藏来说补充能量意味着提高采收率,而对气藏来说一般起降低采收率的作用;还有稀有气体、二氧化碳、硫化氢、氮气等含量的不同对气体集输处理以及经济价值评价的差异影响极大,水化物的形成条件对气井开采和集输有着深远的影响。因此,天然气藏的开发一般都采用天然能量开发,其采收率与驱动类型有很大关系,封闭式气藏及弱水驱气藏的采收率可以超过强水驱气藏的1倍。天然气藏的开发重点是如何确定驱动类型,除了从地质条件本身分析外,还要通过开采过程的生产动态来判断,这个过程一般需1~2年的初步开发以取得足够的生产动态资料,最后编制正式的开发方案进行开发,这种天然气藏的开发时间与油藏比要短一些。

二、凝析气藏

凝析气藏定义为流体在地下储层中原始孔隙压力下呈气态储存,但随着储层流体不断被采出,整个气藏压力不断下降,当压力下降到某一点(油层物理中称为露点)时,液体从储层气体中凝析出来,随着压力的不断降低,析出的液体数量增多,当压力继续降低,一部分凝析液会重新蒸发被气化,直到压力枯竭,气藏中仍保持两相流体存在,这种具有反凝析(也叫逆凝析)特性的气藏称为凝析气藏,在相图上显示气藏的温度介于临界点及临界凝析温度点之间。

凝析气藏研究的重点是获取较为精确的流体组分及相图,确定气藏有无挥发性油环和黑油油环,因而准确的取样技术是获取流体组分及相图的关键。

凝析气藏的开发多采用回注干气保持气藏压力的方法,以控制和减少反凝析作用,提高凝析油的采收率。如果采用消耗压力式开采,当气藏压力下降至露点压力后,进入反凝析阶段,凝析油含量迅速下降,组分变轻。由于凝析油的析出,形成两相流,气相渗透率要下降,产能降低很快,开发这类凝析气藏的关键是保持气藏压力。

三、挥发性油藏

挥发性油藏定义为地下原始油藏压力下流体呈液态储存,随着流体不断被采出,油藏压力下降至某点(油层物理中称泡点)时,气体从液相中析出的油藏。由于原始状态下液相流体溶解气量很大,随着气体的析出,液相体积大幅度收缩,从定性上来看,整个过程与常规原油的界限比较难区别。因此一般以体积系数和体积收缩特性来确定:挥发性油藏的体积系数应在 1.75 以上,其收缩特性是压降初期收缩快而压降后期收缩慢,收缩率与无因次压力关系曲线呈凹形;而常规原油是压降初期收缩慢而压降后期收缩快,收缩率与无因次压力关系曲线呈凸形。与其他几类油藏相比,挥发性油藏对压力最为敏感,压力稍有下降,采收率即明显下降。

挥发性油藏最重要的特征之一是溶解气油比高,原油中轻组分含量高,体积系数大,一般采用早期保持压力的方式开采,注气或注水来保持油藏压力。由于原油中的轻组分含量高,注气时容易形成混相驱,但要注意混相条件研究,否则难以达到很高的驱油效率。

挥发性油藏只要在泡点压力以上补充能量保持压力开发,其稳产期都比较长。若注水开发则无水采油期长,无水采收率高;若混相驱开发则气油比稳定,开采期长。一旦油井见水或注入气后,含水率或气油比将迅速上升,产量明显下降,总的开发期缩短而采收率较高。

四、高凝油藏

高凝油藏定义为地下原油含蜡量很高,凝固点也很高,原油在开采过程中,因井筒温度下降,液态的原油会因温度低于凝固点成为固态,形成不能流动的油藏。高凝油藏按温度差可以分为两类:第一类是凝固点与油层温度很接近(相差 5~10℃),在开采过程中有可能因措施不当(如油层脱气,注冷水等),而使原油在油层中凝固或析蜡,造成流动条件的大幅度恶化甚至完全丧失,使采收率及经济效益大幅度下降。这类油藏对温度特别敏感,开采过程中必须采取措施保持油层温度;另一类是凝固点及析蜡温度比油层温度低得多的油藏,这类油藏在开发措施上与常规油藏类似,但要重视采油工艺技术问题,防止在井筒流动中因温度下降而凝固。值得说明的是,这两类油藏的差别并不是由原油性质的不同引起的,而是由于埋藏深度、油层温度的不同引起的。一般井深 1000m 以下会严重结蜡,500~1000m 之间可能会凝固,因为一般高凝油的含蜡量大于 30%,凝固点大于 40℃,埋藏深,油层温度大大超过析蜡温度,无论是注水、注气或溶解气驱开采,油层温度均大于析蜡温度,可以按常规油藏的开发方式生产,但要注意原油在油井井筒举升(自喷或人工举升)过程中会凝固停产,通过井筒加热或伴热以及防蜡措施可以解决此类问题。

高凝油藏的开发重点是保持油层压力,设计合理温度,研究井筒热交换(包括油井和注水井)及伴热技术。

五、稠油油藏

稠油油藏定义为原油黏度较大的油藏。也有的文献将稠油叫作重油,它是按原油的重度来分的,但重度是指在地面脱气原油的性质。美国按 API 标准区分,黏度是指油层条件下的性质,因组分、金属离子含量、溶解气量、油层温度等不同而不同。本书中稠油的分类参考联合国训练研究所(UNITAR)的分类标准,温度以摄氏度度量,黏度采用两种黏度度量,分类标准如表 1-3 所示。

表 1-3 稠油分类标准(PIPED)

名称	级别		主要指标	辅助指标	开采方式
			黏度(mPa·s)	重度(API)	
普通稠油	Ⅰ	I_1	50*(或 100)~150*	>0.9200	常规开采或热采
		I_2	150*~10 000	>0.9200	热采
特稠油	Ⅱ		10 000~50 000	>0.9500	热采(注蒸气)
超稠油(天然沥青)	Ⅲ		>50 000	>0.9800	热采(非常规)

注:* 指油层条件下的地下原油黏度,其他指油层温度下脱气的地面原油黏度。

稠油油藏的研究重点是确定是否采用热采及热采的工艺技术经济条件评价。是否热采主要取决于油藏的埋藏深度、热能利用效率条件、注气和产液能力 3 个方面。此外,由于受地理条件的限制、油价的涨落以及距离市场远近等影响,能否热采还需作专门的经济评价,确定是否具有经济开采价值后再投入开发,保证最大限度地提高采收率和增加经济效益。

六、常规原油油藏

常规原油是指上述 5 类以外的、在油藏中以液态存在的烃类(碳氢化合物)。它没有挥发油的气油比和体积系数高,也不像稠油那样在油藏中难以流动,它是最常见的,也是相互之间差异极大的一类。

常规原油一般都可以用常规的开采方式开发(天然能量、人工注水或注气等),除了有充足的天然能量补充者外,一般都需要早期人工补充能量。无论是早期保持压力还是晚期保持压力,都要有一个选择经济合理、丰富易得而驱油效果好的注入剂问题,即注水还是注气。注水比较容易,价格便宜而且压缩性小;注气价格高,压缩性太大,达到注气压力要经多级压缩,其设备投资和操作费用远远高于注水。另外,注气驱的黏性和重力指进、舌进都比注水驱严重得多,除产生一次混相驱外,注气的波及体积比注水要低得多。所以,一般来说在非混相驱的条件下,气驱油的效率比水驱油的效率高,但总的采收率比注水时采收率低。在混相驱的条件下,注气可大幅度提高驱油效率,对于强水敏性地层不能采用注水保持压力,则注气是一个主要的途径。注气一般选择原油密度和黏度较低,容易形成油气混相的油藏,或者是地层倾角大于 30°,有可能形成稳定重力驱的油藏。由于注气价格很高,除了远离市场又无输气管线的油气区外,注天然气在经济上是不合算的,近年来已很少采用。二氧化碳则由于其在原油中的溶解度高、降黏作用大、混相压力低等优点,在有天然二氧化碳气田的油区就地取材,应用十分广泛。烟道气往往来源于大量消耗燃料的工厂,如燃油或燃气的发电厂,气体组分是二氧化碳和氮气的混合物,由于注入的气体对含氧、含一氧化碳和硫化氢均有严格的要求,虽然烟道气是副产品,经过严格的净化处理后成本也不低。氮气主要来源于空气分离厂,往往是氮气厂的副产品,同样对含氧有严格的要求,虽然烟道气和氮气有比二氧化碳广泛得多的来源,在工业发达的地区随手可得,但它们在原油中的溶解能力比二氧化碳低得多,与原油的混相压力又高得多,实现混相驱也比较困难。此外,由于氮气和甲烷的露点都非常低(氮气为$-196℃$,甲烷为$-161.5℃$),要将它们分离不仅困难而且昂贵,如果不分离则油田伴生气中的甲烷无法利用,从而影响经济效益。

以上6种分类是按流体单一性质区分的,在自然条件下,储层流体往往是两类甚至三类流体组成的油气藏,如有气顶或凝析气顶的油藏,有油环或油垫的气藏或凝析气藏,有稠油垫或稠油环的气藏,有凝析气顶的挥发性油藏,有气顶的稠油油藏等,这些复合流体组成的油气藏大多在开发时与单独开采的方法有所区别,一般是保证主要部分的开发效果而牺牲局部的开发效果。

带气顶的常规油藏除凝析气和原油可以形成混相驱外,也可以采用气顶注气,最好的办法是采用在油区注水保持压力气顶暂时不动,等油采完后再采气顶。有气顶的稠油油藏,气顶气绝大多数情况下都是干气,可以在蒸气吞吐阶段随油藏压力下降采出气顶气,使气顶压力略低于油区压力,不至于造成气锥和舌进,使热采不受干扰,按计划逐步降低油藏压力,以达到蒸气驱的条件。稠油黏度很大,气顶压力随油区压力下降而同步下降,在保持气顶压力稍低于油区压力时,稠油不会明显侵入气顶区而造成可采储量减少。

按油藏流体性质分类的油藏研究重点可参照图1-3。

第四节 按油藏储集和渗流特征分类

油藏储集和渗流特征包括储层的孔隙度、渗透率、润湿性、毛管压力曲线、相渗透率曲线等。按储集和渗流特征将油藏分为3类:孔隙型储层油藏、裂缝型及裂缝孔洞型储层油藏和双重介质型储层油藏。

一、孔隙型储层油藏

孔隙型砂岩、白云岩或礁灰岩储层一般具孔隙型渗流特征,其储集空间及渗流通道主要为颗粒间形成的各类原生和次生孔隙。一部分储层虽然储集空间及渗流通道均为微裂缝,但微裂缝以网状分布于整个储层,或微裂缝的喉道半径与基质孔隙喉道半径处于同一个数量级,或微裂缝喉道半径很小,处于基质中大的孔洞状态,虽然从地质成因上属于裂缝型或裂缝孔洞型,但从油藏工程的观点来看,这种储集和渗流特性仍属于孔隙型渗流特点,称为似孔隙型或准孔隙型。

孔隙型储层大部分为碎屑岩,其储集与渗流特征有较好的相关关系,渗透率随孔隙度增加而增大,它们都受颗粒大小、磨圆度、分选系数、泥质及胶结物含量、胶结类型等因素的影响。孔隙型储层研究重点表现在3个方面:①储层的微观和宏观非均质性;②储层的表面物理化学性质,包括储层的比面、胶结物含量和黏土矿物成分,储层表面的润湿性等;③相对渗透率曲线,它是储层微观结构与表面润湿性共同作用的结果。除此之外,中高渗透层出砂问

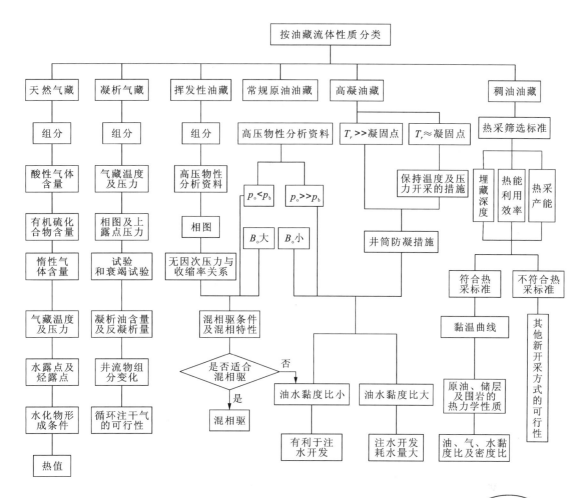

图 1-3 按油藏流体性质分类的油藏描述重点

题和低渗透及特低渗透层的压裂问题也是研究的重点。

二、裂缝型及裂缝孔洞型储层油藏

裂缝型及裂缝孔洞型储层是指储集空间和渗流通道均为裂缝与孔洞,这类储层的特点是孔隙度很低而渗透率很高。一般单纯裂缝型储层的有效孔隙度都小于1%。这类储层形成的油气藏有产量高、递减极快的特点,一般高产井、低产井、干井交替出现,开发这类油藏付出的代价较高。

这类储层的研究重点在于正确认识裂缝,目前已形成了一定的技术系列,以声波及放射性为主的裂缝测井系列与地震资料结合进行横向预测,可以划分出裂缝发育带及其分布范围,对裂缝发育带应用微电极扫描和井下电视测井,可以直观地把裂缝形态、宽度、长度、走向、孔洞分布以及它们的含油产状展示出来。

裂缝型储层都用测井资料和试采资料求孔隙度、渗透率,计算储量及产能。裂缝型储层孔隙度一般都小于1%,最大不超过2%,但裂缝型油田渗透率很高,初期产量高,采收率也比较高,但递减较快。尽管如此,开发该类油田投资回收期还是较快的,影响油田开发经济效益最主要的因素是钻遇裂缝发育带的成功率。

裂缝型油藏一般不采用人工注水方式开发,在有天然边、底水驱但能量不足时,部分油藏可以在边、底水部位补充能量。人工注水容易使水沿一条主裂缝突进,造成油井迅速水淹,且由于水锁作用,其他小裂缝的油很难再采出。因此开采这一类油藏应特别注意对裂缝的大小、方向及强度的研究,以便针对具体问题具体分析,取得好的开发效果。

三、双重介质型储层油藏

双重介质型储层油藏的渗流在储集空间以基质孔隙为主,而渗流通道以裂缝为主。按其基质渗透率与裂缝渗透率的比值可分为裂缝-孔隙型、孔隙-裂缝型两类。还有一些储层普遍发育的微裂缝形成基质孔隙度和渗透率,而大型宽缝形成的以高渗透裂缝为主要的渗流通道,虽然整个空间和渗流通道均为裂缝,但仍呈现双重介质的渗流特征。

双重介质储层有可流动的孔隙,基质孔隙是储集空间的主要部分,又有较发育的裂缝,是渗流的主要通道,使储集与渗流分离。双重介质储层按裂缝和孔隙的作用不同又可分为两大类:一类是裂缝-孔隙型储层,基质的渗流性质仍然较好,裂缝只起到增加方向渗透率和产能的作用,在试井压力恢复曲线解释上双重介质特征较不明显,井间干扰试井则可以看出明显的渗透率方向性;另一类称为孔隙-裂缝型储层,裂缝渗透率很高,而基质渗透率很低,显示出强烈的裂缝型储层特征。两类储层的区别有一个明显的硬指标:如果总渗透率与基质空气渗透率之比大于10,即有数量级上的差别,则为孔隙-裂缝型储层;如果总渗透率与基质空气渗透率之比属同一数量级,差别不大,则属裂缝-孔隙型。

孔隙-裂缝型储层采收率都比较低,主要是因为裂缝的采收率高但孔隙度很低,基质的孔隙度高,采收率却很低,这对矛盾的结果导致总体采收率较低。裂缝-孔隙型储层与裂缝型储层一样,一般采用沿裂缝线状注水方式注水开发,注水井距大于生产井距。当然,整个油田的合理井网还须由实际资料精确计算对多种方法计算结果进行比较优选得出。

按油藏储集和渗流特征分类描述重点见图1-4。

以上是根据油藏的几何形态及边界条件、流体性质及储层储集和渗流特性3个方面的分类,对于某一具体油气藏就可以给其进行开发命名。如块状带气顶的稠油孔隙型油藏,层状挥发性低渗透孔隙型油藏,小断块孔隙型油藏或似孔隙型油藏,小透镜体孔隙型凝析气藏,层状裂缝型气藏等。再按分类进行油藏描述就可以对油藏有一个总体认识,对油藏在开发过程中的动态特征也有了基本认识,编制油田开发概念设计或在此基础上编制油田开发方案,就可以有比较扎实的基础,不再犯原则性的、不可改正的错误。当然,油田开发不仅是个技术问题,更重要的是经济问题,在某种条件下还可能是个政治问题。撇开政治问题不谈,影响油田开发的经济因素还有很多,如油田所处地理位置的自然和经济环境,气候,距市场及大油区的远近,油价的高低,油藏埋藏的深度,地层的可钻性(岩石硬度、有无高压水层或易垮塌层)等。由于这些条件的变化,相近似的油田也会采取不同的方法,但哪类油田适用哪些方法,不宜用哪些方法,总体原则是不会受影响的,受影响的主要是井网的疏密,采油速度的高低,是否采用人工补充能量及用什么驱替剂来补充能量,等等。因此上述3个方面的分类仍然是最基本的分类,只是在不同条件下经济评价的指标不同,优选的结果不同而已。

油藏按上述3类分别评价后,把三者结合起来就对油藏有了全面的认识和基本的概念,

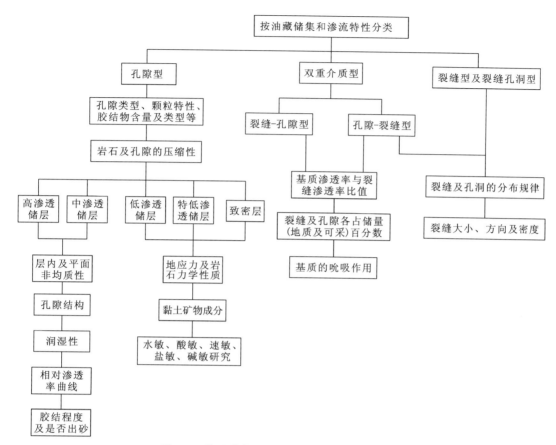

图 1-4 按油藏储集和渗流特性分类描述重点

开发设计的要领就可以形成了。但对评价一个油藏来说还有一些综合性的指标,是上述 3 类因素综合影响的结果。如油田的储量、采收率、产能及其变化规律等,而这些又是制定开发设计最重要的参数,开发决策也与两类或三类油藏性质有关,如层系的划分、井网密度的确定、能量的补充及一些特殊工艺的应用等。因而上述三方面的分类是引导我们进行油藏描述逐步深入的思路和工作提纲,描述结果对油藏性质及开发中的特点有了定性的了解。进行油藏开发设计时还要对油藏的综合特征进行深入的研究,这也是本书后面 5 章所要解决的问题。

除了上述 3 类常规油藏开发地质分类外,还有非常规油气藏类型,如页岩气、煤层气、致密油气、天然气水合物等,非常规油气藏分类描述重点还有待进一步完善。

第二章 油气藏开发程序

油气藏发现并论证有开采价值后即投入开发。所谓油气藏开发，就是依据详探成果和必要的生产性开发试验，在综合研究的基础上，对具有工业价值的油气藏，按国家对油气生产的政策和要求，从油气藏的实际情况和生产规模出发，制订出合理的开发方案，并对油气藏进行建设和投产，使油气藏按规定的生产能力和经济效益长期生产，直至开发结束。开发地质贯穿这一过程的始终，本章将对开发地质研究的对象、开发的阶段性和开发次序3个问题进行阐述，并将其中的油气藏设计和开发的阶段性列为重点叙述内容。

第一节 开发地质研究的对象

一、静态油气藏

静态油气藏是勘探地质研究的重点。静态油气藏不涉及到开发，是一个复杂的自然系统，但研究静态油气藏可以帮助建立地质模型。

作为自然系统的油气藏有4个基本单元：

(1)各种地质边界所限制的自然油气藏形态。

(2)组成油气藏体积的各种内部结构。

(3)产层所饱含的流体——油、气、水及其物理化学性质。

(4)油气藏的温度、压力特征——温度和原始地层压力。

对每一个基本单元需用特定的方法进行研究。

油气藏形态广泛采用几何化方法来研究，即建立各种图幅：如一维等值线图、二维剖面图、三维栅状剖面图等。对油气藏几何化认识方法的基本资料有：地球物理测井资料，试油试采资料，试井资料，详细的三维、四维地震勘探资料，起屏障作用的断层资料，储集层和非渗透层资料，油、气、水界面资料等。

油气藏内部结构的精细描述要求采用各种方法的组合，其中包括岩性分析、岩石成分分析、地球物理测井、试井等。这时的基本资料是实验室对岩芯资料的测试分析资料，以及地球物理测井解释成果等，对原始资料进行系统化和归纳时广泛采用数学模拟方法，开发地质人员在研究油气藏内部结构时起最主要作用的是对井剖面的细分层对比，通过精细油藏描述搞清油气藏的内部结构。

对产层所饱含流体性质的研究是在实验室条件下，对地下和地面样品进行高压物性分析得出的。常规分析项目有油分析、水分析、气分析、体积系数、压缩系数等。

温度和压力特征是在油气藏投入开发以前,通过测压点在井中测试原始地层压力和温度,经分析、校正、整理获得。

开发地质的一项关键任务是对油气藏建立地质模型、概念模型和预测模型,以便对油气藏有一个整体认识。对静止状态下的油气藏进行研究时不仅要确定个别单元的性质,而且要搞清组成油气藏的各单元之间复杂的相互关系,并最终确定油气藏作为整个自然系统本身的性质。

油气藏的静态信息主要是在地质勘探工作阶段根据钻井资料获得的,该阶段的钻井与探井的勘探设计相适应。一般来说,建立油气藏静态模型,计算原始地质储量是在勘探阶段完成。在开发监测过程中和油气藏详探阶段由新钻井所取得的大量静态资料可以用来实质性地校核勘探资料,并在此基础上修改完善静态模型,形成关于油气藏原始结构的新概念,油田开发就是一个不断修改、不断完善的过程。

二、动态油气藏

动态油气藏是开发地质研究的重点。从研究方法上来看,它是一个地质与技术的组合。从系统结构处理的观点来看,动态油气藏由两部分组成,即天然地质和人工技术,前者是自然形成的条件,后者是人类活动的结果。

当油气藏投入开发时,由于将技术组合作用于地质体,就形成了原则上完全不同的、非常复杂的油气藏系统,统称为地质技术组合,属于人工技术组合的是油气藏开发系统,开发系统对用天然能量开采的油气藏作用系统和采用保持压力开采的油气藏作用系统是不同的:利用天然能量开采的开发系统的基本单元是生产井,这些井以一定方式布置在油藏面积内,并为在井底造成压差和将液体举升到地面配备设备;采用保持压力方式开采的开发系统的基本单元有以一定方式布置在含油面积内的开采井和注水井组、对产层的作用方式、形成生产压差和将液体举升到地面的设备、将能量载体注入油层的设备、开发监测和调整的手段等。

地质技术组合是个动态系统,该系统由于地质和技术组合的相互作用经常发生变化,并且这种相互作用的性质和结果取决于多种因素。技术组合是经常性变化的,开采井和注水井井数开始时增加,然后减少,油、气、液产量不断发生变化,含水率和生产方式也在不断发生变化。

在技术组合的作用下,油气藏的形态改变了,体积缩小了,地层饱和流体的特征和能量状况也改变了。地质技术组合,以及其地质和技术组成的所有变化是在开发过程中油藏内所发生各种过程的作用结果,这些过程有:烃类储量的开采,向产层注水或其他注入剂,地层压力和温度发生变化等。因此,当对动态油气藏进行研究时,应重点研究开采过程中产层内所发生的一系列过程。

开发过程中油气藏状态的变化可用动态模型来反映,动态模型有两种:设计动态模型和自适应动态模型。

1. 设计动态模型

设计动态模型在开发设计阶段建立,并在设计文件中用对主要开采期的逐年和整个开采期的技术经济指标来反映。表示设计动态模型特征的主要技术经济指标有:年产油量、年产气量、年注入量、含水率、按生产方式投产的注水井和采油井井数等。

通常在设计阶段建立若干地质技术组合的动态模型,由这些模型组成多套开发方案,然后从这些方案中优选出从国民经济评价观点来看是最有效的方案,该方案按一定程序进行审核批准,交由生产单位实施。当油田进行开发设计(设计动态模型)时,通常不可能考虑油气藏地质结构的所有细节,因而在实施过程中对所采取的工艺决策必然会有些偏离,导致产层中所发生的实际过程通常在某种程度上不同于所设计的,或与设计的不相符合。

2. 自适应动态模型

为了判断当前油气藏状态与设计动态模型的差别,须建立自适应动态模型。自适应动态模型是随着开发过程的深入不断进行修改完善的模型。建立自适应动态模型需要用下列原始资料:油层和井的工作状况、开发过程改变的信息、开发系统改变的资料等。对自适应动态模型的调整通常反映在开发分析、开发调整、年度地质报告等文件中。

自适应动态模型用各种图幅和表格来表示。其中,图幅记录流体界面位置的变化、油层饱和度变化、当前地层压力变化等;表格主要记录过去开发动态指标的变化特征。

三、动态油气藏的研究内容

动态油气藏的研究内容主要包括3个方面:开发监测、开发分析和开发调整。

(一)开发监测

油气藏开发监测是为了落实地质结构,研究开发动态和建立、发展及完善所采用开发系统所采取的全套工作。与开发监测紧密联系在一起的是勘探过程中为将油气藏准备投入开采而进行的研究工作,在设计实施阶段以及整个开发期内,石油企业的地质和技术部门的主要职责之一是对油田开发实施系统监测。

1. 油气藏开发监测的目的

(1)提高整个油藏开发系统的实际工作效率。

(2)为开发过程实施最优化管理,为实施工艺措施取得必要的资料。

在具体操作过程中,要根据油藏地质特点和开发要求确定动态监测的内容、井数和获取资料的密度。油藏动态监测系统必须按开发单元建立,并落实到每口井上,选定的动态监测井的井口及井下技术状况要符合监测要求,在构造位置、岩性及开采特点上应具有代表性。为了便于分析对比,动态监测井一经选定不得任意变动,每年动态监测工作量和要求要分季度落实,检查上报。避免有的采油队为了经济效益,将动态监测工作量减少或不执行。

2. 油气藏开发监测的主要内容

(1)分井、分层、分区以及整个油藏目前和累积产油量、产水量和产气量,以及注入剂、注入量的变化动态,油、气、水产量要以单井计量为基础,计量误差不得超过5%,并采取连续计量的方法。

(2)对整个油藏和个别区块驱油剂的前缘位置进行监测。一般在油水界面附近确定观察井,选一批开采井定期测产液剖面,确定分层含水变化。如果是有气顶的油藏,要有几口井打穿油气界面,并定期进行中子伽马测井。

(3)在驱油剂侵入的地区,应特别注意对当前含油饱和度的分布状况进行监测。

(4)监测整个油藏、分区、分层的压力分布情况,各井井底压力、井口油管压力和套管压力的分布情况。选有代表性的开采井作为定点测压井,定期测地层压力,同时测流压,对生产压差和产油、产液指数的变化进行监测。观察井每月测压1次;注水井要有30%的井每年测1次地层压力;其他油水井要求两三年测1次地层压力;对于稠油、高凝油藏必须有10%~15%的井每半年测1次地层压力和温度;对于有气顶的油藏,在气顶区和油环区选定压力观察井,以定期观察油气界面两侧的压力平衡状况。

(5)对整个和个别射孔井段中能反映油水井水动力完善程度的参数进行监测。

(6)对当前油层的流动系数的分布情况进行监测。

(7)对注入剂向边外区和其他层的溢流量进行监测。

(8)对产层与其在剖面上邻近小层的相互作用状况进行监测,以搞清开发层系内各小层间的气、液流量和强度。以自喷为主的大油田必须有30%~40%的井点进行测试;以抽油为主的油田要有20%~30%的井点进行测试;复杂小断块及岩性油藏要分单元选少量井点进行测试。井点选定后要每年测试1次,凡具备测试条件的注水井每年测1次吸水剖面以获取分层吸水量和吸水厚度资料;对于注蒸气的稠油、高凝油藏,应有10%~20%的井每个注气周期测1次流体产出剖面,以定期观察分层气窜的情况。

(9)对在油层中和地面条件下气液采出物的物理化学性质的变化进行监测。

(10)对个别井的生产效率进行监测。

(11)对井下作业措施和提高采收率措施的实际工艺效率进行监测。

(12)对井下技术状况进行监测。要选10%~20%的井每半年进行1次时间推移测井,查清套管损坏的原因和状况,出砂严重的油田应有15%~20%的井每半年测1次井径,重大增产措施的井在措施前后还要测压力恢复曲线。

总之,从投入开发开始一直到开发过程结束,要不断地对油田的地球物理特性及其开发指标进行测试。通过这些测试资料不仅可以了解油田开发的地质特征,而且能更好地监控采油过程。

3. 开发监测的手段

测井和试井是开发监测的重要手段,为了对油层注入剂和产出物的物理化学性质进行研究,通常采取下列测试系列:

(1)在所有刚完钻的井中进行标准地球物理测井系列。

(2)在探井和生产井钻井过程中用地层测试器进行测试,并对产层进行密闭取芯钻取。

(3)用稳定试井方法绘制开采井和注入井的指示曲线,对所有井测压力恢复曲线。

(4)在采用常规注水方式开采的油田,开发过程中各井每年应测1次井温曲线,如果注入水的温度低,有可能导致原油结蜡;对采用热力法开采的油田,特别是在开发早期,对开采井测井温曲线的测量周期应不低于1个月;对凝析油气藏,要有20%~30%的井每半年做1次凝析油含量分析,观察随地层压力下降凝析油含量的变化情况。除此之外,还要对10%左右的井每年测1次压力恢复曲线,分析油层参数变化,进行地球物理测井以研究剩余油的分布情况,同时还要做 p-V-T 测试,了解流体性质的变化;中高含水期的油田要钻密闭取芯井,以研究分层水淹、水洗情况以及孔隙结构、物性参数的变化等。

在编制开发方案以前要对油田不同区块的大多数井进行深井取样,在个别井区这种取样需要每年进行1次。当情况特殊时,例如当进行深井取油样、水样分析能够判断油水界面的推进或石蜡在孔隙介质中的沉淀时,深井取样的次数还应多一些。如果要确定当前油水界面和油气界面的位置,还要对井中未射开层进行中子和脉冲中子测井,这种测试应每半年进行1次。在特定情况下可采用放射性同位素声波测井,井下电视以及其他特殊测井。

在油田进行上述测试不仅能深入地了解采油过程本身,而且能更深入地研究油藏和产层的动态变化过程。

(二)开发分析

开发分析是对具体开发问题作深入详细地研究,以便完善开发系统,总结开发经验,提高开发效率和最终采收率。

设计开发系统的科研单位在整个开发期间根据石油总公司或石油管理局所给的任务定期作开发分析,分析工作的周期取决于生产需要和管理局的要求以及当前设计文件的需要。

为了搞好油田开发动态分析,必须建立开发静态、动态数据库,同时要建立油田技术档案,将油田投入开发以来的重大措施每年整理归档。

1. 开发分析解决的主要问题

(1)对地质特征进行校核。

(2)对开发工艺进行研究。

(3)对油田、区块、层系原油储量开采状况进行分析。

(4)对所采用的监测系统、油水井的井数以及对开发过程调整措施的效果作出评价。

(5)对油田、层系的开发效果作出评价。

(6)提出主要监测措施和油田开发调整措施。

当前开发状况可以用生产井、注入井以及特殊井的井数,油、气、水产量,注水量,能量状况,油田和油井的含水率等来表示。对于水驱开发油田,应特别注意分析其油层和油井的含水率,对于个别开发层系和区块,要反映其水淹井井数变化动态,水淹井占总生产井井数的比例,水淹井的工作状况,水淹原因和水淹特征,现有生产井中由于水淹而关井的井数,分井排的水淹井情况,最后要绘制开发层系的注水图。对处于开发后期的油田,对这些指标进行分析具有很重要的意义。

开发分析要求分析监测部门所提出的对井、产层的水动力学试井,地球物理测井和其他测试的目的和工作量,油矿测试和观察工作量,以及修井的层系、类型、工作量和结果。根据这些结果可以评价监测系统的效率和生产井与注入井的技术状况。

开发过程调整措施的实际效率一般用开发状态和开发指标的变化来衡量,对所采取的措施要进行经济评价,计算年经济效益。此外,还要对开发过程所进行的分析研究结果进行归纳,并与设计文件和该油田以往的开发分析数据作比较,在此基础上得出关于开发过程效率和油田实施开发系统适应程度的结论,最后以对开发过程提出调整措施作为结束。

2. 开发分析的主要内容

开发分析分为3种:月(季)生产动态分析、年度油藏动态分析和阶段开发分析。

1) 月(季)生产动态分析

月(季)生产动态分析主要是通过开发动态数据对油田产量变化进行分析,分析目前油层压力、含水率或油气比变化对生产形势的影响,以及保持高产、稳产和改善生产形势所采取的基本措施,分析的主要内容包括:

(1) 月(季)产油量、注水量、综合含水率、油层压力等主要指标的变化,与上一个月(季)或预测的生产曲线进行对比,分析变化原因,提出下一步调整措施。

(2) 产量构成、老井自然递减与上个月(季)或预测曲线的相应值进行对比,分析产量构成和递减的变化趋势,提出改进措施。

(3) 分析注水状况。分析月(季)注水量、注采比、分层注水合格率等变化情况及对生产形势的影响,提出改善注水状况的措施。

(4) 分析综合含水率和产水量的变化,提出控制油田含水率上升的措施。

(5) 分析主要增产措施的效果,尽可能延长增产措施的有效期。

(6) 全面分析总结半年内油田的生产形势和变化规律,提出下半年调整意见。

2) 年度油藏动态分析

每年年底应全面系统地进行年度油藏动态分析,搞清油藏动态变化,为编制第二年的配产配注方案和调整部署提供可靠的依据。因此,必须加强年度油藏动态分析工作,提高油藏动态分析水平,其重点分析内容有:

(1) 注采平衡和保持能量状况的分析。分析注采比的变化、压力系统和注采井数比的合理性,确定合理的油层压力保持水平,并与目前的地层压力进行对比,分析能量利用保持是否合理,提出调整配产配注方案和改善注水开发效果的措施。

(2) 注水效果的分析。要搞清单井或区块的注水见效情况,见效方向,增产效果,分层注水状况等,并提出改善注水状况的措施,分析注水量完成情况,吸水能力的变化及原因,分析年度和累计的含水上升率、存水率、水驱指数、水油比等,并与上一年的实际值或理论值进行对比,分析注入剂的驱油效率和变化趋势。

(3) 分析储量利用程度和油水分布状况。用动态监测系统中的吸水剖面、产液剖面资料,密闭取芯资料,分层试油资料和单层生产资料等,分析研究注入水纵向波及状况,水淹、水洗状况,储量动用状况等,用油藏工程方法和现场测试资料综合分析不同时期注入水的平面波及范围与水驱油效率,搞清主力层系平面油水分布状况,利用不同开发阶段驱替特征曲线分析储量动用状况及变化趋势。

(4) 分析含水上升率与产液量增长情况。用实际含水率和采出程度关系曲线与理论曲线对比,分析含水上升速度,提出控制含水上升措施,分析当年含水上升率的变化趋势及原因,产液量的增长趋势,并与规划预测指标进行对比,实现油田稳产和减缓产量递减率。

(5) 分析新投产区块和整体综合调整区块的开发效果。严格按照新区开发方案的各项指标检查当年新投产区块的开发效果,进行井网、层系、注采系统综合调整的区块要按开发调整方案规定的指标分项对比其效果,要用经验公式、水驱特征曲线等分析调整前后可采储量和采收率的增加幅度,还要按调整井(新井)和老井分别统计,分析其调整效果。

(6) 分析主要增产措施的效果。对含水井当年进行的主要措施(如压裂、酸化、放大压差、堵水、补孔、增注等)分析产液量、产油量、产水量、注水量等的变化和见效期。

(7)分析一年来油田开发上突出的重大变化。如油田产量的大幅度递减、暴性水淹、油田出现套管成片损坏等,还要分析开发效果好和差的典型区块。

(8)编写油田开发一年来的评价意见。要用一年来的实际生产资料、理论曲线和预测曲线等资料进行分析对比,对一年来的开发形势、油田调整措施效果进行评价,在此基础上用油藏工程方法计算下一年或若干年的开发总趋势预测指标,编制第二年的配产、配注和生产曲线,同时根据油藏的开采状况为完成下一年的各项生产任务提出具体措施。

3) 阶段开发分析

根据油田开发过程中所反映出来的问题,要进行油藏专题分析研究,为制定不同开发阶段的技术政策界限进行综合调整、编制开发规划提供依据。一般情况下,对下列3个时期都要进行阶段分析:五年计划末、油田进行大调整前、油田稳产阶段结束开始进入递减阶段时。阶段开发分析要在年度开发动态分析的基础上着重分析以下内容:

(1)分析油藏注采系统的适应性。油田在注水开发过程中,从低含水期向高含水期发展,自喷开采向抽油开采转化,要对原注采系统的有效性及适应程度进行分析,并不断进行调整。

(2)对储量动用状况及潜力进行分析研究。研究各类油层及其不同部位的动用状况和剩余油的分布状况,找出平面上和纵向上的挖潜方向,分析现有的驱动方式及驱替方式的适应性,进一步研究提高可采储量和采收率的措施。

(3)对开发阶段内所进行的重大调整,如层系、井网、注采系统、开采方式、配产、配注等的调整,对所采取的主要增产措施,如压裂、酸化、堵水、放大压差等进行总结,分析其对增加产量、提高储量动用程度、改善开发效果的作用。

(4)对现有工艺技术适应程度进行分析评价。为了不断提高各类油层的动用程度,提高注水的波及体积和驱油效果,不断增加可采储量,提高采收率,应对现有注采工艺技术的适应性进行分析,并不断开展新的注采工艺技术试验研究,积极推广新工艺、新技术,以适应油田开发的需要。

(5)对开发经济效益进行分析。在阶段开发分析的基础上,要对开发效果进行经济效益分析,分析阶段累计产油量、总投资额、采油成本、投资收益率、投资效果、投资回收期等主要技术经济指标。

(6)对油藏总的潜力进行评价。根据不同地区油藏的开采现状和潜力分布,首先对现有井网工艺条件下所能达到的可采储量与最终采收率同理论计算和经验公式计算的可采储量及最终采收率进行对比,分析增加可采储量,提高采收率的潜力;其次要对油藏储量未动用或动用差的状况进行分析评价,还要研究确定提高产液量潜力及相应的挖潜措施。

(7)用油藏数值模拟技术预测开发指标。每个阶段必须用数值模拟的方法进行开发历史拟合,预测今后动态的变化趋势,并对主要开发指标绘制出预测曲线。

以上开发分析的内容主要适合砂岩油藏,其他类型的油藏可参照以上分析内容,结合本油田特点进行具体的动态分析工作。

(三)开发调整

开发调整是指在开发分析中所采用的工艺措施范围内,有目的地保持和改变产层的开发条件,以获得尽可能高的开发工艺指标和经济指标。

正如前述,开发系统是根据很稀井网的探井资料论证的,那时对油气藏结构的细节认识不清,设计一般是根据油藏平均参数在与其接近的地质模型上进行,因此所采取的开发系统不可能完全适应开发层系的所有细节,甚至在设计实施阶段就需要根据对油气藏结构特征修改后的概念采取补充措施,进行开发调整。因此,开发调整工作在油气开采过程中是经常进行的,油气藏本身就是一个随时间不断变化的复杂动力系统。在个别区块或整个油气藏,随着储量的采出,其开采条件经常发生变化。如纯油区缩小,含油气厚度减少,井数也在变化,这就要求所采取的工艺决策也随之发生变化,在井和井区之间重新分配产量和注水量,采取措施使以往注水未波及的地区和死油区投入开发。

1. 开发调整的目的

开发调整的目的主要有3点:

(1)使层系达到原设计文件中所预计的采油动态。开发早期的调整应使层系达到采油、采气的最大设计水平,以便更全面地利用所采取的系统;开发后期的调整主要是要将所达到的最高产油、产气水平尽可能地保持更长的时期,并减缓产量下降速度。

(2)使油藏达到设计的原油采收率。油藏一开始投入开发就应为达到设计采收率而创造条件,在选择调整措施时应考虑到从地下采出更多的储量。

(3)最大限度地利用已钻井,减少注入工作剂的费用,在不影响采收率的情况下减少伴随水的采出量。

当对油层采用人工作用方法时,开发调整可以通过注入井进行,以保证油藏体积被注入水更全面地波及;也可通过开采井进行,以保证整个油藏体积被采油所波及;当用天然驱动方式采油时,调整只对开采井进行。

2. 开发调整的原则

不同地质条件的油藏有自己的调整原则。

对于平面上具有均质结构的单层层系、低原油黏度油藏和区域性非均质结构的单层层系、低原油黏度油藏,合理的调整原则能加速其高产区的开采。含油边界或注水前缘的突进能使高产区首先开采和注水,边水或注入水把油藏"天然"切割成个别区块,在实施这一原则时,"天然"切割可以通过对高产区的注水井加大注水量、采油井提高产液量来达到,然后在"天然"切割区将水淹的开采井转注,以加强低产区的开采速度。

多层层系一般采用边内注水,这类层系开发调整的最佳原则是在其含油边界和注入水前缘均匀推进的情况下,在剖面上以均匀速度开采所有小层,只有在层系小层具有相同生产能力,并在平面上是均匀时该原则才有可能实现,但这样的条件在自然界是很难遇到的。在大多数情况下,多层层系具有明显的岩性、储集性变化多样性,相互间渗透率差异较大,对这类非均质层系确定调整原则时起决定作用的是岩性、储集性和非均质性。往往沿着多层层系剖面,小层的厚度和渗透率自上而下逐渐增大,在这些条件下可采用加速开采每一个底部小层的原则,首先开采底层,当底层水淹时将它们关闭,然后用类似的方式优先开采上层,最终保证小层开采速度自下而上逐渐减小。

当地层非均质性严重,并且层系各小层非均质性大致相当时可采用下列调整原则:在最大限度地减小开采速度差异性的前提下,尽可能地使所有小层全面投入工作。

对于储油高度很大的块状油藏,当主要靠底水驱油,或者采用注水提高油水界面时,开发调整的合理原则是在整个油藏面积上相对均匀地提高油水界面,沿剖面向上逐步射孔,并确定开采井的合理工作制度。

在确定油气藏开发调整原则时,应考虑水驱油一般比气驱油要全面。因此在天然边水活跃或边缘注水条件下可采用下列原则:保持气油界面位置不动,尽可能均匀地提高油水界面,使含油边界均匀推进。

当油气藏在气压驱动下开发时,主要能量为气顶气的膨胀能量,调整的目的是合理利用能量,用合理选择射孔井段,调整产液量、产气量的方法可实现这一原则。

气藏的开发调整原则取决于气藏开采的驱动类型。在气压驱动下,开发调整的主要目的是最大限度地降低地层压力的非生产性损失,合理分配各井产气量;在水压驱动下,开发调整应能保证气水界面均匀上升,含气边界均匀推进,不使水沿高渗透小层突进,或对各井确定合理产气量,考虑非均质特征,对气井的含水状况进行及时调整。

第二节 油气藏设计和开发的阶段性

一、油气藏设计的阶段性

任何一个油气藏的开发通常要延续几十年,在这期间对油气藏开发编制第一个设计文件以后,应周期性地采取新的决策,使其开发效果得到改善,有时甚至还要改变最初所采用的工艺。这些变化由科研单位论证,并由指令性机构在今后的设计文件中肯定。

我国每一个油田都是在设计文件的基础上投入开发的,所有有关油田开发的重大工程措施都要编制设计文件,并由上级主管部门批准以后才能实施。

(一)设计文件

我国的石油工业对油田开发编制设计文件已规定了统一的顺序,并对其内容有明确的要求。设计文件主要包括下列内容:

(1)开发概念性设计。它是对所有可能投入开发的油藏都要编制的。

(2)开发总体规划。它是对具有很多开发层系或独立开发面积的油田编制的。

(3)开发方案。它是对所有准备投入开发的油藏编制的。

(4)调整方案。在钻井过程中或开发初期发现其地质特征有变化时,或者对生产水平的要求有明显变化时,为使油藏开发系统更适应地下地质情况而编制的。

(5)工业性试验设计。它是为试验开采新工艺而编制的。

(6)试采方案。它是对有条件投入开发的油藏编制的。

一个构造或圈闭在发现工业油气流后,就进入了油藏评价和开发准备阶段,开发人员应参加评价工作的全过程,和勘探人员一起拟订油藏评价工作计划。该阶段的主要任务是提高评价区的勘探程度,取全、取准油藏资料,做好油藏描述,进行开发概念性设计。

(二)开发概念性设计的主要内容

(1)在油藏描述的基础上建立初步的地质模型,根据油藏类型对地质及流体参数进行三维定量化的描述。

(2)计算评价区的探明地质储量,预测可采储量,确定储量参数;计算油藏的探明地质储量或控制地质储量,确定可采储量,按表2-1确定储量类别。

(3)产能评价,确定单井产油量、产气量、产水量、生产压差、采油指数、油气比、含水率,产量、压力递减情况,酸化、压裂等改造油层措施的效果。

(4)工程评价,确定油藏的驱动能量和可能的开发方式,可采用的开发层系与井网系统,可采用的钻井工艺、完井工艺和采油工艺。

(5)经济评价,确定可能的技术经济指标,包括万吨产能所需要的投资、采油成本、投资回收期、采油速度、稳产年限和最终采收率。

表2-1 地质储量分类表

分类	单位面积储量 ($\times 10^4$ t/km^2)	千米井深产油量 (t/km)	每米产能 (t/m)	采收率 (%)	投资回收期 (a)
Ⅰ	>200	>10	>2.5	>35	<8
Ⅱ	100~200	6.0~10	1.5~2.5	25~35	8~15
Ⅲ$_1$	50~100	3.5~6.0	1.0~1.5	20~30	<10
Ⅲ$_2$	50~100	1.5~3.5	0.5~1.0	20~30	10~15
Ⅳ	<50	<1.5	<0.5	<20	>15

小断块油藏和复杂岩性油藏,稠油油藏,低渗透油藏和低丰度油藏须进行二次或多次评价。先进行早期油藏评价和开发概念性初步设计,着重研究该油藏近期投入开发在技术经济上的可行性。如果是可行的,就可以部署新的评价井,作详细的油藏评价和开发可行性研究;如果还不确定,可以补钻一些评价井,补取一些必要的资料后进行二次评价;如果是否定的,就不再部署新的评价井。

(三)开发总体规划

在开发总体规划中,要确定投入开发油田的开发层系、开发系统和主要开采工艺,确定最高采油水平和稳产期。在开发总体规划中还应对这些开发层系的基本投资进行合理分配,按其投入开发的程序确定油气生产水平和稳产期,估算采出程度与含水率的关系,还应确定相应的技术经济指标、基本投资、成本、折算费用等。

(四)开发方案

油田开发方案是指导油田开发工作的重要技术文件,油田投入开发必须有正式批准的开发方案设计文件。其中地质储量大于2000×10^4t的油田,区块及整体方案要报国土资源部审批;地质储量小于2000×10^4t的油田,由各石油管理局或石油公司审批,并报国土资源部备案。为了提高油田开发方案设计水平,凡报国土资源部审批的油田开发方案都要经过有关技术部门咨询后才能上报。油田开发方案设计必须以油藏地质模型为基础,进行油藏工程、钻井工程、采油工程、地面建设工程的总体设计,保证整个油田开发系统的高效益。

油田开发方案的编制从论证设计任务开始,然后论述油田的地质物理参数,计算油气储量,建立地质模型,对油田结构作地质描述。这一过程主要用一系列图件来反映,其中必备的图件有油层孔隙度等值图、渗透率等值图、含油饱和度等值图、含气饱和度等值图、小层厚度等值图、油层总厚度等值图等,其单井数据以及用概率统计法求得的平均参数对建立油层非均质模型非常重要,以后这些资料要用于油田开发过程计算文件中。除此之外,还应包括油、气、水物理化学特征参数,烃类混合物的相态参数,原油基本物性参数(如黏度、密度、原始含气量、饱和压力、体积系数)等,对地下水还要了解其溶解盐的主要组分。

油田开发方案的主要内容有:①油田地质概况;②开发储量计算;③开发原则;④开发程序;⑤开发层系、井网、开采方式、注采系统;⑥钻井工程和完井方法;⑦采油工艺技术;⑧油、气、水的地面集输和处理;⑨开采指标;⑩经济评价;⑪实施要求。

油田开发方案是在详探和生产试验的基础上,经过充分研究以后,使油田投入长期和正式生产的一个总体部署与设计。油田开发方案的好坏,往往会决定油田今后生产的好坏,关系到油田的直接经济效益,必须认真论证。

开发方案设计必须进行3项论证。

1. 选择驱动方式的论证

选择的驱动方式必须是既能合理利用天然能量,又能有效地保持油藏能量,满足国家对开采速度和稳产时间的要求。采用天然能量开采的油藏,预测开采期末的总压降必须在油藏允许范围内;需人工补充能量的油藏,要依据油藏地质开采特征,确定补充能量的方法,一般应保持地层压力不低于饱和压力,要依据烃类最终采收率和经济效果确定注入剂,确定的注入剂要做室内模拟实验,要结合地下流体性质、储层孔隙结构和黏土矿物成分来考虑,还需论证注入剂的标准和添加剂的种类。

2. 确定开发层系、井网和开采方式注采系统的论证

开发层系、井网、注采系统必须适应油藏的地质特点和流体性质,以保证注水井能力和油井的产液能力,达到水驱控制储量多、波及体积大、驱油效率高、经济效益好的目的。多油层油田要进行是否划分开发层系及如何划分开发层系的论证,要分析不同井网密度和水驱控制储量、单井产油量、开采速度和经济指标的关系,选择最佳井网密度,要分析对比不同注水方式,要考虑随着开采时间的延续,吸水指数、采油指数、采液指数的变化和提高产液量的要求。

3. 压力系统、油井产能和开采速度的论证

压力系统、油井产能和开采速度必须充分、合理地利用天然能量和人工补充能量,既要发挥油井的生产能力,又要达到油气田《开发手册》对稳产时间的要求。油气田《开发手册》上明确规定:可采储量大于 1×10^8 t 的油田,稳产期应为 10 年以上;可采储量为 1000×10^4 t 到 1×10^8 t 之间的油田,稳产期应为 8~10 年;可采储量为 $(500\sim1000)\times10^4$ t 的油田,稳产期应为 5~8 年;可采储量小于 500×10^4 t 的油田,稳产期应不少于 3 年。

要研究从注水泵站→注水井口→注水井底→采油井底→采油井口以至到联合站全系统

压力剖面,全面确定油藏压力保持水平和整个注采压力系统。注水井井底压力不得超过油层破裂压力,要根据油藏特点限定最大的生产压差,根据不同开发阶段的要求确定合理的生产压差,以此计算油井生产能力,要通过常规油藏工程方法和油藏数值模拟,计算不同开发阶段、不同开发层系的开发指标,对比不同方案,选定合理可靠的油井产能和采油速度。

在编制油田开发方案时,应对探井或试验井的生产参数进行分析,分析油田地球物理综合研究成果,在类似油田开发经验的基础上研究具有不同层系划分和采用不同采油工艺的开发系统的可能方案。

要根据油藏特点和开采方式的不同来确定开发井的钻井、完井程序和工艺技术方法,要特别注意钻井过程中的油层保护措施,井身结构的设计要适应整个开采阶段的生产状况和进行多种井下作业的需要。

油田的地面工程设计必须在区域性的总体建设规划指导下进行。油田开发系统的地面工程设计要以稳产期末的最高产液量为依据,总体设计,分期实施;油气集输系统要采用密闭流程。注水工程、原油预处理工程、天然气处理工程、"三废"(废油、废气、废水)处理工程、管道防腐工程以及安全消防工程等都要与集输系统配套进行整体设计。

此外,开发方案还应对保护矿藏和环境问题作出工程决策。在设计文件中应有对油田开发进行监测措施的一览表,并指出水动力学试井和地球物理测试的种类、测试的周期。

(五)开发调整方案

开发调整方案在内容上与开发方案设计没有什么实质性的差别,只是当实际的开发情况与设计的有差异时,应对原方案与实际差异产生的原因作出分析。此外,在调整方案中还应补充对油藏地质特征的认识、开发过程中油气分布的变化状况、剩余油饱和度的分布、开发现状及主要技术经济指标的完成情况、对影响开发效果的因素分析、当前油田开发的主要矛盾、几种调整方案的对比、开发调整指标及其效果预测、所采用的采油工艺技术论证等内容。开发调整方案的管理和审批程序与开发方案相同。

1. 开发调整方案的主要内容

(1)分析油藏的分层工作状况,评价开发效果。

(2)利用开发资料对地质模型进行再认识和修改,确定各类油砂体剩余油饱和度的分布。

(3)提高储量动用程度,保持油田稳产的注采系统和压力系统。

(4)油藏数值模拟拟合开采过程,预测开发效果,计算调整指标。

(5)技术经济指标的计算和分析,优选方案。

(6)方案实施要求。

2. 油田开发调整必须进行的 3 项工作

(1)确定剩余油饱和度分布。用碳氧比能谱测井和重复式地层测试器,以及放射线测井等求得一批井的分层测试资料,分析分层储量动用状况,研究挖潜措施。通过油藏数值模拟进行历史拟合,取得油藏剩余油饱和度的分布资料。

(2)对比和优选不同调整措施。采用开采工艺技术和分层注水、压裂、酸化等改造工艺、高强度抽油技术以及钻调整井改变注采系统均能改善开发效果。还要从当前和长远的规划上,从改善开发效果的幅度上、经济效益上优选调整措施。

(3)注采系统、压力系统的论证。调整后的注采系统和压力系统必须满足不断提高排液量的要求。要增加波及方向和波及体积,降低含水上升率,提高采收率。

3. 开发调整方案的实施要求

(1)油田开发调整方案要集中力量分区块实施。

(2)为了防止油层污染,保证钻井、固井质量,要进行压力预测,选用优质泥浆,对高压层及漏失层采取相应措施,注水井需停注时应尽可能缩短停注时间,减少停注量。

(3)老井转注和层系调整要按调整方案的统一要求,与新钻井的投产、投注同步进行。

(六)工业性试验设计

工业性试验设计是对产油新方法进行先导试验编制的设计文件。除了有关开发层系划分、井网和对地层作用方法等必须决定外,还要有该新方法在具体油层条件下实施的基本结果和工艺指标,以便在对所试验方法的有效性及其与传统开发方法比较时提供足够的资料。

除工业性试验设计之外,油田还必须进行开发生产试验区和开发试验。生产试验区的主要任务是:①研究主要地层;②研究井网;③研究生产动态规律;④研究合理的采油工艺和技术以及增产增注措施的效果。

这4点只是生产试验区的主要任务,实践中还必须根据各油田的地质条件和生产特点确定针对性的特殊任务,根据本书第一章对不同类型的油田特征的详细描述,显然对不同类型的油田要进行不同的生产试验区设计。

生产试验区是一个开发区,它不可能对整个油田进行试验,尤其是大油田要进行多种试验,更不可能进行对比试验。因此,为了搞清油田开发过程中遇到的形形色色的问题,还必须进行多种综合的和单项的开发试验,为制订开发方案提供依据。

开发试验包括以下两类:一类是进行油藏工程设计时,需要取得的现场数据的试验;另一类是油田投入开发后,为了下一开发阶段能够顺利进行,提前暴露矛盾,研究解决措施而安排的试验。试验要有明确的目的,要以室内试验为基础,要有获取资料的具体要求。

开发试验可以分单项在某个开发区进行,也可以选择某些井组、试验单元进行。针对不同油田的地质特征、可能采用的开采方式,各油田进行的开发试验项目可能差别很大。各项试验进行的方法和具体要求同样也应根据具体情况制订。

重大和基本的开发试验应包括5个方面的内容:①油田各种天然能量试验;②井网试验;③采收率研究试验和提高采收率方法试验;④影响油层生产能力的各种因素和提高油层生产能力的各种增产措施及方法试验;⑤与油田人工注水有关的各种试验。

在注水开发的全过程中,开辟生产试验区的作用有5个方面:①认识油田的基本特点;②提前暴露注水开发中的矛盾;③掌握油田注水开发全过程的动态变化规律;④决定油田开发调整工作的部署;⑤筛选提高采收率的方法。

总之,各种开发试验都应针对油田实际情况提出,在详探、开发方案制订和实施阶段应集中力量进行,在油田开发整个过程中同样必须坚持开发试验,直至油田开发结束。因此,油田开发的整个过程就是一个不断深入进行各种试验的过程,而且应该坚持早期试验,以取得经验指导全油田的开发。

（七）试采方案

试采方案在油田投入开发的准备阶段，根据油藏试采设计暂时将油气藏转为动态进行开发。在试采方案中应论证将探井投入生产的井数和井位，设计提前钻井的开采井和注水井井数和井位，对投入试采井以及在这些井附近已钻井中进行测试，对试采期限和产油、产气及注水水平提出具体方案。

在试采阶段要完成为油气田投入工业性开发获取资料，这些资料为校核储量和编制工业性开发初步设计文件提供基础。

气田和凝析气田开发的第一阶段是在试采方案的基础上进行小规模生产。工业性试采方案包括气田和凝析气田开发系统的论证、采出气量、开发调整措施以及为监测所采取的测试工作量和测试种类等。

（八）典型油气藏的设计原则

油气藏类型不同，设计原则也不同。根据油气田《开发手册》的要求，按本书第一章对油气藏的开发分类，对以下11种典型油气藏的设计原则进行了归纳：

(1)对于中、高渗透率大、中型多油层砂岩油藏，一般不具备充分的天然水驱条件，必须适时注水，保持油藏能量开采，不允许油藏压力低于饱和压力，如有特高渗透层和厚油层时应采取相应措施。

(2)对于低渗透砂岩油藏，要在技术经济论证的基础上采取低污钻井、完井措施，早期压裂改造油层，提高单井产量。具备注水、注气条件的油藏，要保持油藏压力开采。

(3)对于气顶油藏，要充分考虑天然气顶能量的利用，具备气驱条件的要实施气驱开采，不具备气驱条件的应考虑油气同采或保护气顶的开采方式，但必须严格防止油气互窜造成资源损失，要论证射孔顶界位置。

(4)对于块状底水油藏，边水、底水能量充足的要采用天然能量开采，要研究合理的采油速度和生产压差，要计算防止底水推进的极限压差和极限产量，要论证射孔底界位置。

(5)对裂缝性层状砂岩油藏，要搞清裂缝发育规律，需实施人工注水的油藏要模拟研究最佳井排方向，要考虑沿裂缝走向部署注水井，掌握合适的注水强度，防止水窜。

(6)对于砾岩油藏，特别是有闭合裂缝的油藏，选择注水方式时要严格控制注水压力在破裂压力以下注水，砾岩油藏注水开发要适当增加注采井数比，通过试验确定合理的注水强度。

(7)对于高凝油藏，含蜡高，析蜡温度也高，开发过程中必须注意保持油层温度和井筒温度。采用注水开发时，注水井应在投注前采取预处理措施，防止井筒附近油层析蜡；产油井要注意控制井底压力，防止井底附近大量脱气，并在井筒采取防蜡、降凝措施。

(8)对于气藏和带凝析气顶的油藏，当凝析油含量大于 $200g/m^3$ 时，必须采取保持压力方式开采，油层压力要高于露点压力。当采用循环注气开采时，采出气体中凝析油的产量低于经济极限产量时，可转为降压开采。

(9)对于双重孔隙介质油藏，一般指碳酸盐岩及变质岩、火成岩油藏，储集岩具双重孔隙性质，多呈块状分布，要注意控制其底水推进，在取得最大水淹体积和驱油效率的前提下，确定合理的采油速度。

(10)对于稠油油藏,要认真进行开发可行性研究,筛选开采方法。地层原油黏度大于100mPa·s,相对密度大于0.94的油藏,在经济、技术条件允许的情况下,采用热力开采;黏度小于100mPa·s的油藏,可以选择注水开发。

(11)对于小断块油藏和透镜状油藏,由于地质结构复杂,不同部位差异较大,因此不可能对油藏各部分同时进行细致的设计,只能对那些油藏描述比较清楚、能够建立地质模型的地区进行设计,其他地区继续进行油藏评价,开展开发可行性研究,待评价工作取得进展后扩大范围做设计方案,采取滚动勘探开发的方式进行开发。

二、油气藏开发阶段性

(一)油藏开发阶段划分

世界上没有两个油气藏是完全相同的,每一个油气藏都有自己独特的地质结构特征、烃类开采条件、开发工艺指标和生产动态。但所有油气藏在投入开发以后都要经历一定的发展阶段,这些阶段具有共同的特征,即每一个阶段都有自己的开发工艺关键问题,相应地每一阶段的矿场地质监测都有自己的特点。

众所周知,油田产量递减是必然的、不可抗拒的。整个开发历程可归纳为产量上升、产量稳定、产量递减3个阶段。开发层系或区块的开发情况可以用下列主要指标来表示:当前(年、季度、月)和累积油、气、液体产量。

主要开发指标一般用绝对单位表示,如产油、产水、产液量用万吨,产气量用万方。也有的用相对单位表示,如年产油(气)量用开发速度表示,年产液量用原始地质储量的百分数或可采储量的百分数表示。与原油一起采出的相对水量可用含水率表示,从开发开始到一定日期的累积产油量可表示为原始地质储量的百分数——采出程度,也可表示为原始可采储量的百分数——可采储量的采出程度。

通常将油藏开发划分为4个基本阶段(图2-1)。

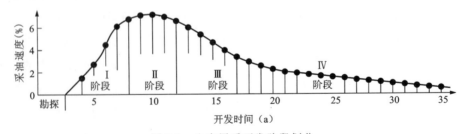

图2-1 生产层系开发阶段划分

第Ⅰ阶段——投产阶段。其特征是年产油量上升,这一阶段部分基础井已完钻并投入开发,实施开发方案规定的对地层作用系统。

第Ⅱ阶段——产量稳定阶段。保持已达到的最高年产油量,在该阶段内将基础井中剩余井钻完并投入开发,将相当一部分储备井完钻并投入开发,完善对地层的作用系统,实施对开发过程调整的技术措施。

第Ⅲ阶段——产油量下降阶段。在该阶段为了减缓产油量的下降,进一步发展对地层作用系统,补充注水井,继续钻储备井,对油井进行堵水,开始对水淹井强化采油,并对开发管理过程采取相应措施。

第Ⅳ阶段——开发结束阶段。其特征是在低开发速度下产油量进一步下降,该阶段的开发调整工作与第Ⅲ阶段相同。

开发阶段之间的界限可以按下列方式确定。将具有最高采油水平的开发年份与其邻近年份(其产油量与最高产量的差值不大于最高产油量的10%)划为第Ⅱ阶段,第Ⅱ阶段以前的年份属于第Ⅰ阶段;第Ⅱ阶段与第Ⅲ阶段之间的界限可以划在第Ⅱ阶段的最后一年与产量下降第一年(其产油量与最高产量之间差值大于10%)之间。第Ⅲ阶段与第Ⅳ阶段之间的界限是在采油动态曲线上,开发速度为2%可采储量时的那一点。前三个阶段为开发的主要阶段,第Ⅳ阶段称为结束阶段,有的文献将第Ⅰ与第Ⅱ阶段合并为开发早期阶段,而第Ⅲ与第Ⅳ阶段合并为开发后期阶段。

(二)不同开发阶段动态参数特征

开发层系主要指标的动态特征取决于油藏矿场地质特征,合理开发系统和对其进行的调整工作。地质特征不同,开发层系的主要动态指标也不同。

1. 产油量

第Ⅰ阶段的主要特征是产油量增长,增长速度取决于其延续时间。对于具有很大含油面积、产层埋藏很深以及复杂钻井地质条件的油藏,该阶段产油量增长速度很平缓,但延续时间很长。如果增加生产能力,改善钻井和地面建设工作,可以缩短第Ⅰ阶段的延续时间。一般第Ⅰ阶段的延续时间为1年到8年或更长。

第Ⅱ阶段的主要特征是具有最高开发速度,延续时间较长。当第Ⅱ阶段结束时以可采储量计算的采出程度变化较大,一般为3%~20%,甚至更大。在其他条件相同的情况下,随着层系生产能力的增加可能达到更高的产油量水平。另外,第Ⅰ阶段的延续时间与第Ⅱ阶段的采油速度有着紧密的联系,第Ⅰ阶段的延续时间长,第Ⅱ阶段的产量就会下降快。对于具有不同特征的层系,第Ⅱ阶段的延续时间基本上为1~2年至8~10年。对于原油和驱替水的地下黏度比偏高(即原油地下相对黏度比为5~10)的油藏,其最高开发速度一般为7%~8%;对于小范围的高产能油藏,却能达到非常高的产油速度。

第Ⅱ阶段末,产油量开始下降,所采出的可采储量的采出程度在很大程度上取决于油水相对黏度比(μ_r),当μ_r很小(<5)时,采出程度约为50%;而当μ_r很大(>5)时,采出程度约为35%。

第Ⅲ阶段的特征很复杂,由于大部分储量被采出,产油量大幅度下降,所采出的可采储量的采出程度约为30%~50%。这一阶段的含水率急剧上升,使得采油工作复杂化,为了减缓产量下降和含水上升,开发调整工作必须加强。

第Ⅲ阶段的平均产量下降速度取决于产量下降前的开发强度(图2-2),第Ⅲ阶段的平均

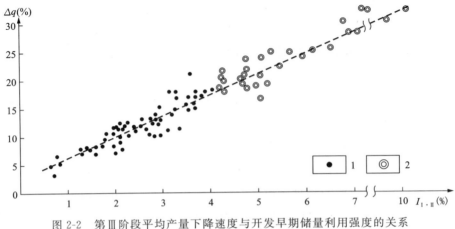

图 2-2 第Ⅲ阶段平均产量下降速度与开发早期储量利用强度的关系
1. 中低产能开发层系；2. 高产能开发层系

产量下降速度为 2%～30%。一般高黏度原油油藏产量下降速度不大；而低黏度原油油藏产量下降速度要高一些；对于高渗透、低非均质性、开发层系不大和其他有利于产量下降前高强度开发的油藏，产量下降速度将达到最大值。

第Ⅲ阶段产量的高速下降是由于在产量下降前油藏的强化开发，特别是非常高的开发速度可能会引起一些不良的后果。当开发层系占有全产油区产量很大一部分时，在其达到高开发速度以后，产量很快下降，导致全区产油水平不稳定，而这对国民经济的发展很不利。因此目前在对矿场地质特征较好的开发层系进行开发设计时，一般将第Ⅱ阶段的产油量确定为稍低于可能达到的产量，这样会延长第Ⅱ阶段的延续时间，使第Ⅲ阶段的产量下降不那么明显，并为进行监测和完善开发系统创造有利条件。

对于那些分布在多层油田或与其他油藏组合在一起的油田，可建立统一的集输系统，并考虑通过一定的时间间隔逐步投入开发，每套层系可能达到的开发速度不同，这时整个油藏将在很长时间内能保证稳定的产油水平。

开发经验表明，在水驱油条件下，对于具有高地下原油黏度的油藏，在第Ⅲ阶段末应完善开发系统，使在主要开发期间能采出层系 75%～90% 的可采储量；当地下原始黏度较低，储集层的渗流性能很好时，在主要开发期内能采出层系 80%～90% 的可采储量。

第Ⅳ阶段一般延续时间很长，经常可以与主要开发期相比。该阶段开发速度为 2%（平均采油速度约为 1%），可采出层系 10%～25% 的可采储量。

2. 含水率

在一定阶段（月、季度、年）内的含水率 f_w 可按下式确定：

$$f_w = (q_w/q_l) \times 100\%$$

式中：q_w 为在一定时期内采出的水量（$\times 10^4$ t）；q_l 为在同一时期采出的液量（$\times 10^4$ t）。

每套层系在开发过程中含水率由零或百分之几上升到 97%～99%，但不同矿场地质特征的油藏含水率是不一样的，不同开发层系在开发过程中的含水率变化动态见图 2-3。

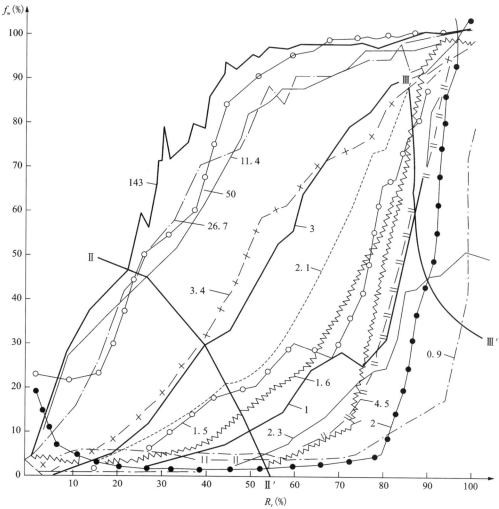

图 2-3 不同原油黏度油藏的含水率动态
线上数字为原油相对黏度；f_w.含水率；R_r.可采储量的采出程度；
Ⅱ—Ⅱ′、Ⅲ—Ⅲ′为相应的开发阶段界线

从图 2-3 中可以看出，低原油相对黏度油藏的含水率曲线分布在图的右边。在低原油黏度的情况下，第Ⅰ开发阶段所采出的实际上是无水原油，在第Ⅱ阶段末或第Ⅲ阶段含水率才开始明显上升，在开发结束期末含水率上升速度变得缓和。另外，低原油相对黏度油藏的所有曲线一般都是凹向含水率坐标轴，很少近似地为一条直线。在高含水期这些油藏可采出低于 10%~20% 的可采储量，这些曲线的差异是由油藏的地质特征不同以及开发工艺不同引起的。占据较高位置的曲线反映了其具有较严重非均质性，具有较大的油水过渡带以及较高的原油相对黏度的油藏，其含水率上升很快，含水率上升快与井网稀有关。低黏度原油层系在第Ⅲ阶段结束时含水率可由 30% 变到 85%，有时甚至更大。

高原油相对黏度油藏的含水率曲线分布在左端。这些油藏的含水率在开发初期就上升到 80%~85%，然后上升变慢，曲线变平缓。在油藏高含水开发阶段（含水率为 80%~85%）

由地下采出一半以上的可采储量。第Ⅲ阶段是在高含水率（>85%）下结束的，高黏度原油油藏的含水率曲线不同于低黏度原油油藏，其曲线是凸向含水率坐标轴，它们在图 2-3 上的分布比较集中。这表明在高原油黏度的情况下，原油黏度对含水上升速度起着主要的作用，而与其他矿场地质因素的关系比较小。

应该指出，对井和地层的无限制开采将导致含水上升速度比完全由矿场地质特征决定的要快。因此一定要控制采出水量，否则将导致原油损失在地下采不出来。

3. 产液速度

在含水率增长的情况下，只有在年产液速度足够高时才有可能达到所要求的产油量，产液速度的表达式为：

$$v_l = (Q_l/N_r) \times 100\%$$

式中，v_l 为产液速度（%）；Q_l 为年产液量（$\times 10^4$ t）；N_r 为层系的原始可采储量（$\times 10^4$ t）。

年产液量的合理动态与含油量、含水率动态以及对其有影响的矿场地质因素息息相关。不同地质特征的油藏，其第Ⅲ开发阶段的产液量不尽相同。

低黏度原油油藏在第Ⅲ开发阶段的产液动态特征有着特别意义。开发经验表明，低黏度原油油藏第Ⅲ开发阶段的年产液量动态有 3 种情况：①逐渐下降；②保持在第Ⅱ开发阶段的水平上；③逐渐增长，到阶段结束时为第Ⅱ阶段所能达到水平的 1.5~2.5 倍。

较小的高产油藏在第Ⅲ开发阶段产液量的下降[图 2-4(a)]是有代表性的。这类油藏第Ⅱ阶段的产油量很高，并在主要开发期结束时含水率不高，一般为 30%~50%。

大型高产油藏的特征是在第Ⅲ开发阶段产液量保持在第Ⅱ阶段的水平上[图 2-4(b)]。对于这类油藏一般在第Ⅲ阶段结束时含水率为 50%~70%，并在第Ⅲ阶段开发速度达到原始可采储量的 6%~7%。

具有严重非均质结构的低渗透油藏，第Ⅲ开发阶段的产液量逐渐增加[图 2-4(c)]，尤其是当含油面积和油水过渡带很大时，提高产液速度能克服第Ⅱ阶段相对较低的产油和产液速度。在第Ⅲ阶段结束时含水率比较高，可达 70%~85%，有时更高。

具有偏高黏度的油藏[图 2-4(d)]在第Ⅱ阶段结束时含水率已达 40%~50%，而到第Ⅲ阶段结束时可达 90%~95% 或更高。由于这类油藏的产液量由第Ⅰ阶段末到基本开发期结束已急剧增长，可能达到第Ⅱ阶段采油量的 4~6 倍，甚至更高。第Ⅳ开发阶段的产液速度大致保持在第Ⅲ阶段末的水平上。

4. 累积注水量与最终采收率

地层的水驱油过程并不是活塞式的，要采出原油就需要用比其体积大得多的水来驱替。通过油藏的水（冲刷油层的水）是影响采收率的因素之一。

为了研究原油采出程度和侵入油藏的水量之间的关系，油藏工程上用水驱特征曲线来表征这一关系见图 2-5。其横坐标为通过油藏的水量，纵坐标为采出程度，注水量用原始状况下原油所占据油层孔隙体积来表示，将地层条件下原油的原始平衡地质储量作为含油孔隙体积值。图 2-5 为大致相当于图 2-4 所示的各种产液动态驱替特征曲线。开始一段曲线为直线段，它相当于无水采油期，随着油层见水，曲线偏离直线。显然，对于具有复杂地球物理特征的开发层系，侵入水量增长由 1.5 倍增长到 7 倍，甚至更高。这时由高产油藏采出的原油储

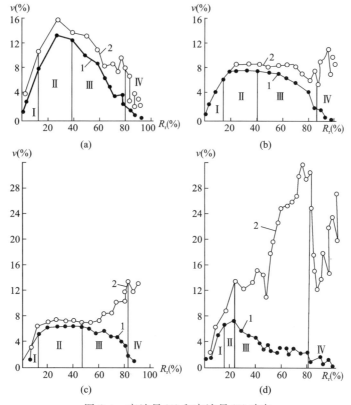

图 2-4 产油量(1)和产液量(2)动态

(a)、(b)、(c)、(d)具有不同地质特征的油藏；

Ⅰ、Ⅱ、Ⅲ、Ⅳ.不同开发阶段；

v.产油速度和产液速度；R_r.原始可采储量的采出程度

量主要部分是由于第一个体积水的作用结果,而第二个体积水的侵入只能使采出程度有相对较少的增加,油藏的特征越差,第一个体积水侵入的效果越差,而以后体积水的侵入效果则增加。虽然用大量水冲刷油层,但较差地质特征的油藏只能达到较低的采出程度。对于更高产能的油藏,采出程度能达 0.6~0.7,低黏度非均质油层的采出程度就不超过 0.5~0.55。当原油黏度很高时,7~8 个体积水的侵入,采出程度也不大,为 0.4~0.45。

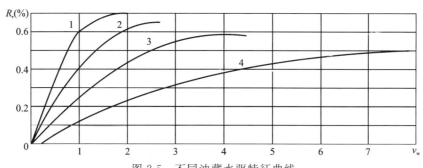

图 2-5 不同油藏水驱特征曲线

1、2、3.低黏度油藏；4.高黏度油藏

由上述可以看到,不同开发指标的变化特征相互间有着紧密的联系,并在很大程度上取决于油藏的地质特征。

(三)气藏开发阶段的划分

对气藏开发层系的整个开发过程一些专家建议划分为 3 个阶段,另一些学者则认为划分为 4 个阶段比较合适,前者的意见是气藏的第Ⅲ阶段相当于原油开发层系的第Ⅲ+第Ⅳ开发阶段。本书为了与油藏的开发阶段统一,将气藏的开发期也划分为 4 个阶段。

第Ⅰ阶段:开采井钻井,产气量逐渐增长。

第Ⅱ阶段:产气量相对稳定高产。这时要补充钻井,并尽可能地加大井底压差。由于第Ⅱ阶段与其相邻阶段之间没有明显的界线,可以将最高产气量的年份及其邻近年份划为第Ⅱ阶段,其年产量的增长(在第Ⅱ阶段初)和年产量的下降(第Ⅱ阶段末)不超过 10%。

第Ⅲ阶段:产气量急剧下降。

第Ⅳ阶段:开发结束,产气量很低。

总结气藏的开发经验表明,对于储量不到 $30\times10^8 m^3$ 的小气藏,其产气动态主要指标变化范围很大,主要是因为其在产能、待钻井数、气藏投产速度等方面不同。随着气藏的增大,这些指标的变化范围变小,特别是对于那些作为远距离用户压缩气体供应者的大型气藏,这些用户要求能长期稳定供气,供气任务要求延长到第Ⅱ开发阶段,因此要对该阶段的开发速度加以控制。

第Ⅰ阶段的延续时间对于气体储量小于 $30\times10^8 m^3$ 的气藏,一般不超过 1 年,有时根本就没有这个阶段;对于储量为 $(30\sim500)\times10^8 m^3$ 的气藏,第Ⅰ阶段能延续 2~10 年;而对储量大于 $500\times10^8 m^3$ 的大型气藏,一般为 4~8 年。

第Ⅱ阶段的延续时间对于储量小于 $500\times10^8 m^3$ 的气藏,在大多数情况下为由 1 年至 10 年;对大型气藏,一般为 4~10 年;第Ⅱ阶段的平均年采气速度,对于储量小于 $30\times10^8 m^3$ 的气藏变化范围为 5%~40%;储量为 $(30\sim500)\times10^8 m^3$ 的气藏变化范围为 5%~13%;对于大于 $500\times10^8 m^3$ 的气藏,变化范围一般为 5%~8%。

第Ⅱ阶段末产量开始急剧下降,大多数层系已采出 40%~70%平衡储量的气体,所有大型气藏在主要开发期末能采出平衡储量的 60%~70%,在产量开始下降时只能采出可采储量的 30%~50%,相当于平衡储量的 15%~30%。对于气体层系在第Ⅱ阶段末能达到高得多的气体采出程度。当进一步增加产气能力已没有经济效益时,就应该结束气体开发层系的第Ⅱ阶段。

第Ⅲ阶段气体层系可采出 20%~30%的储量。这一阶段的投产井数在气压驱动下保持不变,在水压驱动下由于见水井逐步关井而减少。第Ⅲ阶段的延续时间和这一时间产气量的下降速度与原油层系相同,取决于前两个开发阶段的产气量动态。在接近于最低合理产气量的情况下结束第Ⅳ阶段,其延续时间可以与前三个阶段的时间之和相比较。

利用天然能量开发的凝析气藏也可划分出这些阶段来,在采用回注过程的凝析气藏开发过程中,部分已析出凝析油的气体将回注到地层中,这些气量在产量构成中是不考虑的,因而年产气动态具有不同的特征。

对于气藏,寻找伴随水采出特征在动态指标中的变化规律是没有现实意义的。因为在气压驱动下没有或者很少有水侵入气藏和气井,而在水压驱动下,由于堵水工作和产水井关闭,产水量受到很大的限制。

(四)广义的油气藏开发阶段划分

1. 油气藏产量变化阶段

通过大量油田的开发实例发现,简单的三段式或4个开发阶段不足以描述千姿百态的油气藏产量变化模式,任何油气藏产量的变化都要经历7个阶段:即1—凹递增阶段;2—直线递增阶段;3—凸递增阶段;4—稳产阶段;5—凸递减阶段;6—直线递减阶段;7—凹递减阶段(图2-6)。油气藏产量的变化曲线应是光滑的,在阶段之间变化不应出现突然的转折,只有当单井改变工作制度或对油井采取措施后,产量才会发生突变,但在二次变化之间,产量仍是连续变化的。图2-6中1~7个阶段产量与时间的关系可用图2-7表示。

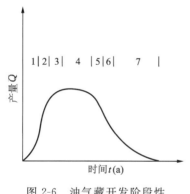

图 2-6 油气藏开发阶段性

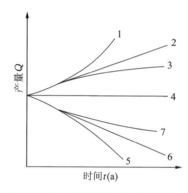

图 2-7 产量随时间变化模式示意图

2. 广义的油气藏开发阶段

从广义上来看,油气藏开发阶段可分为油藏评价阶段、开发设计阶段、方案实施阶段和管理调整阶段。这4个阶段在资料使用上以勘探地质为基础,主要任务和重点研究内容与勘探地质完全不同,这也是开发地质学所要解决的主要问题,不同开发阶段开发地质学的任务见表2-2。

表 2-2 不同开发阶段开发地质学的任务

	油藏评价阶段	开发设计阶段	方案实施阶段	管理调整阶段
资料基础	少井多信息 1. 发现井、少数探井、评价井; 2. 地震详探资料 1km×2km 或 0.5km×1km	1. 增补部分开发井; 2. 建立系统取芯剖面; 3. 先导试验区或试验组的典型解剖; 4. 三维地震资料; 5. 分析化验资料; 6. 开发试验资料	1. 开发井网已完成; 2. 测井资料丰富,加密了资料控制点	积累了大量动态资料 1. 分层测试和试井资料; 2. 开发测井资料; 3. 检查井取芯资料; 4. 加密井资料; 5. 各种监测资料

续表 2-2

	油藏评价阶段	开发设计阶段	方案实施阶段	管理调整阶段
主要任务	1.布好评价井,提高勘探程度; 2.提交探明储量; 3.进行开发可行性研究; 4.取好开发设计参数	1.编制油田开发方案,提交开发井位部署; 2.划分开发层系,选择合理的开发方式、井网密度、注采系统、采油速度、稳产年限等重大开发战略决策; 3.优选油藏工程、钻井工程、采油工程、地面建设等设计	1.实施油田开发方案,确定射孔原则; 2.确定注采井别; 3.编制初期配产配注方案; 4.预测开发动态,不断修正开发指标	1.搞好动态监测,进行开发分析,掌握产量、压力、含水的变化规律; 2.掌握储量动用情况及地下油水运动规律; 3.实施各项增产措施,调整好注采关系; 4.采用数值模拟技术,进行阶段历史拟合和预测; 5.编制调整方案; 6.开展各种先导试验
重点研究内容	1.圈闭的基本形态,断裂系统包括一、二、三级断层性质和产状; 2.划分地层层序,进行初步地层对比; 3.确定沉积亚相,预测有利相带; 4.明确储层分类,确定主力储层段,初步了解其岩性、物性、含油性,取好各项参数; 5.油气水系统,压力、温度系统; 6.流体的物理及化学性质,包括地面及地层条件下的性质; 7.建立油藏概念模型,提供开发可行性研究中的各种敏感性分析资料	1.构造形态进一步落实,组合四级断层,提交油层顶面,标准层顶面构造图及主要断层的断面图; 2.确定对比原则和方法,对储层进行划分对比,确定主力储层和非主力储层; 3.确定沉积微相类型; 4.预测砂体连通程度,保证井网、水体估算的正确性; 5.进行"四性"关系研究,建立测井解释模型,预测成因单元间的连通程度,评估油区及水区流体流动单元的连续性; 6.评价储量丰度; 7.建立各类砂体的概念模型(包括砂体非均质性,隔层分布,微观孔隙结构); 8.建立先导性试验区的静态模型	1.重新核实构造图,绘制标准层顶面及单层顶面微构造图; 2.进行详细的油层对比,划分每口井的油层组、砂层组、小层及单砂层; 3.编制油藏剖面图,认识油、气、水层分布规律; 4.编制分层微相图及相控储层平面分布图; 5.修改设计阶段的认识; 6.建立储层静态模型; 7.分区块、分层组、分单元统计各项储层特性参数,对储层进行分类评价	1.静、动态结合,储层再认识,对各类微相砂体的方向性、连续性、储层物性参数变化作出精细预测,精细到几米级规模,对井间或无井控制地区也作出预测; 2.分析油水运动规律,解决层间、平面、层内矛盾; 3.监测开发过程中储层原始特征的变化(岩石结构、孔隙类型、物性、润湿性); 4.分析注采响应,连通情况,分析断层的密封性; 5.建立预测模型,研究剩余油的分布规律

第三节　油田开发次序

　　油田从发现、评价到投入开发的全过程,按照任务、目的的不同可划分为若干阶段。做好各阶段及相互间的衔接工作,就能以最少的井数、最快的速度查明油藏地质特征,编制最佳方案,使油田投入开发生产,油田开发程序就是解决各阶段的安排及衔接关系的。

一、油田开发原则

在编制一个油田的开发方案时,必须依照国家对石油生产的方针。针对所开发油田的情况和所掌握的工艺技术手段与建设能力,制定具体的体现这一总方针要求的开发原则与具体技术政策和界限,这些原则应对以下几方面的问题作出具体规定。

(一)规定采油速度和稳产期限

采油速度问题是一个生产规模问题。一个油田必须以较高的速度生产,满足国家的需要,又必须对稳产期或稳产期采收率有明确的规定。采油速度和稳产期的确定,必须立足于油田的地质开发条件和工艺技术水平以及开发的经济效果。因此不同类型油田的合理采油速度及对稳产的要求可以不同,但稳产期采收率应满足一个统一的标准,即应使原始可采储量的相当大一部分在稳产期间采出来。

(二)规定开采方式和注水方式

在方案中必须对开采方式作出明确规定,利用什么驱动方式采油,开发方式如何转化(如弹性驱转溶气驱再转注水、注气等)。假如决定必须注水,则应确定早期注水还是后期注水。在决定采用注水补充能量以后,就必须确定注水方式,有关的问题将在第四章中详述。

(三)确定开发层系

一个开发层系是由一些独立的、上下有良好隔层、油层性质相近、驱动方式相近、具备一定储量和生产能力的油层组合而成。它所用独立的一套井网开发是一个最基本的开发单元。当我们开发一个多油层油田时,必须正确地划分和组合开发层系。一个油田要用哪几套层系开发,是开发方案中的一个重大决策,是涉及油田基本建设的重大技术问题,也是决定油田开发效果的很重要因素,因此必须慎重加以解决。

(四)确定开发步骤

开发步骤是指从布置基础井网开始,一直到完成注采系统,全面注水和采油的整个过程中所必经的阶段和每一步的具体做法。合理的开发步骤是根据科学开发油田的需要而制订的,并要具体体现油田的开发方针。对于多油层大油田,在通常情况下应包括如下几个方面。

1. 基础井网的布置

基础井网是以某一主要含油层为目标而首先设计的基本生产井和注水井。它也是进行开发方案设计时,作为开发区油田地质研究的井网。研究基础井网要进行准确的小层对比工作,作出油砂体的详细评价,进一步为层系划分和井网布置提供依据。

2. 确定生产井网和射孔方案

根据基础井网,待油层对比工作做完以后,全面部署各层系的生产井网,依据层系和井网确定注采井井别并编制方案,进行射孔投产。

3. 编制注采方案

在全面打完开发井网以后,对每一个开发层系独立地进行综合研究。在此基础上落实注采井别、确定注采层段,最后根据开发方案的要求,编制出注采方案。

由上述可以看出,合理的开发步骤就是如何认识油田和如何开发油田的工作程序。合理的、科学的油田开发步骤是使我们对油田的认识逐步提高、使开发措施得到不断落实的保证,任何对合理开发步骤的偏离都会导致对油田认识的错误和开发决策的失误。

(五)确定合理的布井原则

合理布井要求在保证采油速度的条件下,采用井数最少的井网,并最大限度地控制住地下储量,以减少储量损失。对于注水开发油田,还必须使绝大部分储量处于水驱范围内,保证水驱储量最大。由于井网问题是涉及油田基本建设的最中心问题,也是涉及油田今后生产效果的根本问题,所以除了要进行地质研究之外,还要应用渗流力学的方法进行动态指标计算和经济指标分析,最后作出方案的综合评价并选出最佳方案。

(六)确定合理的采油工艺技术和增注措施

在方案中必须针对油田的具体地质开发特点,提出应采用的采油工艺手段,尽量采用先进的工艺技术,使地面建设符合地下实际,使增注措施能充分发挥作用。

除此之外,在开发方案中,还必须对其他有关问题作出规定,如层间、平面的接替问题,稳产的措施问题以及必须进行的重大开发试验等。

二、合理开发程序的确定

合理的开发程序对于非均质多油层的大油田和复杂断块油田具有重要的意义。我国是一个多油层类型繁多的国家,各类油田开发程序差别较大,本章主要介绍两类常见的、最具代表性油田的合理开发程序确定方法。

(一)非均质多油层大油田的开发程序

1. 分区部署评价井

油藏评价阶段的主要任务是提高评价区的勘探程度,搞好油藏描述,进行开发可行性研究。在加密地震测线进行三维地震的同时要部署评价井网。评价井的密度依地质条件而定,一般应达到 $2\sim5km^2$ 一口井。评价井中有 1/3 以上的井取芯,至少有一个完整的取芯剖面,油层取芯收获率应大于 90%。

根据评价井的资料,提交经钻井资料校正的产层顶面构造图,进行测井解释,建立图版,划分出渗透层、裂缝段及隔层,并定量解释孔隙度、渗透率、含油饱和度和有效厚度,进行试油、试采,求准油井产能,油气、油水界面,有效厚度下限及油藏能量等资料,进行岩芯的室内常规分析及特殊分析,取得油层物性及渗流物性的各项参数,算准油气储量。

2. 开辟生产试验区

开辟生产试验区是油田开发前的准备,提前揭示油田开发过程中可能出现的问题,为进行开发部署、改善开发效果提供依据。

开辟生产试验区的基本原则是:

(1)生产试验区的位置和范围在油田全区应有代表性,不宜靠近边缘。

(2)该区应具有一定的独立性,可以利用断层或切割井排作为边界。

(3)试验项目的选择是油田开发的关键问题,如开发方式、注水方式、井距排距、开采速度、采油工艺等项目的对比试验。

(4)确定合理产量,进行相应的地面工程建设,以利于试验的迅速开展。

3. 部署基础井网

通过生产试验区的解剖和油藏评价井的加密钻探，对主力油层有了较清楚的认识，可以把主力油层作为主要的开发对象，首先部署井网，称为基础井网。它的任务是在开发主力油层的同时，进一步探明油田构造、断层的位置和特征、其他油层的性质及分布状况，为油田投入全面开发取全、取准各种资料。

在研究部署基础井网时，要与油田的整体部署结合起来。除了考虑基础开发层系本身的合理开发要求外，还应根据生产试验区及油藏评价井的资料，对该开发区所有油层的开发，如层系划分、不同层系的开发方式、注水方式、井网部署等也要有一个初步的设想。这样可使基础井网与其他层系的井网能够互相配合、综合利用。

为了使基础井网的部署更符合油田地下地质情况，便于和开发区内其他开发层系综合利用，可在基础井网钻完后暂不射孔投产，待对开发区的开发部署进行全面研究后，再射孔投产。这样在基础井网全面实施的过程中，对新区的地质情况获得再一次认识的机会，并取得及时调整开发方案的主动权。

4. 编制正式开发方案，全面部署井网

正式开发方案设计的任务是核实基础井网的注水方式、井网布置及独立开发的可能性，根据油田的地质模型，进行数值模拟，预测开发效果；统一考虑开发区的层系划分、注水方式和井网部署，做到各套层系井网的相互配合及综合利用；论证设计原则、方案内容及编制依据，提出实施要求，预测开发指标。这时要按照"油田开发方案的技术要点"编写油田的正式开发方案报告，做出全面开发的正式技术文件，待上级批准后开始实施。

5. 实施开发方案

实施开发方案时，首先要根据开发井网钻完后的资料，全面考虑注采关系。若发现注水井处于尖灭区内，导致油砂体上的采油井不能充分地达到注水效果时，要尽可能调整注采井别，以适应油层特点；其次要适当调整射孔层位，为了保证各开发层系的独立完整，防止层系间的油水窜流，处于两套开发层系间的小油砂体可以不射开，以便增加隔层厚度。在低产区，为了提高单井产量，也可以进行层系和射孔层位的调整。

6. 调整开发方案

油田按照开发方案实施后，生产过程中会不断出现各种矛盾，达不到预期的开发指标，势必影响最终的开发效果。于是在油田投入开发之后，调整工作就开始了。如采取各种工艺技术措施，调整油水井工作制度，调整注水方式及井网等，但总体来讲应按阶段综合进行。一般情况下，发现由于原开发方案设计不符合实际状况；井网对储量控制程度低，达不到采油速度的要求；开采方式不合理或产量虽下降而油田尚有生产潜力时，都应进行油田开发系统的调整。

在对开发方案进行重大调整时，除有充分的生产实际资料外，还应有足够的生产动态监测资料，这种调整方案也需上报批准后才能实施。

上述开发程序对具体油田来说不是一成不变的，也不是每个步骤都必须经过。较小的油田在勘探阶段为探明油层和构造所打的探井数目往往接近开发油田所需的总井数，这时就没有必要完全按照上述的各项步骤进行。

(二)复杂断块油田的滚动勘探开发程序

在复杂断块油区,各断块在面积大小,油层层位,层数多少,厚度大小,贫富程度,油层性质,流体性质,油、气、水分布及天然驱动能量等方面的差别可能很大,其勘探开发的难度也很大。通过实践,国内现已总结出相应的不同于一般油气田开发的滚动勘探开发原则和程序。

复式油气聚集带的复杂断块区在预探井见油后,就进入了滚动勘探开发时期,其开发程序大体分为4个阶段:

(1)确定富集区,研究油气藏类型和主要含油层系,确定产能,编制详探开发规划方案,部署详探开发井网。

(2)确定主要油气藏的类型,基本圈定含油气面积,核定储量,使油气藏主体部位储量升级为探明储量,确定分层组的油气层参数及天然驱动类型,制订正式的开发方案。

(3)根据一次井网投产及开发方案补充钻井、测井和开采动态资料,进一步落实构造图和油层平面图,确定油、气、水分布关系,核算油气储量,根据油田动态监测资料,提出调整井的布置,标定可采储量。

(4)实施油田调整,补充钻井,结合监测资料补充对油藏的认识,进行开发效果评价。

第三章 油气藏驱动方式和开发系统

将油气由地层驱向井底需要动力,同时还要克服流动阻力。油气在开采过程中主要依靠哪一种能量来驱动就是该油藏的驱动方式。油藏的驱动方式是油藏工作条件的综合,研究油层的驱动方式不仅要研究油层本身,而且要从整个水文系统出发,研究油藏和整个水文系统的内在联系。选择驱动方式对于油田开发意义十分重大,要选择合理的开发方法,合理的生产井、注入井的布井方案,合理的开发制度和单井工作制度,这些都由驱动方式来决定,采收率也与驱动方式有着千丝万缕的联系。

油藏的驱动方式不同,开采方式也不同,所引起的后果也不同。在开发过程中产量、压力、气油比、开采速度和总产液量等主要开发指标都有不同的变化特征,而这些开发指标是表征驱动方式的主要因素,通过它们的变化关系可以判断驱动方式。反之开采速度和总产液量也影响油层的驱动方式,因此研究油藏的驱动方式是油田开发的一个重要环节。

第一节 天然驱动类型

油藏的驱动类型是由油层中驱油的动力决定的,在研究油藏的驱动类型之前,先要分析油藏驱油的动力以及所要克服的流动阻力。

一、驱油动力及流动阻力

油藏中油、气和水构成一个统一的水动力系统,油层内部承受着较大的压力而具有一定的能量,地下油藏的开采就是要靠驱油的能量把原油推向井底。除了油层本身具有的天然能量外,在开采过程中,常常采用注水、注气等人工补充油藏能量的方法来解决天然能量不足的问题。油气流向井内是驱油动力克服了各种阻力的结果,驱油动力主要有 5 种:油藏的边水或底水压头、气顶压力、原油中溶解气的膨胀力、油层的弹性膨胀力和原油的重力;而油层中的流动阻力主要有 4 种:外摩擦力、内摩擦力、相摩擦力和贾敏效应毛细管力。原油由油层流向井底的过程是不断消耗油层内部能量的过程,能量消耗的程度常用采出单位体积原油油层压力的下降值来表示,它既取决于油藏本身的地质条件,也取决于人为因素。

研究油藏的天然能量,首先要研究油藏周围水体的分布范围及其补充条件。水体体积与油体体积的比值以及补充情况反映了边水能量的大小。边水能量的大小将在第四章注水问题中详细讨论,下面主要讨论驱油动力和流动阻力。

(一)驱油动力

1. 油藏的边水或底水压头

如果油藏有边水或底水供给,油层内部压力降低的影响范围扩展到含油边界以外时,辽阔的含水区岩石和水的弹性能释放迫使边水侵入含油区,把油赶向井底,而这时含油区将不断缩小。当地层压力下降时,虽然单位体积岩石本身及其中液体所具有的弹性能量储备并不大,但是如果考虑到整个油藏的体积及供给广大含水区的体积,弹性能量可能会很大,这种能量可以成为驱动油气向井底流动的主要能量来源。

倘若油藏供水区有露头,边水将依靠露头与油层的水柱压差源源不断地从露头流向油藏,弹性能居次要位置,主要起作用的是露头与油层的水柱压能,这种驱动能量的大小与露头和油层埋藏深度的水柱压差、露头的距离、供水区岩层的渗透率有关。边水压差的大小一般等于油层静水柱压头。如果油层埋藏深度为 $H(\mathrm{m})$,水的相对密度为 γ_w,那么边水压头 $p(\mathrm{MPa})$ 为:

$$p=\frac{\gamma_\mathrm{w} H}{102}$$

油田现场上常用水层试井、试采中动态监测,油水界面监测,RFT 测试等手段来认识地层水的活动特性。

2. 气顶压力

具有原生气顶的油藏,油层压力等于原始饱和压力。当油井投产、井底压力降低时,在井底附近立刻出现溶解气驱特征,随着压力降扩展到气顶,就会引起气顶压缩气的急剧膨胀,使气顶区的气体进入含油区,并将油推向井底。如果气顶足够大,那么气顶气的膨胀能将是主要驱油能量;如果气顶不够大,又没有进行人工注气,气顶压力就会很快下降,含油区的弹性能量就会起作用。

气顶能量没有天然补给条件,主要用气顶体积与油体体积之比来反映气顶能量的大小,即用气顶指数 m 来衡量,m 值越大,反映气顶能量越大。

$$m=\frac{原始地下自由气体积}{原始地下油体积}$$

如果两个油气藏的 m 值相同,原始地层压力值大者气顶压力就大。压力下降到同一值时,其气顶膨胀量也大,但二者在单位压差下的膨胀量却是同样的,即气顶的压力虽然比较低,但每一个压差的可利用程度却不低。

3. 原油中溶解气的膨胀力

如果油藏封闭,又没有外来能量补充,那么在开采过程中,开始是消耗弹性能量,当油层压力降至饱和压力以下时,岩石和液体的弹性能量虽然仍在继续释放和驱油,但油中的溶解气也将析出。从油中析出的气泡是分散在油中的,在压降时气泡发生弹性膨胀,将油挤向井底。油层压力降得越低,析出的气泡越多,而析出的气体弹性膨胀也会越激烈,于是油层的含油饱和度不断下降,含气饱和度不断升高。因为气体的弹性体积系数要比岩石和液体的弹性体积系数高 6~10 倍,所以溶解气的弹性膨胀能将起主要作用。溶解气弹性能的大小与油中气体的溶解度、溶解系数、气体的组成、油层压力和温度有关。

当油层压力低于原油饱和压力时,原油中的溶解气就会分离出来而靠膨胀能驱油,原油饱和压力高,原始溶解油气比高,说明溶解气能量充足;反之,溶解气的能量不充足。

4. 油层的弹性膨胀力

油藏在开发前处于均衡受压状态,当开发后进行完井、试油工作,压力开始降低,地层与井之间建立了压差,此时油藏的平衡状态遭到破坏。在开发前油层内受到3个力的作用:上覆岩石压力、岩石颗粒间的压力和流体对岩石颗粒的压力,后者一般又称为地层压力。当地层压力降低以后,一方面岩石颗粒体积因液体压力降低而膨胀,从而使岩石孔隙缩小;另一方面含油区内液体也因压力降低而发生弹性膨胀,在孔隙缩小和液体膨胀两股力量的共同影响下,就把油推向油层压力已经降低了的井底,由于压力不断降低,压降漏斗不断向油层纵深发展,油层内部不断释放出弹性能,将远处的油推向井底。

弹性能量的大小取决于岩石和流体的弹性压缩系数,油层的地层压力和饱和压力的差值、压降大小以及油层体积大小,这种能量主要在油层压力高于饱和压力时才发挥作用。

估算未饱和油藏的弹性能量可用公式:

$$N = V \times C \times \Delta p$$

式中:N 为油藏压力下降 Δp(MPa)地面条件下的弹性储量(m^3);V 为油藏原始含油岩石的体积(m^3);C 为油藏岩石和油的综合压缩系数(MPa^{-1});Δp 为油藏压力下降值(MPa)。

例:某油藏砂岩体积为 $144 \times 10^7 m^3$,其孔隙度 $\varphi = 20\%$,含水饱和度 $S_w = 30\%$,含油饱和度 $S_o = 70\%$,油的压缩系数 $C_o = 10 \times 10^{-4} MPa^{-1}$;水的压缩系数 $C_w = 5 \times 10^{-4} MPa^{-1}$;砂岩的压缩系数 $C_f = 2 \times 10^{-4} MPa^{-1}$;地层压力可降低 1.2MPa,该油藏单靠油层的弹性膨胀能驱油,可能有多少油被采出来?

解:先计算综合压缩系数:

$C_r = \varphi \times (S_o C_o + S_w C_w) + C_f \times (1 - \varphi)$
$= 20\% (0.7 \times 10 \times 10^{-4} + 0.3 \times 5 \times 10^{-4}) + 2 \times 10^{-4} (1 - 20\%) = 3.3 \times 10^{-4} (MPa^{-1})$

依靠弹性能排出油的体积为:

$$N = V \times C_r \times \Delta p = 144 \times 10^7 \times 3.3 \times 10^{-4} \times 1.2 = 57 \times 10^4 \ m^3$$

由此可以看出,尽管地层液体和岩石的压缩性很小,但由于油藏总体积大,依靠液体的弹性能量驱油是不可忽视的。

油藏弹性能量的大小通常用弹性产率和弹性采出程度这两个参数来表示。弹性产率是平均地层压力每下降一定数值可以产出的弹性储量占地质储量的百分数;弹性采出程度是指完全靠油藏的弹性膨胀能可以产出的弹性储量占地质储量的百分数。显然,弹性产率值大,弹性采出程度高,油藏的弹性能量就大,天然弹性能量可利用程度就高。

5. 原油的重力

原油本身的重力在一定程度上也会发挥驱油作用。

在油藏倾角很大或油层很厚时,油层内高于井底位置的原油由于油层本身的高差所产生的位能即重力迫使原油流向低处的井底,这种能量只有在油藏的其他能量已经耗尽、油层厚度大、地层倾角大、渗透性好时才可能起主要作用。否则,虽然与其他能量同时并存,但处于很次要的地位。

（二）流动阻力

在油藏开发过程中，地层能量消耗在克服油气在地层流动时的阻力上，这些阻力是内摩擦力、外摩擦力、相摩擦力和贾敏效应毛细管力。

1. 内摩擦力

内摩擦力指流体流动时，其内部分子之间的摩擦力。内摩擦力表现为流体的黏度。

2. 外摩擦力

外摩擦力指流体流动时与岩层孔隙（或裂缝）通道壁间形成的摩擦力。在此阻力的作用下，流体在孔道壁处的流速等于零，而在孔道中心的流速最大。孔道中的流线是按抛物线分布的，岩石的颗粒越小，这种流动阻力就越大。

3. 相摩擦力

相摩擦力指油层中多相流体混合流动时，各项流体之间的摩擦力。

上述3种摩擦力统称水力阻力。水力阻力的大小取决于流体流动的速度。流速越大，水力阻力越大，因而油层能量消耗也越大，从而驱油效率也大大减弱。

4. 贾敏效应毛细管力

贾敏效应就是毛细管力的体现。产生毛细管力的实质与孔隙介质中气液混合物流动时所产生的界面（弯液面）有关，表面现象和毛细管力多方面对驱油过程有影响。在油水接触区，弯液面的压力有利于水渗入亲水岩石的含油部分，这时毛细管压力有利于在非均质孔隙介质的孔隙空间中产生油水混合物，从而使原油难以从储集层中驱替出来。

经验表明，在很多情况下，油藏开发时会产生特殊条件，即水被含油岩石毛细管渗入，对驱油结果起一个好的作用。如在裂缝性储集层或在具有高渗透夹层的层状地层中，在水沿着裂缝或高渗透夹层很快突进以后，水将被毛细管力吸入到含油岩块与高渗透夹层附近的较低渗透率含油层中，这样就有一些附加油量由于毛细管力的作用而被采出。

在很多情况下，由于孔隙介质毛细管中原油的非牛顿性质，可能有大量原油残留在地层内，在饱和油的孔壁分子力的作用下，会产生吸附溶剂层，它具有异常黏性，这同样对原油在孔隙中的渗流和其从储集层中采出的完全程度有影响。

二、天然驱动类型及特征

根据油藏的5种驱油动力，对应有5种天然驱动类型，但是自然界的驱动类型并不是单一存在的，通常是几种驱动类型的综合。因此，混合驱动类型也是天然驱动类型的一种补充。下面分别说明不同驱动类型的开采特征。

（一）水压驱动

当油藏存在边水或底水时，则会形成水压驱动。在水压驱动下油藏的主要能量形式为边水压头，它能相对较快地完全补偿油藏原油和伴随水的采出体积。在开采过程中，油藏体积由于油水界面的上升而逐渐缩小[图3-1(a)]。油藏与地层边水区和水压系统的供水区必须有很好的联系。

水压驱动产生的地质条件为：油藏距供水区不远，油藏范围内和含水区内高渗透和相对

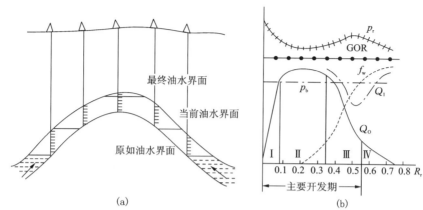

图 3-1 水压驱动油藏体积变化及主要开发指标
(a)开发过程中油藏体积变化;(b)主要开发指标动态
p_r.地层压力;Q_l.产液量;Q_o.产油量;GOR.生产油气比;
f_w.含水率;p_b.饱和压力;Ⅰ—Ⅳ.开发阶段

均匀的储集层结构,没有阻止流体流动的构造断层,地下原油黏度低,油藏较小和较温和的产液。呈现水压驱动的一个最重要的条件是原始地层压力和饱和压力之间的差值很大,在整个开发期间地层压力高于饱和压力[图 3-1(b)],不同开发阶段地层压力(p_r)不同。

水压驱动又分刚性水压驱动和弹性水压驱动两种。

1. 刚性水压驱动

驱动能量主要是边水、底水。

形成刚性水压驱动的条件是:油层与边水或底水相连通,水层有露头,且存在良好的供水水源,与油层的高差也较大,油、水层都具有良好的渗透性,在油、水区之间又没有断层遮挡。因此,该驱动方式下能量供给充足,其水侵量完全补偿了液体采出量。总压降越大,采液量越大;反之当总压降保持不变时,液体流量基本保持不变。

油藏进入稳定生产阶段以后,由于有充足的边水、底水或注入水,能量消耗能得到及时的补充,所以在整个开发过程中,地层压力基本保持不变。随着原油的采出及当边水、底水或注入水推至油井后,油井开始见水,含水将不断增加,产油量也开始下降,而产液量可保持不变,开采过程中气体呈溶解状态,油气比等于原始溶解油气比,其开采特征如图 3-2 所示。

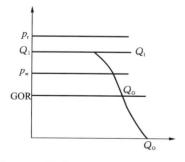

图 3-2 刚性水驱油藏的开采特征曲线
p_r.地层压力;Q_l.产液量;Q_o.产油量;
p_w.井底流压;GOR.生产油气比

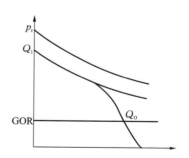

图 3-3 弹性水驱油藏的开采特征曲线
p_r.地层压力;Q_l.产液量;Q_o.产油量;
GOR.生产油气比

2. 弹性水压驱动

弹性水驱主要靠含水区和含油区压力降低释放出的弹性能量采油。其开采特征为：当压力降到封闭边缘之后，要保持井底压力为常数，地层压力将不断下降，因而产量也将不断下降。由于地层压力高于饱和压力，因此不会出现脱气区，油气比不变。其开采特征曲线如图3-3所示。

弹性驱动按其驱动的能量大小又可分为强弹性水压驱动、弱弹性水压驱动和封闭弹性水压驱动3种。

形成弹性水压驱动的条件是：边水活跃，活跃程度不能弥补采液量，无边水露头，或有露头但水源供给不足，或存在断层或岩性遮挡等原因。若采用人工注水，注水速度小于采液速度时，也会出现弹性水驱的生产特征。一般来说，弹性水压驱动的驱动能量是不足的，尤其是在开采速度较快的情况下，它很可能向着弹性-溶解气混合驱动方式转化。

（二）气压驱动

当油藏存在气顶且气顶中的压缩气为驱油的主要能量时为气压驱动。若对油藏进行人工注气也可造成气压驱动。

形成气压驱动的条件是：气顶大，油藏含油高度大，垂向渗透率高，原油黏度 μ_o 为 $1.5\sim 2\text{mPa}\cdot\text{s}$。

气压驱动可分为刚性气压驱动和弹性气压驱动两种。

1. 刚性气压驱动

只有在向地层人工注气，并且注入量足以使开采过程中地层压力保持稳定时才能出现刚性气压驱动。在自然条件下，如果气顶体积比含油区的体积大得多，能够使开采过程中气顶或地层压力基本保持不变或下降很小，也可看作是刚性气压驱动，但这种情况是比较少见的。

刚性气压驱动方式的开采特征与刚性水压驱动的开采特征相似。开始时地层压力、产量和油气比基本保持不变，只是当油气边界线不断推移至油井之后，油井开始气侵，则油气比增加。其开采特征曲线如图3-4所示。

2. 弹性气压驱动

弹性气压驱动产生的条件是：在气顶的体积较小而又没有进行注气的情况下，随着采油量的不断增加，气顶不断膨胀，其膨胀体积相当于采出原油的体积。虽然原油在采出过程中由于压力下降，要从油中分离出一部分溶解气，这部分气体将补充到气顶中去，但总的来说影响较小，所以地层能量不断消耗，即使减少采液量，甚至停止生产，也不会使地层压力恢复到原始状态。由于地层压力的不断下降，产油量也不断下降。同时，气体的饱和度和相对渗透率却不断提高，因此油气比也就不断上升。其变化特征如图3-5所示。

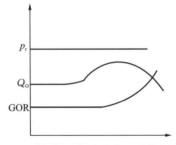

图3-4 刚性气压驱动油藏开采特征曲线

p_r. 地层压力；Q_o. 产油量；GOR. 生产油气比

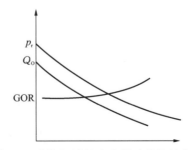

图3-5 弹性气压驱动油藏开采特征曲线

p_r. 地层压力；Q_o. 产油量；GOR. 生产油气比

(三)溶解气驱动

在弹性驱阶段,压力不断降低,当油层压力下降到低于饱和压力时,随着压力的降低,溶解状态的气体分离出的气泡膨胀而将石油推向井底。

溶解气驱动产生的条件是:油藏无边水(底水或注入水)、无原生气顶,或有边水而不活跃,地层压力低于饱和压力。

由于井内的地层压力急剧下降,井底附近严重脱气,油层孔隙中很快形成混合流动。随着压力降低,逸出的气量增加,相应的含油饱和度和相对渗透率则不断减小,使油的流动困难。此外,原油中的溶解气逸出后,油的黏度增加,则流动阻力增加,因而油井产量和总的采油量下降较快。开发初期压降数值较小时,油气比将急剧增加,地层能量大大地消耗,最后慢慢枯竭。所以油气比开始上升很快,然后又以很快的速度下降。其开采特征如图3-6所示。

(四)弹性驱动

依靠油层岩石和流体的弹性膨胀能将油驱向井底时为弹性驱动。

弹性驱动产生的条件是:油藏无边水(底水或注入水),或有边水而不活跃,油藏压力始终高于饱和压力,油藏开采时,随着压力的降低,地层将不断释放出弹性能,将石油驱向井底。其开采特征曲线如图3-7所示。

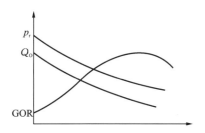

图3-6 溶解气驱油藏开采特征曲线

p_r.地层压力;Q_o.产油量;GOR.生产油气比

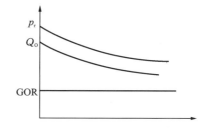

图3-7 弹性驱动油藏开采特征曲线

p_r.地层压力;Q_o.产油量;GOR.生产油气比

(五)重力驱动

靠原油自身的重力将油驱向井底时为重力驱动。

重力驱动产生的条件是:埋藏浅、高度大、地层陡、储层渗透性好。重力驱动可分为压头重力驱动和具自由油面的重力驱动两种。

1. 压头重力驱动

在这种驱动下,石油沿着倾斜面向下移动,并在油层较低的部位聚集起来,而在油层的高部位"枯竭"了,在高部位钻的井中没有油流。在均质油层情况下,井的产量与油井钻开油层的深度有着密切联系。钻开油层的标高越低,则油柱越大,井的产量也越高,油气比越低,并符合于在该油层压力数值下溶解于油中的气量。

2. 具自由油面的重力驱动

在这种驱动下,油井周围地区的油均低于油层顶部。同时气体的分离量很小,井的产量低,但井的寿命可能很长。

油藏在开发过程中,重力驱油作用往往与其他能量同时存在,但多数起的作用不大。以重力作为主要驱动能量时,多发生在油田开发后期和其他能量已枯竭的情况下,同时还要求油层具备倾角大、厚度大及渗透性好等条件。开采时,含油边缘渐渐向下移动,地层压力(油柱的静水压头)随时间的增加而减小,油井产量在上部含油边缘到达油井之前是不变的,其开采特征如图 3-8 所示。

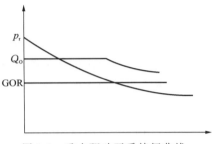

图 3-8 重力驱动开采特征曲线
p_r. 地层压力;Q_o. 产油量;GOR. 生产油气比

(六)混合驱动

混合驱动是指同时有几种推动石油的力在起作用。

例如,在某种情况下,在第一个开采时期内,当边水压头很活跃,在开发区上产生压力下降时,油层的弹性力同时发生作用,这些弹性力在压力稳定时逐渐减小,在强化油层液体的开采并把压力降到低于石油的气体饱和压力时,溶解气开始起作用。因此,该油藏的驱动方式开始是弹性水压驱动,然后转为水压驱动,最后又改为溶解气驱动,整个过程是一个混合驱动方式。

又如在具有气顶压头的同时还有边水推进,如果这两种作用力大致相同的话,驱动方式为典型的混合驱动。其中位于气顶附近的井将在气压驱动条件下工作,位于边水附近的井将在弹性驱动下工作。但是,如果边水推进的活跃程度不大的话,驱动方式应确定为气压驱动。

在自然界很多油藏的开发史中,同时有 2 种,甚至 3 种能量起着差不多的作用,这样的天然驱动就称为混合驱动。各种能量所起的作用可能在不同的开发阶段是不同的,在气顶油藏中天然驱动方式往往同时由边水和气顶的压头所组成,气藏的弹性水压驱动,实质上也是水压和气体压力的潜能在不同开发阶段起着不同作用的混合驱动方式。对于低渗透气藏,在开发初期可能只为气压驱动,只是在气藏压力下降很多时才开始呈现水压的作用,并随着地层压力的进一步下降,水压作用可能增长。

在所研究的天然驱动方式中会有一种能量起主要作用,起相对次要作用的还有其他的自然力。例如在对开发中地层压力有明显下降的油藏(溶解气驱、气压驱动),油藏范围内岩石和液体的弹性力也起着某些作用。再如在气压驱动中可能发现溶解气驱也起着一定的作用等,在油藏开发过程中驱动类型也可能发生变化。一般只是在开采前 5%～10%可采储量时,纯弹性水压驱动起着作用,随后由于地层压力下降到低于饱和压力,溶解气驱就起着主要作用。对于水驱油田,有些地区能够受到注入水或边水的影响,显示出水驱油田的基本特征,有些地区没受到注入水或边水的影响,显示出溶解气驱的特点,有些地区虽也能受到注入水或边水的影响,但是不充分,显示出既有水驱特征又有溶解气驱的复杂情况。

原始存在的天然油藏,其饱和类型与驱动类型有如下关系:

饱和油藏
- 无气顶 无边底水活动的饱和油藏——溶解气驱
- 无气顶 有边底水活动的饱和油藏——溶解气驱、天然水驱、混合驱
- 有气顶 无边底水活动的饱和油藏——气顶驱、溶解气驱、混合驱
- 有气顶 有边底水活动的饱和油藏——气顶驱、溶解气驱和水驱混合驱

未饱和油藏
- 封闭型未饱和油藏——封闭型弹性驱
- 未封闭型未饱和油藏——弹性水压驱

从以上关系不难看出,大多数油藏呈现混合驱动方式。对一个实际开发中的油藏,其驱动方式是油藏地质条件和人工措施的综合结果,而且在油藏的不同部位可以出现不同的驱动方式。在时间上,油藏的驱动方式也不是一成不变的。如带气顶的边水油藏(图3-9),在顶部靠近气顶处的油井处于气压驱动下,井中有一定的溶解气驱;在边水附近的油井,则在水压驱动方式下生产,溶解气驱是次要的;在油藏中间部分的油井主要是靠溶解气驱。就整个油藏来说,是处在一种复合的驱动方式条件下,并视其主要的生产区域来决定是以哪一种驱动方式为主。

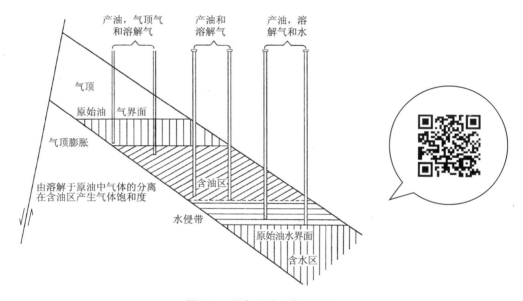

图3-9 混合驱动油藏示意图

除此之外,采油速度的改变会改变油藏的驱动方式。如开采速度较低时,边水侵入与开采能达到平衡,是以刚性水驱为主;开采速度增大,水体补充不足,会形成弹性水驱动;开采速度远远超过了补充速度时则油藏可能变成以溶解气驱为主。

人工措施也可以改变油藏的驱动方式,天然水驱不足时会变为溶解气驱。如果进行了及时的人工注水,将会维持水驱;再如气顶驱动到一定程度时会出现溶解气驱,但如果我们及时向气顶中人工注气就会继续保持气压驱动。

理论和实践证明,有外力驱动的方式(水压驱动、气压驱动)比内能消耗式驱动(弹性驱动、溶解气驱、重力驱)有更高的效率,所以绝大部分油田采用人工注水补充地层能量的开发方式。开发地质工作者的任务就是在客观认识油藏地质条件的基础上,全面分析油田开发过程中不同时期、不同部位油井的生产特征以判断油藏的主要驱动方式,并尽可能地将低效驱动方式转变为高效的驱动方式。

三、影响油气藏驱动类型的因素

一个油藏由于种种因素的影响,在空间上油藏不同部位可以出现不同的驱动类型,在时间上油藏的驱动类型也不是一成不变的。由于油藏能量的自然消耗,或者由于对油藏采取了人工注水或注气措施，油藏可以从一种驱动类型转化为另一种驱动类型。因此，判断一个油藏究竟属于何种驱动类型，应当综合分析研究油藏的各种地质资料和开发开采资料，最后才能获得正确的结论。一般来说，影响油气藏驱动类型的因素有以下两大类。

（一）地质因素

油层的天然能量取决于油气藏的地质条件，如有无边水、气顶，油层的埋藏深度，沉积条件，连续性和渗透率等，归纳起来主要有以下几个方面。

1. 地质构造特征

构造、断裂是控制油层水动力系统至关重要的因素。如果断层把油藏与含水区分割开，即使油层渗透性良好，供水区水源丰富，但由于断层的遮挡作用，边水压头也很难传递到油藏内部，油藏因石油不断地被采出，能量消耗得不到补偿而可能出现弹性驱动或溶解气驱动，又如油藏地层倾角的陡缓也将对重力驱动产生较大影响。

2. 油层的岩性和物性

油层的孔隙性和渗透性对油藏驱动的影响是不言而喻的。无论是水压驱动，还是气压驱动，均要求油层渗透性要好，分布要均匀。相反，如果油层的渗透性很差，甚至岩性发生尖灭，边水压力和气顶压力都不能传递到油藏内部，则油藏很难实现水压驱动和气压驱动，可能成为内能消耗式的弹性驱动或溶解气驱。

3. 水文地质条件

水文地质条件包括油层含水部分的露头情况、含水层厚度、含水层范围大小、供水区距油藏的远近、供水区压头的大小、水源是否充足以及油层的水动力连通情况等。在储油层岩石结构均匀、渗透性和连通性较好的情况下，如果油藏距供水区比较近，供水区水源丰富，水头压力大，油藏将会出现稳定的水压驱动；如果含水部分的范围与油藏含油部分相比不够大时，油藏很难实现水压驱动和弹性水压驱动。

（二）人为因素

人为因素对油藏驱动类型的影响主要表现为布井系统、油井工作制度以及人工采取的注水或注气措施等。

1. 布井系统

油田开发布井系统的选择应以油藏驱动类型为依据，不同驱动类型的油藏应采用不同的布井系统。例如，对于天然水压和气压驱动油藏，应采用平行油水界面或油气界面的排状或环状布井系统进行开发。

2. 油井工作制度

主要指油井的产液量和产液速度。这对油藏驱动类型的影响是很大的，例如属于水压驱动的油藏，当其产液速度与供水区的供给速度相适应时，油藏能量及时得到补充，因而水压驱动类型就保持不变。反之，如果产油量超过供水量，或者说采液速度超过供水速度，油藏能量得不到补偿，势必导致油层压力急剧下降，原来的水压驱动就有可能转为弹性驱动或溶解气驱动，最后由于溶解气的大量逸出，油藏能量枯竭，不得不转为重力驱动。

3. 人工措施

人工注水或注气措施可补充驱油能量，甚至改变油藏驱油能量的来源，从而改变油藏驱动类型。

研究油藏驱动类型的目的主要在于充分、合理地利用油藏能量,最大限度地提高原油采收率。油藏驱动类型与原油采收率的关系密切,国内外油藏开发的实际资料表明,油藏的驱动类型不同,就有不同的原油采收率。在这些驱动类型中,水压驱动类型的原油采收率最高,其次是气压驱动,再次是溶解气驱动,弹性驱动的原油采收率介于水压驱动与溶解气驱动之间,最低的是重力驱动。国内外不同驱动类型油藏采收率经验值一般为:水压驱动为35%~50%;气压驱动为20%~40%;溶解气驱动为15%~20%;重力驱动为10%~20%。在油田开发过程中,甚至在油田开发初期,为了保证油藏获得较高采收率,人们常常采用注水和注气人工措施,以建立最佳驱动类型,尽可能地提高原油采收率。

气藏的驱动类型比较简单。这是因为气体压缩系数比水和岩石的压缩系数要大3个数量级,气压驱动是气藏的主要驱动类型,其次是弹性水压驱动。与油藏相比,由于天然气的黏度远比原油黏度低,天然气与岩石颗粒之间的分子表面张力小,天然气的弹性膨胀系数比石油的大5~7倍。所以不管哪一种驱动类型的气藏,其天然气采收率均比同类驱动类型油藏的原油采收率要高。

四、驱动类型的研究方法

每一个油藏都存在一定的天然驱动能量,这种驱动能量可以通过地质勘探成果及原油的高压物性测试来加以认识。油田投入开发并生产一段时间以后,就可以依据不同驱动方式下的生产特征,来分析和判断是属于哪一种类型的驱动能量,这时的生产特征就表现出较为复杂的情形。在这种情况下,需要找出起主要作用的那种驱动方式。此外,一个油藏的驱动方式不是一成不变的,它可以随着开发的进行和开发措施的改变而发生变化。例如我们常常发现,在同一油田上,有的油井压力、产量稳定不降;有的油井压力、产量、油气比不稳定,有时升,有时降;有的油井压力、产量不断下降,油气比急剧上升。这就要求我们进行深入细致的工作,研究判断油气藏驱动类型的方法。常用的判断油藏驱动类型的方法有以下两种。

(一)定性判断

目前只是当油藏具有水压驱动或活跃的弹性水压驱动时才利用天然能量开发,大多数油藏在开发一开始天然驱动就转为更为有效的对地层的人工作用方法了。因此油藏的天然驱动类型应在为论证开发系统编制第一个开发文件时确定下来。但这一阶段油藏还没有很多的生产资料来判断油藏的天然驱动方式,一般是根据间接资料来研究整个水压系统、水文地质特征和油藏本身的地球物理特征,以及参考该层位其他已投入开发油藏的驱动类型。

确定油藏的驱动类型应取得下列资料:关于油藏的大小、确定油藏与边外区连通程度的地质资料;关于油藏范围内储集层的结构与性质;关于地下油、气的相态和性质,产层的温度、压力条件;同一开采层位具有近似地球物理特征,其天然驱动类型已经确定的已开发油藏的特征,在确定新油藏驱动类型时可以用作类比资料。

综合上述资料一般可以很精确地确定新油藏的天然驱动方式。

当间接地质资料不足时,就必须将油藏或某一部分在不太长的时间内进行试采,对油藏和含水区地层压力、油水界面位置、生产油气比和含水率,以及油井生产能力等的变化进行监测,应特别注意研究油藏与边外区的相互作用,后者的活跃程度可以用对边外测压井的压力观察来确定。当在距油藏不同距离处有测压井时,不仅可以搞清其相互作用情况,而且还能说明地层总压降漏斗的特征,为了取得必需的资料,在相对较短的时间内可以高速开采。一般来说,定性判断有以下原则:

(1)没有气顶及边水、底水影响,受断层封闭或岩性封闭的油藏,其天然驱动能量属弹性驱动或溶解气驱动,是一种消耗型的驱动方式,属于天然能量不足的油藏。

(2)是否为断层、岩性圈闭?如果四面为断层所封闭,或为非渗透层隔开的透镜状油藏,则可判断为弹性驱动或溶解气驱动。

(3)若无边水、底水,或者水体很小,又具气顶的油藏,则为气压驱动。

(4)若有边水、底水存在,又具气顶,含油边界条件连通性也较好,这类油藏表现为混合驱动方式。这时就要考虑水体范围,若连通好的水域体积为整个边水、底水体积的10~20倍,则为弹性水压驱动;若连通好的水域体积为整个边水、底水体积的30倍以上,则为刚性水压驱动。

(二)定量判断

在定性判断的前提下,还可以用两种定量计算方法来进行判断。

1. 定量指标计算法

(1)采出1%地质储量地层压力的下降值,用 $\Delta p/R$ 表示,其判断标准为:

    0.02~0.2 刚性水压驱动
    0.2~1   气压驱动
    1~2   弹性水压驱动
    >2   溶解气驱动

(2)采油速度,用 v_o 表示。

(3)实际弹性产量与封闭型弹性产量理论值的比值,用 N_{pr} 表示:

$$N_{pr} = \frac{N_p \cdot B_o}{N \cdot B_{oi} \cdot C_t \cdot \Delta p}$$

式中:Δp 为总压降(MPa);N_p 为与总压降对应的累积产油量($\times 10^4$ t);N 为原油原始地质储量($\times 10^4$ t);B_{oi} 为原始原油体积系数;B_o 为与总压降对应的原油体积系数;C_t 为总压缩系数(MPa^{-1})。

根据这3个定量指标的大小就可以判断其为哪种驱动类型(表3-1)。

表3-1 判断驱动类型的定量指标

指标	天然能量充足	天然能量较充足	具有一定天然能量	天然能量不足
$\Delta p/R$	<0.2	0.5>$\Delta p/R$>0.2	2.5>$\Delta p/R$>0.5	>2.5
N_{pr}	>30	10<N_{pr}<30	2<N_{pr}<10	<2.0
v_o	一般>2%	1.5%~2%	1%~1.5%	多数小于1%

2. 驱动指数权重计算法

根据计算驱动指数权重的大小判断各种天然能量在驱动中所起的作用就可以判断其为哪种驱动类型。对于同一个油藏来说,全部驱动指数之和等于1,哪种驱动指数的权重最大,就说明是哪种驱动能量在起作用。当油藏中没有哪一项驱动作用,或不考虑哪一项驱动影响时,则哪一项的驱动指数就等于零。

根据物质平衡方程(MBE)的含义,采出量＝膨胀量＋水侵量＋注入量,则有下列方程:

$$N_p[B_o+(R_p-R_s)B_g]+W_pB_w=N[(R_{si}-R_s)B_g-(B_{oi}-B_o)]+mN\frac{B_{oi}}{B_{gi}}(B_g-B_{gi})+$$

$$N(1+m)\times\frac{C_wS_{wi}+C_f}{1-S_{wi}}\times\Delta P+[W_e+W_iB_w+G_iB_{ig}]$$

令左式采出项用 F 表示,右式分别为膨胀项、水侵项和注入项,按物质平衡的含义,则有:

$$F=采出项=膨胀项+水侵项+注入项$$

定义 $N[(R_{si}-R_s)B_g-(B_{oi}-B_o)]/F$ 为溶解气驱动指数,用 DDI 表示;

$mNB_{oi}/B_{gi}(B_g-B_{gi})/F$ 为气顶驱动指数,用 CDI 表示;

$N(1+m)(C_wS_{wi}+C_f)\Delta p/(1-S_{wi})/F$ 为弹性驱动指数,用 EDI 表示;

W_e/F 为天然水驱驱动指数,用 W_eDI 表示;

$(W_iB_w+G_iB_{ig})/F$ 为注入水和气驱驱动指数,用 W_iDI 表示;即:

$$DDI+CDI+EDI+W_eDI+W_iDI=1$$

以上各符号的意义如下:

N,G 分别为原油地质储量和气顶区内天然气地质储量(m³);

m 为气顶指数,即气顶区内天然气的地下体积与含油区内原油地下体积之比:

$$m=GB_{gi}/NB_{oi}$$

$N_p、G_p、W_p$ 分别为某一时刻的累积产油量、累积产气量和累积产水量(m³);

$W_i、G_i、W_e$ 分别为某一时刻的累积人工注水量、累积人工注气量和累积水侵量(m³);

$R_p、R_s、R_{si}$ 分别为对应时间的累积生产气油比、该油藏压力下的溶解气油比和原始溶解汽油比(m³/m³);

$B_{gi}、B_{oi}$ 分别为原始状态下天然气、原油的体积系数;

$B_{ig}、B_w$ 分别为不同压力下注入气的体积系数和地层水的体积系数;

$B_g、B_o$ 分别为目前天然气和原油的体积系数;

$C_f、C_w$ 分别为岩石和束缚水的压缩系数(1/MPa);

$S_{wi}、\Delta p$ 分别为束缚水饱和度和各时段的地层压力降(%,MPa)。

气藏一般不采用人工对地层作用方法开发。因此,当根据间接地质资料大致确定气藏可能的天然驱动类型时,气藏早已进行工业性产气了。正确确定气藏的天然驱动类型对论证产量和地层压力动态、气井水淹规律和规模、气田建设、选择井数、布井原则、选择射孔井段均有着重大意义。因此,须利用气藏开发初期的静、动态资料,对气水界面进行监测,观察气井的水淹状况。如果井中地层压力不变,表明气体的大量采出不会对水压系统有影响,该气藏为气压驱动。反之,如果测压井中压力下降,表明气藏与边外区之间有水动力学联系,并说明有水侵入气藏,即为弹性水压驱动开采。

第二节　油藏开发系统

油藏开发系统是指能保证油、气、凝析油等采出的工艺技术措施,以及对其开采过程管理的总和。

合理的开发系统,一要满足国家对油气的需求,并在最少投入的情况下尽可能多地从地层中采出油、气和凝析物;二要考虑环境保护(HSE)及工程伦理准则,全盘考虑本地区所有自然、生产和经济特征,合理利用天然能量,在必要时可采用对油层的人工作用方法。目前一般对于具有有效天然驱动类型不需注水的油藏以及地质条件特殊,即使采用人工作用方法也不可能达到应有的效果,或根本无法实施人工作用方法的油藏则利用天然能量开发。

典型的油藏开发系统有如下几种。

一、天然能量驱动下的油藏开发系统

天然能量驱动下的油藏开发系统适用于具有下列矿场地质特征的开发层系:①有天然边水和底水压头;②具有高储集性能、流动系数、地层系数;③地下原油黏度低;④地层导压系数高;⑤地层没有岩性尖灭;⑥油藏范围内无断层;⑦油藏与边外区有明显的水动力学连通性;⑧油藏宽度不小于 4~5km。

在均质地层中边水前缘是平行于外含油边界推进的,这时开采井排应平行于外含油边界布置。开采井排数应是奇数的,以便通过减少井排将油藏中央部分的原油采出。为了避免开采井以及油藏的个别区块在开发过程中提前水淹,第一排开采井一般布在内含油边界范围以内。当原油黏度较高时,开采井应布在油水过渡带,以提高最终采收率。

属于具有有效天然驱动类型的油藏有:具有水压驱动和活跃弹性水压驱动的油藏。后者在下列情况下才被称为活跃,即其能量资源对于高速度采油是足以补偿的,并且其地层压力不会降到低于饱和压力。

二、利用边水压头的油藏开发系统

对于具有天然水压驱动,或活跃弹性水压驱动的层状油藏,所采用的开发系统主要为对纯油区平行于内油水边界布环形采油井排,并尽可能地错开布井(图 3-10)。为了延长无水采油期,排间距离可以稍大于井间距离,外排井含油厚度的下部一般不射孔,内排井中含油层全部射开,油水过渡带的原油被水驱替到井底。在开发过程中含油边界收缩,油藏面积减小,相应的逐渐水淹,外环井将停产。

三、利用底水压头的开发系统

该系统适用于具有水压驱动或活跃弹性水压驱动油藏。这些油藏开发时油水界面全面提高,油藏面积逐渐减少,油井在平面上的位置和生产井段的射孔方法取决于油藏含油高度和其他参数。当油藏高度有几十米时,油井均匀分布,射孔位置取在从顶部到油水界面以上几米远的地方(图 3-11)。当油藏高度为 200~300m,甚至更高时(如碳酸盐岩块状油藏),一般采用向顶部加密的井网,以保持单井控制储量相等的原则,这时剖面生产部分的打开方式取决于油藏的渗流特征。对于低黏度、高渗透和相对均质的生产层可以只射开含油厚度的上部,原油可以从下部驱替到射开井段;对于低黏度且非均质结构的储集层,或原油黏度偏高时,可采用逐步打开含油厚度的方法开采。

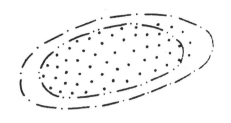

图 3-10 利用边水压头的油藏开发系统

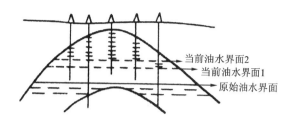

图 3-11 利用底水压头的油藏开发系统

四、利用溶解气能量的开发系统

该系统能量较弱，一般采用均匀井网，射开所有井中的全部含油厚度。由溶解气驱油机理可知，当地层原油脱气之后，油、气两相流动，使地层渗流条件恶化，因此该开发系统的最终采收率比较低，大约为5%～30%，大多数在15%～18%之间。为了提高油藏采收率，一般在早、中期就开始人工注水，以改变油藏依靠天然能量开采的状况。

利用溶解气能量的开发系统分布是均匀的，油藏投产之后，各井能均衡开采，油层压力也能均匀下降。值得注意的是要防止油藏顶部或局部产量过大，造成低压区及地层脱气严重，经过油气重力分异后在构造高部位形成次生气顶，给今后的开发带来困难。

五、同时利用地层水压头和气顶气的开发系统

油气藏含油部分的开发系统考虑利用混合驱动，即利用边水和气顶气驱油。该系统一般是均匀布井，只射开其含油部分的中间一段。

由于水的冲刷性质比气体的好，该系统主要适用于具有气顶相对不大的油气藏。当其含油部分的体积明显比气顶大得多时，对于高倾角地层，含油高度大，地层压力高，储集层渗透性和水力传导性偏高的油藏，水压作用最有效，气顶的影响最小。在这种情况下，油气藏开发在很大程度上被气锥、水锥的形成复杂化。因此，在论证射孔井段和油井产量时必须慎重考虑。

六、在油气界面不移动的情况下利用地层水压头的开发系统

在气顶体积不变的情况下，该系统只考虑边水侵入，油气界面稳定在原始位置上，这一点可通过调整气顶压力和气顶采出气量来实现，且采出的气量要与地层压力在含油部分的下降速度相适应。该开发系统在选择射孔井段时要考虑形成气锥和水锥的可能性，在油水界面提高的前提下尽量延长无水采油期。

这类开发系统能成功地应用于含油高度大、黏度低、渗透性好，在地层剖面中有不渗透夹层加深其各向异性的油气藏。

第三节 气藏开发系统

烃类气体具有高弹性、高流动性；低密度、低黏度、低凝固点、低馏分；含盐少、含硫少、含蜡少、含胶质沥青质少这"两高、四低、四少"的特点，由于气体的高弹性，气藏地层压力很快发

生再分配,严重影响气产量,并在很大程度上决定气藏范围内采气井的布置。

一、气藏开发方式

气藏开发与油藏开发工作大体一致,只是由于气和油的组成、性质有所不同,使气田开发有些独特的地方。

1. 气藏开发与用户有着直接的关系

烃类天然气是一种发热量高、燃烧完全的气体矿产,主要用来做动力燃料和化工原料。因为天然气经过矿场集输净化后,不需要再加工冶炼就可供给用户,所以气藏的开发与用户关系密切。在气藏的开发设计和建设中,必须上游和下游工程同步开展,即气藏钻开发井、地面集输、长距离管道输送及用户工程要通盘考虑,同时投产,同时使用。

2. 采用消耗式开采方式,具有较高的采收率

气藏和部分凝析气藏的开发通常利用天然驱动能量,纯气驱气藏采用消耗式开采,有水的气藏初期为气驱,以后转为弹性水驱或水驱,都不采取人工补充能量的措施。对于储量大的凝析气藏,前期采用循环注气的方法采凝析油,后期仍然是靠气驱开采干气。

气藏开发过程一般分为产能建设期、递减期、低压低产期3个主要开发阶段。气藏的经济极限采收率比油藏高,气驱气藏可达80%~95%,而且在稳产期结束时的采出程度也比较高,可达50%~60%;水驱气藏的采出程度为40%~65%。所以在开发方案的设计、优选时采气速度比较高。

3. 气藏开发的井网密度小

天然气的相对密度小、黏度小、易流动,在布置开发井时,井距比油井要大。开发小气藏勘探井或评价井就足以满足需要。由于气藏开发所需要的井数少,布置评价井和开发井时一定要适应气藏的构造和储层特征。

4. 钻井、完井工艺要求高

在气井的钻探中最容易产生气层污染,特别是在气层埋藏深度比较大、压力系数比较高的地区,为防止井喷多采用相对密度大的泥浆,由于污染严重,会影响井的生产能力和地面管理。因此对钻井、完井工艺要求较高,应尽量采用高性能钻井液和平衡钻井或微喷钻井技术,以减少对气层的伤害。

5. 采气工艺技术和矿场处理技术先进

水驱气藏开发过程中,气井出水是影响生产、降低采气速度的重要因素,治理出水气井是改善开发效果的关键。油井采取堵水的方法,气井则采取排水的方法。排水采气工艺要配套使用,不仅要有先进的设备、优选出的工艺参数,还要有排出气藏水的处理工艺。

二、气藏和凝析气藏的开发特征

1. 气藏的开发特征

对多层气藏划分开发层系时所考虑的基本因素与油田大致相同,即应考虑含气厚度、气水界面位置、气体的密度和弹性、合采时小层的相互影响等因素。在气体动力学计算、技术经济指标以及国民经济效益的基础上,确定将含气小层合理组合为开发层系的方案,确定整个气藏范围内开发层系的数量。

对每一个开发层系要论证开采井的位置,这首先取决于气藏驱动类型,以及其矿场地质特征。在气压驱动下气体压力是均匀分布的,所以从气体动力学的角度认为开采井均匀分布是合理的,所采用的井网应使产层中各井压降区体积相同,井距应与有效孔隙度和有效厚度参数成正比,在平面上布开采井。因此对于具有均质结构的层状隆起气藏可采用均匀布井;对于块状气藏,可根据孔隙体积的变化,在构造顶部采用加密井网布井。

对开采井布井系统进行数值模拟,分析模拟结果可以得出以下结论:在地层含气部分与含水部分相比渗透率明显偏低的情况下,应采用均匀布井;但在含气部分与含水部分储集层渗透率为一定比值的情况下,应采用集中布开采井更为有利。为了选择开采井的合理布井方案,必须对所有已研究方案作技术经济评价。

开采井井距可以取 $750\sim2500$m,对中型、大型、特大型气藏编制开发设计时年产气量可定为原始可采储量的 $5\%\sim7\%$;对小型气藏,在该区还有新气藏的情况下可采储量可定为 $7\%\sim8\%$。

当论证原始产气量时,首先应考虑所设计的产气水平应当用最少的开采井井数来达到,其初始产量应接近于无阻气体产量。但这时还应考虑到可能会制约最大产量的一些因素:如砂堵,设备损坏,边水和底水的推进,对设备形成气体冷却和热载荷,水化物的形成和冰冻,井内压力急剧下降和外压力使套管扭曲,设备的振动,消耗于气体涡流的地层能量损失,井的技术状况(密闭性、固井质量等),井底附近允许气体通过的能力,气体集输系统的能力等。

与油藏不同,气藏开发一般是不采用对地层作用方法的,而是利用天然能量。因此气藏在整个开发期间地层压力是不断下降的,在气压驱动下压力下降更为明显,在弹性水压驱动下压力下降比较缓和。

当气藏和边外区相互连通时,气藏特别是大型气藏地层压力的下降就会对它所属的整个水压系统的地层压力状态有明显影响,结果是使分布在已开发气藏附近的新气藏在其投产以前,地层压力就低于水压系统的原始压力。在同一地质年代的地层中也可以观察到已开发气藏的相互影响,在这些气藏中,可以观察到地层压力的下降速度与产气速度之间有明显的不相称。

地层压力下降的重要后果之一是在开发过程中,气井产量明显下降,甚至在井底保持一定压差的情况下,气井的产量也逐渐下降。这是由于井底附近气体的高速流动,线性渗滤定律遭到破坏。当地层压力和井底压力下降时,饱和压力与地层压力的差值就会增长,特别是在井底附近,这势必引起储集层的储集性能明显变差,并引起气井产量下降。

气藏的重要特征之一是由于气体的高流动性,气藏甚至大型气藏均具有统一的气动力学系统。其所有部分在开发过程中是相互影响的,这样就可以用改变气藏各部分产气量的办法来使气藏范围内的地层压力重新分配,以达到减慢高产区的地层压力下降速度的目的。

气藏开发的另一特征也是由于地下气体的高流动性,气井产量高。在相同储集性能的情况下约比油井产量高两个数量级。这样就有可能用较少的井数,即在比油藏要稀得多的井网密度下能达到较高的开发速度。

随着地层压力和井底压力的下降,气井的产量也在慢慢减少。为了保持已达到的最高产气量水平,随着气井产量的下降,需钻补充井并投入生产,结果是实际生产井数逐渐增加,但这时的平均井网密度还是要比油藏稀得多,一般在采出 $60\%\sim70\%$ 的可采储量后就不再钻新井了,这也是气藏不同于油藏的地方。

油藏和气藏在开发过程中对含水井的处理方法是不同的。油井在见水后相当长时期内在含水率不断增长的条件下继续生产,一直到特高含水率,结果是含水井中采出大量的伴随水。水压驱动条件下开发气藏时也有水侵入,并会使气井见水。但气井在采出相对较少的水量以后一般就关井,在必要时用钻补充井来弥补产量,这就牵涉到气藏的矿场建设特征,由于工艺和经济的原因,气藏矿场建设一般不考虑高含水气体的储集和处理。

2. 凝析气藏的开发特征

对凝析气藏的矿场地质研究可按与气藏相同的纲要进行。但要注意气体混合物的物理化学性质,并确定临界凝析压力。因为在该压力下,凝析油开始析出。凝析物含量高的气藏开发时应使地层压力不低于气体中开始析出液相时的压力,最好采用向地层回注已脱去凝析油气体的方法来保持压力,采用这种工艺能使地层凝析油采收率达到 80%~90%。

根据稳定凝析油的含量(cm^3/cm^3),可将凝析气藏分为 4 组:

60~100　　　　为低凝析油含量
100~200　　　　为中凝析油含量
200~400　　　　为高凝析油含量
>400　　　　　　为特高凝析油含量

如果凝析气藏不保持压力开采,应对每一个开发阶段确定凝析油产量,这时凝析油的产量取决于年采气量和采收率;如果凝析气藏采用保持地层压力开发,则在编制开发设计方案时对每个凝析气藏要根据水动力学、热动力学和技术经济指标的计算,确定年产气量和年凝析油产量,各开发阶段的延续时间以及凝析油采出程度。当采用向地层回注采出的干气来保持地层压力时,应强化凝析油的采出,以便较快地开始下一步的气体开采和商品气的销售。

在确定气和凝析油初始产量时也是根据最少开采井数来确定设计产量。当前气体和凝析油产量可以用气体动力学计算方法来确定,这时应考虑地层压力下降速度和含水上升的速度。在编制开发设计方案时,年产气量和凝析油产量对于中型、大型和特大型凝析气藏,可定为原始可采储量的 5%~7%;对小型凝析气藏可定为 7%~8%。

凝析气藏布井系统的选择取决于天然驱动类型,内、外含气边界与气藏部分的面积比,产层的地质特征,岩石物理特征和储集性能,对凝析气藏建议采用下列开采井布井系统。

(1)对带状凝析气藏有两种布井方案:一是对整个含气面积均匀布井;二是沿构造长轴以井排形式布井。

(2)对在气压驱动下的穹隆状凝析气藏,开采井对整个面积均匀布井,以使其井底压力高于气藏顶部成组井的井底压力。

在对开采井井网密度作论证时应考虑油层的矿场地质特征,采气工作制度,单井采气定额。俄罗斯凝析气藏开采井平均井网密度一般为 $50\sim100 hm^2/$井($1hm^2=0.01km^2$)。

凝析气藏开发有着其独特性。当凝析气藏利用天然驱动能量开采时,井底压力和地层压力就会下降到凝析压力,凝析气聚集在井底区域,随后是全面开始出现相态变化,大部分凝析气析出为液体,吸附在油层孔隙壁上并留在地下,这就大大降低了凝析油的采收率,而凝析油是石油化工的宝贵原料。因此,对于具有高凝析油含量的大型凝析气藏,应采用向地层注干气或水的方法使其地层压力保持在高于开始凝析压力的水平上。注干气是较为通用的方法,即向地层全部或部分注入已脱了凝析油的气体,将地层压力保持在一定水平上,这种工艺措施被称为循环回注过程,将干气注入气层一直要进行到在采出气中凝析物含量降低到从经济的角度来看达到最低极限值,然后停止注气,注气井转为采气井,凝析气藏就可以作为一般气藏来开发。采用这种工艺措施的缺点是大部分干气长期不能用于生产,实施这种循环回注过程的技术也比较复杂。

对凝析气藏可以一开始就采用注水,这时所采出的气体全部可以应用,而且采用注水比较便宜,但注入水会沿高渗透层推进,使气井提前关井,这可能会降低凝析气藏的开发效果,使相当一部分气体和凝析物留在地下采不出来。

气藏与凝析气藏的结构与油藏相比是井数明显减少。因此在研究其地质结构,计算气体储量时,要利用所有可能的间接方法,如水动力学测试、物质平衡等方法。

3. 凝析油气藏的开发特征

在凝析油气藏中除了气体和气态凝析物以外,还有油环存在,其为多组分系统,气、凝析油、原油、水多相共存。可采用下列工艺将凝析油气藏投产:

(1) 在气和地层水作用下先开发油环,然后再将凝析气藏投产。
(2) 同时开采油环和凝析气藏。
(3) 先开发凝析气藏,然后再将油环投入开发。
(4) 采用屏障注水方法将油环与地层含凝析气部分隔开。
(5) 向凝析气部分回注干气,向含油边界外注水。先采油,然后开采气体和凝析油。
(6) 回注干气,先开采凝析油,然后再开采原油和天然气。
(7) 在保持一定组分采出比例的情况下,同时开采含凝析物的气体、原油和水,以保证原始气油界面和油水界面的位置不变。

三、地质条件对气藏和凝析气藏开发特征的影响

天然驱动特征在很多方面影响开发过程中地层压力的下降速度,因而也影响气井产量下降特征,气井产量下降本身又决定了为达到最高产气量尽可能保持所必须钻的补充井的钻井规模和钻井期限、气井的生产工艺和气藏的建设期限。在其他条件相同的情况下,水压驱动的地层压力下降比气压驱动慢,随着边水活跃程度的提高也会使压力下降变缓。但水压驱动也有其不利的方面,当含气层在平面上和剖面上储集性能的非均质性很严重,气藏不同部分不均匀泄气时,就会使水沿着高渗透夹层推进,使部分气井提前见水。

与油藏相比气藏对水的推进有更为不利的条件。这是因为岩石的极限渗透率对于气体要比对于油和水低得多,这在客观上加剧了地层的非均质性;又由于气藏对油和水不渗透的气藏体积包括到有效体积中,造成水在气藏中沿着渗透小层极不均匀突进。因此,对生产层的产气量进行调整以便尽可能地缓解水侵速度。

由于生产层的非均质程度不同,在水压驱动下气体采收率的变化范围很大。对于储集性能非均质性比较缓和的气藏可以达到较高的采收率,几乎可以与气压驱动下的采收率相媲美;当气藏的非均质程度很严重时,气藏的最终采收率要低得多。在气压驱动条件下,当储集性能非均质性不明显时,一般采用平面上均匀布井。当地层的非均质结构表现在气藏内有高产区存在时,则在平面上采用不均匀布井方式,最好将井布在高产区内。如果储集性能在向顶部的方向上变好,则应将井布在构造最高部位。在对水压驱动布井时,应尽可能地使边水均匀侵入气藏,均匀布井能减少由于地层非均质结构所造成的未开采气体死胡同区。

气藏的地质结构对划分气藏的开发层系是有影响的。显然,具有统一水动力系统的块状结构气藏,在厚度很大(达到几百米)时,在气压驱动下用一组井网开发就可以了,即作为一套独立的开发层系开发。

对气藏开发系统和气藏建设有很大影响的是气藏的埋藏深度。产层的埋藏深度确定了原始地层压力值,而原始地层压力对气井初始产气量和气藏产气动态影响很大。当保持地层压力开发凝析气藏时,地质因素对开发系统的选择比对开发指标的影响还要大,注入井和采气井井位论证以及对凝析气藏作用过程的效果在很大程度上取决于下列地质因素:气藏大小、构造特征、岩石储集性能、宏观与微观非均质程度等。

在向地层注干气时,应考虑气藏与边水区是否连通、气藏的体积和地层的倾角。当气藏不大、地层倾角较大并与边外区不连通时,最好将注入井布在内部,而产气井布在外部。该方案用不致密的干气由上而下驱替较致密的地下气体,能保持驱气过程的高效率。

当气藏与水压系统连通很好时,特别是在地层比较平缓的情况下,将注入井布在气藏的边缘,产气井布在内部的方案具有很大的优势。在上述地质条件下,采用这种开发系统能延长位于距含气边界较远的产气井的无水生产期,含气面积大就成为在平面上均匀布井的有利前提,即类似于在油藏开发中的面积井网,但其井距要大得多。

当储集层的渗透性很高、注入井的吸水能力很强时,对可以注水的凝析小气藏最好采用边缘注水,对大型凝析气藏则采用边内注水、面积注水或切割注水。

地层的非均质性对凝析气藏的开发有很大影响。当注入干气时,由于地层的非均质性,干气将会提前窜到产气井井底,降低凝析气开采效果,延长其开发时间,并且需要注入更多的气体;在注水时可能会沿着高渗透层突进,造成产气井提前见水。

由于气井的产量高,地层井底附近被破坏的情况比油井生产时严重得多,胶结差和具有泥质胶结物的碎屑岩被破坏得更加严重。由于水会使胶结物膨胀和变形,气井水淹破坏过程又被加强,这一现象可以采取固井时的人工井壁和开采时限制气井产气量等措施来弥补。针对气井生产时井底岩石可能被破坏的程度以及可能采取的措施应在勘探阶段和工业性试采阶段对岩芯作相应的研究,在不同驱动类型下对无水气井和见水气井进行测试。

综上所述,地质因素对气藏和凝析气藏的开发系统与开发条件的选择有很大影响,但在此基础上提出的技术决策只能提供初步建议,因为气藏开发系统的选择在很大程度上还受下列因素影响:给定的开发速度,与其相对应的地层压降,在不同布井方案下所需要的矿场设施和必需的建设期限,向地层注水或注气的技术可能性等。

四、非常规资源开发系统

非常规资源开发系统包括天然气水合物和地热能开发系统,其特征见以下两个二维码链接。

第四章 注水开发油田的主要技术决策

水驱开发油田在我国占有极为重要的位置。据不完全统计,目前我国90%以上的原油产量是由注水开发的油田产出的。因此,研究注水开发油田的主要技术决策,对我国油田的高效开发具有指导作用。油田在制订开发原则时所必须考虑的八大问题有:①规定采油速度和稳产期限;②规定开采方式和人工补充能量;③确定开发层系;④选择注水方式;⑤确定合理的布井原则;⑥确定油井产能和合理的工作制度;⑦确定合理的采油工艺技术和增产措施;⑧规定油田开发实施的步骤及要求。其中的6个问题是在开发之前必须做到的,即开发六要素:驱动方式、层系划分、注水方式、井网密度、压力梯度和监测系统。这6个问题正是注水开发油田的主要技术决策问题,其中驱动方式、监测系统分别在第三章、第五章中详细叙述,本章分四节介绍其他四大问题。

第一节 开发层系的划分与组合

一、划分与组合开发层系的意义

目前世界上发现的油田很少是均质单一的油层,特别是碎屑岩储油层的大油田或特大油田,不仅油层多,而且差异大。我国现有的油田大部分属于陆相沉积的非均质、多油层油田,这类油田的主要特点是:油层层数多且互不连通,油层的岩性、物性和油、气、水的物性变化很大,分布极不均匀。在开发非均质、多油层油田时,如果只笼统地用一套井网进行开发,不仅给提高采油速度、生产管理、油井作业等带来很大的困难,而且会严重影响油田的最终采收率,因此合理划分与组合开发层系是开发好多油层油田的一项根本性措施。所谓划分与组合开发层系就是把特征相近的含油小层组合在一起,用单独一套开发井网进行开发,并以此为基础进行生产规划、动态分析和调整工作。

国内外油田注水开发实践表明,多油层砂岩油田注水开发效果主要取决于开发层系内各个小层是否受到注水影响,储量是否得到充分动用。开发层系内如果一部分油层受到干扰而不能很好地投入工作或由于油层不均匀水淹,一部分油层长期发挥作用很差,对油田的生产能力和原油最终采收率都有很大影响。因此在研究多油层油田注水开发问题时,首先要考虑的问题是如何划分与组合开发层系。

我国砂岩油田多为陆相沉积,具有多物源、多旋回、岩性物性变化大、非均质极为严重等特点,再加上绝大多数油田天然能量不足,开发一开始就采用注水保持压力的开采方法。因此除油层较薄和面积小的断块油田外,对厚度大、油层多、层间渗透率差异大的油田,一般都划分了开发层系。开发层内的油层数一般为5～15个小层,有效厚度为10～15m。从我国已注水开发的砂岩油田实际来看,大部分油田开发层系划分是与分层注水工艺相结合来解决层间矛盾问题的。有些油田处理得好一些,开发效果就好一些;有些油田划分得较粗,分层注水工艺发挥作用较差,开发效果就差一些。从这些油田注水过程可以看出,层系划分不适当的油田,进入高含水期后,分层注水工艺已不适应调整层间矛盾的需要,必须重新调整开发层系。

划分的开发层系少,用少量井就可以开发油田,并能节省开发投资,但这时层系的总生产能力要比这些层分采时生产能力的总和低得多,对开发过程的管理也比较困难,也可能不能充分发挥油田的采油水平。

注水开发多油层砂岩油田,油藏内各小层的渗透率值往往有很大的差异,有时相差10倍到几十倍,各小层的原油黏度也不完全相同,这就造成各小层的吸水能力、注水推进速度、采油速度和注采平衡情况有很大差别,导致开发过程中各小层的地层压力产生不同的变化。当某些小层的注入水突入油井后,流动压力也随之发生变化,随着油水界面的推进,各小层的液体黏度,即驱油阻力也发生变化。因此注水过程中各小层的地层压力、驱油阻力和水淹情况是不断发生变化的。这些变化对各小层的产液能力有很大影响,一些油层可能过早水淹,另一些油层可能长期不发挥作用,储量得不到动用。

苏联克里沃诺索夫等的资料表明:射开一层渗透率为 $0.3\mu m^2$ 的油层,如在井底压力为24.5MPa下能吸水,则同一油层,当其附近有高渗透层存在时,在同样的井底压力下实际不吸水。又如巴伊穆哈梅托夫在系统研究巴什基利亚晚泥盆世和早石炭世砂岩油田的注水井测试资料后发现,在层系内厚度相同的情况下,随着开发层系内小层层数的增加,小层吸水能力呈现明显降低的趋势(图 4-1)。

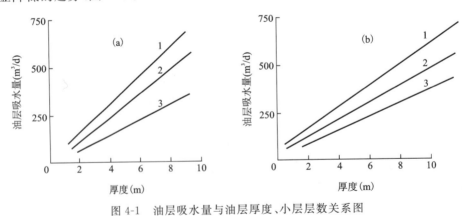

图 4-1 油层吸水量与油层厚度、小层层数关系图
1,2,3 为相应注水井内打开一、二、三个小层;(a)和(b)为相应早石炭世和晚泥盆世地层

另外,随着开发层系内油层层数和厚度的增加,油层动用厚度和出油效果好的厚度明显减少。图 4-2 是罗马什金油田 42 口井 105 个工作制度的矿场试验结果,从该非均质油层合采的实验关系曲线(a)可以看出,在多油层的开发层系中并不是所有油层都投入工作的。

随着注入压力提高(曲线从下至上),油层的工作层数增加,但是要求多油层油藏所有射开油层都受到波及几乎是不可能的;曲线(b)可以预计不工作油层的相对渗透率和合注时的

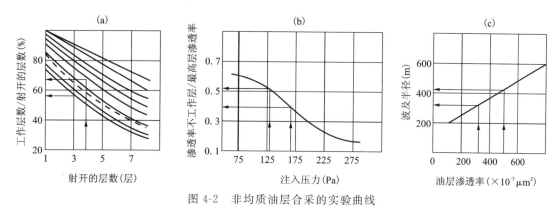

图 4-2 非均质油层合采的实验曲线

(a)不同压力下工作层数/射开层数-射开层数的关系曲线;(b)渗透率不工作层/最高层渗透率-
注入压力的关系曲线;(c)油层的波及半径-油层渗透率的关系曲线

注入压力,可以确定不吸水层的渗透率;曲线(c)可以求得不吸水层的泄油半径(详见本章第三节),不工作油层投入开发时所需要的井网密度。根据这些曲线可以确定哪些油层与高渗透油层合采时没有投入工作。

多油层合采时,如果各小层的物性差异较大,即使将各小层折算到同一基准面的地层压力是接近的,合采时物性差的小层生产能力往往也得不到正常发挥。因为在最初编制开发方案时,一般是根据多个小层的平均参数来确定井距、排距和生产压差的,而实际生产时,流动压力只适合物性好的小层,物性差的小层要求更大的生产压差和更小的注采井距才能达到物性好的小层的采油强度,这就是多小层合采时物性差的小层生产能力得不到正常发挥的主要原因。如胜坨油田坨七断块第 8、9、10 层 3 个小层合采和分采的采油强度对比(表 4-1)可以明显看出,分采时平均单井采油强度、采液强度都比第 8～10 层合采时要高得多。

表 4-1 胜坨油田第 8～10 层分采井合采油强度对比

项目	第 8 层分采井	第 9 层分采井	第 10 层分采井	第 8～10 层合采井
平均单井有效厚度(m)	12.2	15.6	14.1	38.0
平均单井采油强度(t/m)	1.98	1.70	1.65	0.31
平均单井采液强度(t/m)	4.69	3.18	4.23	1.16
统计井数(口)	10	5	4	14

开发层系的合理划分对油田的开发部署具有举足轻重的作用,它是确定井网套数、井网部署、注采方式、动态分析、措施调整、规划产能和工艺技术流程以及资金预算的重要前提,更是提高最终采收率的地质保证。

二、影响合理划分开发层系的主要因素

影响合理划分开发层系的因素有很多,其中主要因素有 5 组:地质因素、技术因素、水动力学因素、工艺因素和经济因素。

1. 地质因素

各小层岩性特征及其变化;油藏体积;产层总厚度,有效厚度;小层的储集性能及其在平面和剖面上分布的变化规律;用试井方法所确定的小层渗流参数特征;油、气、水物理化学性质;产层间的隔层厚度,盖层厚度;内、外含油边界;内、外含油边界范围内油藏面积的比值;产层储量及其在油田剖面上的关系;水文地质特征和油藏驱动类型等。

将一口井的若干小层组合为一套层系时的基本定性准则是:相同的原油物理化学特征;在平面上油藏面积重叠;地层压力接近;相似的油藏驱动类型;相似的储集层岩性等。将若干小层组合为一套开发层系要先作矿场地质论证,地质因素是定量划分开发层系的基础。

2. 技术因素

包括生产和技术条件:合理套管直径;分采可能性评价;水淹小层的堵水效果;为监测每个小层现状所用的仪表(产量计、流量计、井温测井、湿度计、密度计)等。

3. 水动力学因素

每个小层计算年产油量及其动态变化;以不同产层顺序合采时计算的生产能力;在将小层合为一套开发层系的不同方案情况下整个油田产油、产液、产水动态;油井、油藏、生产层系的含水率动态;各开发层系和整个油田各开发阶段的延续期;石油企业能完成生产任务的条件下,将小层组合为开发层系不同方案的合理产油水平。

4. 工艺因素

开发层系各组合方案开采井和注入井的合理井网密度;保持地层压力方法与油藏地球物理结构特征的适应性;开发层系监测和调整的可能性;对各开发层系划分方案采用各种提高采收率新方法的可能性。

5. 经济因素

所研究油田范围内的自然气候条件;钻井和油田建设的技术经济准则;对钻井和油田建设的基本投资;计算成本,单位基本投资,折算费用;基本开发期及整个开发期的利润;方案的国民经济效益等。

上述影响合理划分开发层系的五大因素并不是独立的,而是互相依赖、互相影响的,其中最主要的因素是地质因素。因为各小层的地质条件不同,决定其是否能与其他小层合采;其次是技术因素,因为技术条件所限达不到划分层系的要求也较常见;水动力学因素、工艺因素和经济因素也是影响划分开发层系的主要因素。从某种程度上来说,由于市场经济的制约,这三大因素直接决定油田划分开发层系的套数,理论上划分层系越细越好,但由于客观原因和其他因素,实际生产中会有些差别。

三、划分开发层系的原则

(一)划分开发层系前的地质工作

(1)划分开发层系前,应在各井大分层及细分层对比的基础上,搞清各小层的层数、厚度及分布,考虑我国油田大部分采用注水开发及后期改造的特点,不但要研究油层,同时还要考虑水层及干层。

(2)对各小层的岩性、物性及含油性要有充分的定量研究。包括各小层的宏观非均质性及储层敏感性的差别,油、气、水、干层的测井二次解释,油砂体分布等,以评价出主力小层和非主力小层。

(3)对隔层的厚度、分布及分隔能力要有清楚的认识。在碎屑岩含油层系内,除去泥岩外,具有一定厚度的非渗透性砂泥质过渡岩类亦可作为隔层。选用的隔层厚度应根据隔层的物性、层系间的工作压差、水的渗流速度、工程技术条件来综合确定。一般在地层对比的基础上,绘制隔层平面分布图,以了解隔层在平面上的分布情况。

(4)搞清各小层的压力及温度、油水边界位置、油气水性质与组分,油气储量的核算也是合理划分开发层系必须做的基础工作。

(二)划分开发层系的原则

1. 同一开发层系天然驱动类型应相同

一般将属于同一压力系统并具有相同油水界面位置的小层组合为一套开发层系。如果其中有的层可能会水淹,或者与地层水的化学性质不相溶时,就不能将其组合在一起;如果这些小层的天然条件有利于出现或保持同一水动力驱动方式时,就可以将其组合在一起。

2. 同一开发层系应属同一压力及温度系统

合采小层应处于同一含油层段,原始地层压力和温度的差别较小。一般组合为一套开发层系的小层应具有相似的油藏类型、相同的压力及温度系统。

根据水动力学计算可确定低于饱和压力时的压力下降范围,也可以确定在油层不同组合的情况下,各个方案的井底压差。为了避免储集层被气体堵塞,组合为一套开发层系的各小层井底流压应不低于各小层饱和压力的25%。

3. 同一开发层系埋深应相差不大

即井段相对集中,一般为5~15个小层,有效厚度15~20m,同时要考虑实际的工艺水平,如分层注水的工艺水平。

4. 同一开发层系内小层岩性和储集性能相同,渗透率非均质性差异较小

将物性相近、非均质性差别较小的层划分为一套开发层系,以保证注水井在一定的注水压力下都能吸水,采油井在相同的开采方式和注采压差下所有小层都能产油。不能将不同岩性特征的小层组合为一套层系,如由裂缝性碳酸盐岩组成的储集层和陆源碎屑岩组成的储集层就要组合为不同的层系开发。如果一套开发层系中,有的层为弱胶结岩石,有的层饱和压力值较高,或者有的层靠近油水、油气界面,都会使该层系所要求的生产压差减小。

另外,如果采用保持压力的方法能使开采速度较均匀的话,可以将渗透率相差2~3倍的小层组合在一起。

5. 同一开发层系内的原油应具有相同的商品质量

地下原油的黏度应该基本相同。原油黏度不同,水油黏度比就不同,油田的最终采收率会降低。如果地层中含有高黏度原油,原油中石蜡和硫化物含量也很大,或者在饱和压力方面有明显差异,都会影响该层与其他小层组合为一套开发层系。另外也不能将溶解气中的氮、硫化氢等含量特别高的小层组合到层系中去。

6. 同一开发层系在单位面积上应具有一定储量,以确保油井的生产能力和经济效益

将储量很小的层单独用一套井网开发在经济上是不可取的,一个独立的开发层系应具有一定的地质储量,作为高产稳产的物质基础,以保证这套层系能达到一定的采油速度和较好的技术经济指标。

7. 开发层系之间应有可靠的水动力屏障

即有不渗透隔层,以避免相邻层系间发生窜流。还应注意隔层的尖灭,油层的纵向连通情况。可以将有很厚(15~30m)不渗透隔层的含油层组合为一套独立的开发层系开发,如果其厚度不大,并有使分层注水和开发调整复杂化的连通区存在时,则可将其组合为一套开发层系。

8. 不宜将开发层系划分过细

在划分开发层系时,要考虑当前分层开采的工艺水平,在分层工艺所能解决的范围内,尽可能不要将开发层系划分得过细,尽量考虑经济效益,达到少钻井、少投资、提高开发效果的目的。这样既能达到较好的开发效果,又可减少钻井及油田管理工作量。

我国的老君庙油田、克拉玛依油田、大庆油田和辽河油田的开发方案就是依据上述原则来划分开发层系的。如在对辽河油田科尔沁油藏九佛堂组划分开发层系时,主要考虑:

(1)两套开发层系之间具有良好的隔层,隔层厚度在5~15m之间,最厚处达20m,岩性为纯泥岩、粉砂质泥岩,且较稳定,满足分层系开发的隔层条件。

(2)同一开发层系内各小层物性相近,同为中等渗透率,平均渗透率为$0.3\mu m^2$。

(3)同一开发层系内各油层的油水分布、压力系统和原油性质接近,同为稀油。

(4)一套独立的开发层系控制一定的储量,能保证油井高产稳产。其中主体部位油层较发育、厚度大,具备了分层系开发的物质基础,平均有效厚度为23.6m,单井控制储量8.6×10^4t/井,每套层系可达到一定的生产能力。

(5)划分开发层系时,考虑当前采油工艺技术水平和整个开发计算经济指标。按当时的生产状况,将科尔沁油藏九佛堂组划分成两套开发层系是有经济效益的。

依据以上划分原则,考虑其地质条件,将科尔沁油藏九佛堂组划分成两套开发层系,即上开发层系和下开发层系,上开发层系为第Ⅰ砂层组,下开发层系包括第Ⅱ、第Ⅲ砂层组。后来试油、试采以及开发动态也证实了这一点,分两套层系开发不仅增加了采油速度,也节省了投资。

某些油田对于开发层系划分问题只考虑地质要求就可以了,有些油田只考虑地质要求不够时,则在第二阶段应进行下列研究:对每一个开发层系划分的可能方案计算各层系和全油田的年开发技术指标动态;估算井数、采油量和产出水量;对各方案在前10~15年内和整个开发期计算经济指标——原油成本、单位基本投资、折算成本,这时还应考虑所有井的钻井基本投资、能量费用、井和其他基本设备的折旧、修井和井下工具费用、人工对地层作用的费用、原油集输费用、人工工资以及进行地质勘探工作的费用;最后对各方案的技术经济指标对比,优选出全油田年产量指标最高、国民经济效果最好的方法。

计算开发层系的工艺和经济指标应考虑合采时其对油井采油指数的影响较小。当组合到一套开发层系中的小层越多,这些小层在矿场地质方面的差异越明显,则合采采油指数值就越小。

产层的埋藏深度对合理划分开发层系有影响。产层埋藏越深,钻井成本越大。在产层埋藏很深的情况下将选择层系少的方案(在其他条件相同的情况下,与埋藏浅的油藏相比较)。油田在沙漠或沼泽地等恶劣地质环境对层系划分也有一定的影响。

多油层油田的开发经验和开发设计理论的发展使得对新油田的层系划分更有依据,对已开发油田划分的层系能作出合理的调整。如以前划分的开发层系具有累积含油厚度达 40～50m,包含 5～10m 具有不同厚度和渗透率的小层,而目前所划分的开发层系一般有效厚度不超过 10～20m,层数也很少。有些油田最初划分的层系过粗,以至于不能全面和积极地投入开发,后期又钻了大量井将原先的层系细分。例如,胜利油田二区沙二段 1966 年投入开发时分两套层系开发,上油组有效厚度为 28.5m,下油组为 54.6m,平均采油速度只有 0.82%。1970—1974 年进行层系调整,由原先 2 套改为 8 套层系开发,油水井由调整前的 105 口增加到 296 口,年产油量由调整前的 61.1×10^4t 增加到 198.12×10^4t,平均采油速度由 0.82% 提高到 2.3%,平均单井年产油量由 5819t 增加到 6693t,其效果是显著的。

对多层油田划分开发层系,设计其开发系统时应考虑相邻层系的存在。如果在埋藏深度相差并不大时,所有层系的设计井最好都钻到最下层的底部,这样就有可能在开发后期将一套层系的水淹井转为另一套层系的注水井,从而改善其开采情况;另外还可以在一套层系的井中用中子测井的方法对另一层系未射开小层的开采状况进行监测。

在对相邻开发层系设计开发系统时应考虑层间是否有不渗透隔层存在。如果没有不渗透隔层存在,液体会由一套层系窜到另一套层系,并且沿着固井质量不好的井的环形空间发生窜流。在相邻层系间存在很大压差的地方也可能发生窜流。为了防止这种窜流发生,最好在平面上划出相邻层系注水井排的位置,这样相邻层系的高压区(注水区)和低压区(采油区)将在平面上错开,在油田的每个点上相邻层系的地层压力值相差不大[图 4-3(a)]。当层系间没有大压差时,就不会发生层系间窜流。否则,一套层系的高压区有可能与另一层系的低压

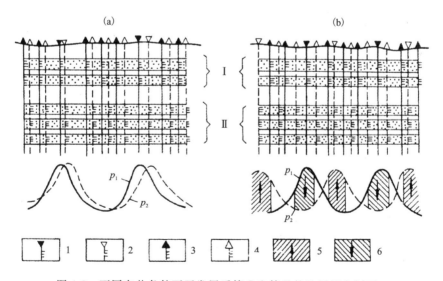

图 4-3　不同布井条件下开发层系第 Ⅰ 和第 Ⅱ 的地层压力剖面
实线为第 Ⅰ 套层系的井　　虚线为第 Ⅱ 套层系的井
(a)各套层系的注水井和采油井在平面上相应地错开;(b)套层系的注水井与另一套层系的采油井重合。
1,2 分别为第 Ⅰ、第 Ⅱ 套层系的注水井;3,4 分别为第 Ⅰ、第 Ⅱ 套层系的采油井;5 为 $p_{r2}>p_{r1}$ 地区可能有液流由下层窜流到上层系;6 为 $p_{r1}>p_{r2}$,可能有液流由上层系窜到下层系

区重叠[图 4-3(b)],导致在油田的不同地区形成很大压差,下层系注水井区的液体就有可能窜到上层系,上层系的注水区也可能有液体窜到下层系。

油田设计两套或若干套注水开发层系时,在设计文件中应确定其投产顺序,根据层系的相对产油能力应区分 3 种可能的情况。

第一种:在各开发层系的产油能力相差不大的情况下,最好是对这些层系同时钻井并投产,这样就可以免去钻机在油田上来回搬动。

第二种:层系间产油能力差别较大,而产油能力最差的层系用单独一套井网开采在经济上是划算的,这时的层系投产顺序应从产油能力最高的层系开始。

第三种:油田可以划分出产油能力相差较大的若干套层系,其中产油能力最差的层系如用单独一套井网开发是不划算的,这时应考虑划分一个或若干个开发层段,一个开发层段为一组开发层系,其中产油能力最高的层系(一般为下层系)先投产,称之为基础层系,位于上部的产油能力差的层系以后再开发,这种层系称上返层系,它可以在先投入开发的基础层系采完以后,再将该井转过来进行开发。

在井数有限的情况下,对开发层系分别开发最经济的途径之一是采用分别开采法。该方法对两套(可能对三套)开发层系用一套井网钻井,然后在所有注水井和产油井上安装同一种井下工具,它可以分别开采各套层系,但要考虑在与其产油能力、吸水能力以及设计开发速度相适应的井底压力下,每套层系的产油量和注水量。

综上所述,合理划分开发层系是油田开发的一个基本部署,必须努力做好。若开发层系划分得不合理或出现差错,将会给油田开发造成很大的被动,以至于不得不重新设计油田建设,造成很大的浪费,甚至后患无穷,这样的教训无论是国外或国内都屡次发生,因而在开发设计时绝对不可以掉以轻心。例如:有的油田在划分开发层系时,未发现隔层尖灭、油层重叠的现象,结果投产后两层系之间油水互窜;有的油田上、下油层驱动方式不同,上部是封闭弹性驱,下部是活跃水驱,合采时相互干扰严重;还有的油田开发层系划分过细,结果钻井很多,地面、地下管理不相对应等,诸如此类的问题都应在开发设计中力求避免。

四、划分与组合开发层系的方法

我国油田开发实践表明,从含油层的最小单元油砂体的特性和分布情况入手,以生产实践资料为依据是划分和组合开发层系最基本的研究方法。在编制初步开发方案时,必须根据本区探井、开发资料井所取得的有关该区的地质资料,邻区生产实验区分油砂体研究成果以及生产实践成果作为确定开发层系的依据。

划分与组合开发层系要从油田的实际情况出发,首先研究储量大、分布广、产能高的主力油层,然后再研究其他油层。对于不具备独立开采条件的油层,可以在个别井点单采、合采或回采。具体的划分方法归纳起来有以下两种。

(一)定性方法

1. 确定划分开发层系的基本单元

划分与组合开发层系的基本单元,是指大体上符合一个开发层系基本条件的油层组或油层,它本身可以独立开发,也可以把几个基本单元组合在一起作为一个层系开发。每个基本单元之间必须有良好的隔层,并有一定的储量和生产能力。不同油田或同一油田的不同地区,应根据油层流体的具体特点、采油工艺水平等确定划分开发层系的基本单元。

2. 定性划分开发层系的步骤

1)详细研究油层、油砂体的特性,是合理划分与组合开发层系的地质基础

对各类油层组、油砂体进行分类排队,研究某一个油层内不同渗透率、不同延伸长度、不同分布面积的油砂体所占的储量百分数。通过分类研究,掌握不同油层的特点,差异程度及对开采方式、井网的不同要求。研究内容如下:

(1)分析油层的沉积背景,研究其沉积条件、沉积类型和岩性组合。开发实践表明,不论哪个区,也不管分几套层系,尽管层系的组合不同,只要油层的沉积条件相近,油层性质也就相近;在相同井网、注水方式下开采特点也基本一致。因而在组合与划分开发层系时,应将油层沉积条件相近的油层组合在一起,用一套井网开发。

(2)研究油层内部的韵律性,以便划分小层和进行油田的分层工作。油层内部的韵律性在一定程度上也反映出油层的沉积条件。

(3)研究油层的分布形态及其性质。油砂体是构成油层的基本单位,从油田开发的角度来看,它又是控制油水运动的基本单元,目前提出的流体流动单元也是基于油砂体来认识油层的分布形态。但在详探阶段,由于井数较少,可以以砂层组为单元掌握其特性;同时要对各井中油层的有效厚度、渗透率、岩性等资料进行统计分析,以便研究油层性质及其变化规律,为合理地划分与组合开发层系提供依据。

经过分油砂体(或流动单元)的分类研究可进一步认识到:①不同延伸长度和不同分布面积的油砂体所控制储量;②不同等级渗透率的油砂体所控制储量;③不同油层组内主要油砂体的特性及其差异程度;④不同开发层系组合的可能性。

以某油田的一个开发区为例,各油层组按油砂体分类排队后,其结果见表4-2。其中第四油层组占90%储量的油砂体为高、中渗透层,且延伸稳定,大于$3.2km^2$的油砂体储量占96%以上;大于$5km^2$面积的油砂体占储量的94%,这些都非常清楚地表明了第四油层组与其他油层组有着较大的差异。而第一、第三和第五油层组油砂体的特点则相近,属于中、低渗透性,延伸不稳定的油层,占储量50%~80%的油砂体其渗透率皆小于$0.3\mu m^2$;延伸到$3.2km^2$油砂体只占储量的30%~60%,小于$3km^2$面积的油砂体占储量的40%~60%。

表 4-2 某油田各油层组油砂体特性分类表

油层组	各级渗透率的油砂体占本组储量(%)				不同延伸长度的油砂体占本组储量(%)				不同分布面积的油砂体占本组储量(%)			
	0.8	0.5~0.8	0.3~0.5	<0.3	>3.2	>1.6	>1.1	>0.6	>10	10~5	5~3	<3
一	1.0	0.3	31.4	67.3	58.5	74.2	78.4	81.0	32.1	18.3	7.4	42.2
二	0.2	6.6	75.5	17.7	80.0	87.4	90.3	93.5	62.3	8.8	8.6	20.3
三	0.4	6.1	47.1	46.4	45.1	65.8	72.8	80.4	7.1	16.9	26.2	49.8
四	0.5	62.3	32.1	5.1	96.6	96.6	97.9	98.3	76.4	17.6	3.0	3.0
五	0.4	2.2	19.2	78.2	30.8	59.8	69.4	76.3	19.7	3.4	11.8	65.1

在分析对比油层评价参数时,应优先考虑主要评价参数,必要时可将评价参数分成不同级别,制定出数量界限,然后对主要参数进行类别组合,参考其他参数,提出油层评价分类意见。一般将评价参数和分类意见综合在一起,列出油层综合评价分类表(表 4-3)。分类表综合反映了各油层组的分布稳定程度和油层性质,提供了划分开发层系,确定与部署各套井网的依据。

表 4-3 某油田某油层综合评价表

评价参数小层号	碾平厚度(m)		油层分布			好油层有效厚度比(%)		渗透率($\times 10^{-3} \mu m^2$)		岩芯分析数据			沉积相	评价分类
	砂岩	有效	钻遇率(%)		形态描述	占本层	占全组	空气	有效	粒度中值(mm)	分选系数	泥质含量(%)		
			砂岩	有效	砂岩体主体									
1	0.59	0.42	57	47	局部连片条带	74	5	0.269	0.067	0.15	4.25	13.62	滨湖	3
2	...													

2) 对已开发区油砂体进行动态分析,为新区划分与组合开发层系提供依据

研究某个油层组内不同采油速度、不同工作状况油砂体所占储量的百分数,以认识每个油砂体在开采过程中油水运动规律及不同油砂体开采的均衡程度,进一步了解开发层系划分与组合的条件。除此之外,还要根据邻区资料分油砂体研究其在开采过程中的动态特征,从生产过程中认识不同油层对合理开发的要求,为合理划分与组合开发层系提供开发实践依据。这就要求对油井进行分层试油、试采以及分层测试,以了解各小层的生产能力,地层压力及其变化。通过对油砂体的动态分析可以认识到:①油砂体物性不同,工作状况也不同,各油层组内不同工作状况的油砂体所占的储量百分数也有很大差别;②不同油砂体的采油速度相差较大,各油层组如按采油速度分类,各类油砂体所控制的储量不同;③油砂体的采出程度有差别,各类采出程度不同的油砂体所控制的储量也不同;④各油层组内主要油砂体的生产特点以及其对合理开发要求的差异性;⑤不同开发层系组合的可能性和条件。

同样以某油田的一个开发区为例,对所有油层组采用相同的注水方式和注采井网,全面注水后对第一排井无水采油阶段分油砂体进行动态分析,理论计算结果见表 4-4。由该表可以看出,第四组油层占 92% 的储量工作状况很好或较好,采油速度和采出程度大于 4% 的油砂体占总储量的 90% 左右,这说明第四油层组对现有开发井网是基本适应的,绝大部分油层的生产能力可以得到充分发挥,开采速度和采出程度都较高;而第一、三、五油层组在该区特定的开采条件下,80% 以上储量的油层生产能力发挥得不好,处于半工作或不工作状况。绝大部分油层开采速度和采出程度很低。由此可见,第四油层组与第一、三、五油层组具有不同的开发要求,组合为一套层系,采用同一套井网开发显然是不适宜的。

表 4-4 某油田分油砂体开发动态分析汇总表

项目	采油速度分类，储量(%)						采出程度分类，储量(%)						工作状况分类，储量(%)		
油层组	2	2~4	4~6	6~8	8~10	10	2	2~4	4~6	6~8	8~10	10	工作状况好	半工作状况	不工作状况
一	23.2	—	75.0	—	1.2	0.6	20.3	79.1	—	—	0.6	—	—	80	20
二	29.5	7.8	40.2	2.0	4.1	16.0	23.5	14.7	10.2	34.2	10.3	7	69	10	21
三	41.6	26.8	14.8	15.4	15.0	—	38.9	25.3	20.0	0.4	14.3	1	26	44	30
四	0.8	12.0	22.7	16.8	33.4	14.2	0.8	9.2	16.8	9.8	21.0	42	65	27	8
五	71.3	12.9	3.4	9.3		3.1	54.2	22.8	16.0	4.2	0.7	21	9	32	59

通过对单层按油砂体的动态分析，可以进一步认识不同油层在开采过程中所表现出来的特点及其差异性，为合理划分与组合开发层系提供生产实践依据。

表 4-5 是某油田各油层组储量分布及隔层状况统计表，从表中可以看出，每个基本单元的上下隔层比较可靠，储量资源比较丰富，油层性质相接近，对开发要求基本一致，说明以油层组作为划分与组合开发层系的基本单元是正确的。虽然各油砂体的单油层和多油层的物理性质更为接近，但上下之间的隔层条件比较差，而且彼此连通，不能作为划分与组合开发层系的基本单元。

表 4-5 某油田各油层组储量分布及隔层状况统计表

层位	不同厚度隔层所占面积(%)			对隔层评价	占总储量(%)
	<1m	1~3m	>3m		
第一组	0	0	100	良好	3.32
第二组	2.7	6.2	91.1	经过调整良好	37.56
第三组	0	0	100	良好	13.04
第四组	0	26.3	73.7	经过调整良好	36.13
第五组					9.95

3) 综合分析对比，选择最优的层系划分与组合方案

在确定了划分与组合开发层系的基本单元后，对不同的单元采用不同的注水方式及井网，分油砂体计算其开发指标，综合对比不同组合方式下的开发效果，从适应每个油层开发要求出发，确定最优的层系划分与组合方案。

综合对比不同层系组合方式的开发效果时，主要考虑的指标有：①不同层系组合所能控制的储量；②不同层系组合所能达到的采油速度，单井生产能力，低产井所占的百分数；③不同层系组合的无水采收率；④不同层系组合的钢材消耗及投资效果等经济指标。

仍以上述某油田的一个开发区为例，分别对各个油层组分油砂体计算不同开发方式下的

开发效果,综合归纳后的主要指标见表 4-6。

表 4-6 某油田不同层系组合方式开发效果对比表

层系组合方式	项目	井网	非水驱控制储量[占本层系储量(%)]	单井产量小于15t/d 的井占总井数(%)	见水前年平均采油速度(%)	五年见水井占第一排生产井井数(%)
第一种方式	第四组	3—1100m×500m(500m)	9.8	3.2	15.0	10.0
	第一、二、三、五组	5—600m×500m×500m(500m)	19.0	3.1	11.0	60.0
第二种方式	第四组	3—1100m×500m(500m)	9.8	3.2	15.0	10.0
	第二组	5—600m×500m×500m(500m)	12.9	3.7	14.0	24.0
	第一、三、五组	四点法面积注水,井距500m	20.6	3.4	24.0	33.0
第三种方式	按好油砂体组合	3—1100m×500m×500m(500m)	16.0	3.2	13.0	16.0
	按差油砂体组合	5—1100m×500m×500m(500m)	60.0	2.9	12.0	60.0

从表 4-6 中可以看出,不同开发层系的基本单元(油层组)对开发的要求各不相同。第四组油层适应于行列注水方式,大排距较稀井网开发;第二组油层适应于行列注水方式,但需要采用较小的排距、较密的井网开发;而第一、三、五组油层则适应于面积注水方式开发。通过以上对比分析可知,该区应采用第二种方式,即第二、四组油层单独开采,其他油层合采比较合理。

4)编制射孔方案,对开发层系进行局部调整与落实

按照所确定的开发层系和井网钻井后,经过更多资料的进一步研究,可能会发现局部地区在层系划分上仍存在不合理的地方,需要在射孔投产之前,对这些不合理的地方进行调整与落实。一般情况下,要对以下两方面进行调整。

(1)隔层调整。在层系划分后,各层系间的隔层,在局部地区可能出现不符合要求的地方,如隔层的厚度在某些井中很薄或上、下油层直接连通,隔层岩性和物性不能保证起到隔绝作用时,在油井射孔前需要进行调整。其调整方法为:

①当两个层系在某些地区或某些井之间的隔层不符合规定标准时必须进行调整,调整的范围应大于隔层不符合要求的地区范围,以保证层系间的可靠封隔。

②调整隔层时,应以最小含油单元油砂体为基本单位,当隔层不符合要求的地区为小油砂体间杂分布,则将这些小油砂体调入隔层,不射孔;当隔层不合要求地区上下层均为主要油层时,则采用划禁区的方法,在隔层不符合要求的井周围一定范围内缓射孔或不射孔,避免注入水沿这些地区发生窜流;当两层系间在局部地区形成直接连通时,则采用局部地区调整隔层层位的方法来解决。

(2)低产区或低产井的调整。按设计方案钻井后,由于油层非均质性的影响,常会有一些

井达不到预期效果,产量低或根本不能自喷投产。为了提高产量,改善开发效果,需要对这些低产区或低产井进行调整,调整方法为:

①当低产区成片分布,而且处于油田边部时,可采用局部调整措施,若两套层系间油层性质差异较小时,可以在局部地区合并为一套层系开采。这样可以提高单井产量,提高油井利用率,改善油田开发经济效益。

②当低产区在局部地区零星分布,而且两个开发层系的某些油井相距较近时,经过钻井后发现它们本身开采的层位油层变差,如果互换开发层系后油层可能会变好,这些井又比较合适互换开发层系,此时经过全面分析,在井网、油层和隔层等方面都比较合理时,则可以在个别井进行开发层系的相互调整。

5）进行开发层系最后的调整

当油田以一定井网和开采方式投产后,取得了大量的静、动态资料,通过分析开发中出现的矛盾,可进一步认识油层,检验原层系划分的适应程度。当层间矛盾较大,旧层系满足不了采油速度要求时；当层系内各层水淹程度不同时,或所要求的开采方式不同,出现严重干扰现象时,均应对原开发层系进行必要的调整。

一套井网同时开发多油层时,由于油层的非均质性,造成一部分较差的油层基本不动用或动用程度很差。从大庆油田的统计数据来看,这部分动用较差的油层厚度占射开厚度的1/3左右。这些动用较差的油层主要是那些分布零星、延伸不远或渗透率低的油层,这些油层在原井网条件下开发是有困难的。为了把地下资源充分合理利用,就需要调整开发层系,还要加密井网,层系调整可以单独进行,也可以和井网调整同时进行。

广义来说,对一套开发井网开采层位的增加或减少都可以认为是开发层系的调整,但在生产实践中,一般认为在油田(或一个开发区)打乱原井网的开采对象,才被认为是油田开发层系的调整。

(1) 开发层系调整的原则。通常油田开发层系调整的原则主要有:

①确定未动用或动用差的区块。通过大量的实际资料,并经过认真的油藏动态分析证实,油田(或一些开发区)有一部分油层由于某种原因基本未动用或动用很差。这些油层有可观的储量和一定的生产能力,能保证油田开发层系调整后获得好的经济效果。大庆油田就是在通过10多口井的密闭取芯分析、几百口井的水淹层测井及几千口油水井的分层测试证实原井网有约1/3的油层基本未动用的前提下,才确定要进行层系调整的,这是层系调整的资源基础。

②弄清调整对象。在对已开发层系中,各类油层的注水状况、水淹状况和动用状况认真调查研究的基础上,弄清调整对象是哪些油层,这些油层目前是什么状况,大庆油田在录取大量资料的基础上,通过对油田分层动用状况、水淹状况和注水采油状况系统分析后,才确定各个开发区主要调整对象的。如对喇嘛甸油田的确定,首先对葡4层及以下油层进行原井网开发层系调整就是经过录取大量资料后进行动态分析决定的。

③与原井网协调。原开发井网一般均已射孔,调整层位在布井时必须注意新老井在注采系统上的协调性,避免井网混乱和多射孔。

④大面积的层系调整时,要注意如果划分成两套甚至更多套层系时要一次完成,这样经

济效果才是最佳的。

⑤层系调整时钻井、测井、完井等工艺必须完善、可行。

(2)开发层系调整的方式。层系调整的方式有很多,实践中经常采用的有以下5种。

①层系调整和井网调整同时进行。针对一部分油层动用不好,而且原开采井网对调整对象来说又显得比较稀的条件下采用的。经过这样的加密调整应该达到下列明显效果:一是井网水驱控制程度明显提高;二是调整区域生产能力、产油量有较明显的增长,这是保证经济效果的基本要求;三是投产的油井含水要低,全区的含水要有所下降,这是保证该区有一段稳产期的必要条件;四是油层的动用状况要有较大的改善。有了这4条才能称为调整见到了好的效果,当然油田的开发指标也会明显地变好。

这种调整是一种全面的调整方式,井打得较多,投资较大,只要看得准,效果也最明显。如大庆油田西一区,这个区原是二排注水井夹五排生产井,分注合采。开发10多年证明油层动用状况相当差。经过普遍调整后,油层水驱控制程度提高了近20%,油田开发指标明显好转。全区采油速度由2%提高到3%以上,稳产时间达8年,每采出1%地质储量,含水上升速度明显降低(图4-4),油田采收率预计会有明显提高。

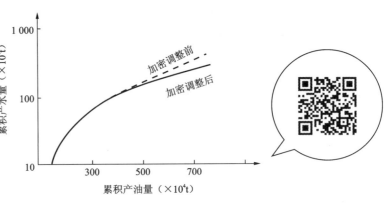

图4-4 加密调整前后的驱替特征曲线

②原井网回采上部未开发的油层。这是一种开发层系全面调整的方式,通常是在开发方案制订的同时,就已决定要调整的、使用一套井网开采多个层系的方式。当这套井网开发的下部油层已基本进入开发最终阶段时,封死下部油层,回采上部油层。采用这种方式开采的条件:一是油层多,而且这几个层都有较高的生产能力,利于高速开采,但单层的储量并不大;二是原油性质好,油水黏度比低,油田高含水采油期短,阶段采出程度低;三是油层非均质性较小,该套井网对这些层基本都合适,而且平面上比较均匀。这3个条件基本具备,使用这种方法才是合理的,才不至于由于油层的非均质性,造成不同层、不同井、不同区之间开发水平严重的参差不齐,以至于到时间还很难下决心进行调整。

③主要进行层系调整,把井网调整放在从属位置。一个区块开发一段时期后,证实井网是合理的,但由于层系划分不合理造成开发效果不好,这时进行层系调整是合理有效的,可以把井网调整放在从属位置。上述谈到的层系调整方式都属于在一定面积内,对油田进行全局性的调整。

④两套井网开发层系互换(或交叉利用)。这也是一种人们常常设想的方式。这种方式的应用条件是一个开发区两套井网基本一样,而且相互交叉,又处于大致相同的含水阶段,互换后可取得较好的效果。

油田开发层系互换的主要手段是封堵和补孔。从油田调整来说,井的补孔或封堵措施是生产过程中加密或抽稀井网的一种有效手段。作为一种工艺措施来说,补孔是一种不可逆的过程,补错了,想再堵死,就比较费时、费事,而且就算是堵住了,也达不到原来的效果,所以确定补孔方案时要慎之又慎。在实际工作中要防止两种倾向:一种是把补孔仅仅看成是本井的增产增注措施,而不注意平面上注采关系的协调和层间矛盾发展变化。如大庆油田有一口油井,该井处于第一排生产井间,补孔层位与第一排连通,补孔后本井产量增加了20t,而第一排生产井的产量下降了20t就是一个很典型的例子;另一种是只强调平面上注采合理,而忽视油井本身的措施效果。前一种倾向是忽视从开发的全局去设计一口井的措施,而后者却是不能正确地掌握时机,最后给油井生产带来损失。所以层系互换(或交叉利用)时的生产衔接过程是油田开发工作者需要认真考虑的问题。

值得说明的是,这种作法并不一定都是加密井网密度,也可能不变,甚至变稀。它的主要作用是改变注采井点的相对关系和相对位置,充分利用平面上的滞流区含油饱和度较高的特点来改善开发效果。

层系互换(或交叉利用)可以获得一定的效果。但从提高最终采收率的目的来看,这种作法有明显的缺陷。这是因为原开发层系中总有不少油层未见水或中低含水,全堵死后这些中低含水油层就不能发挥作用。而且由于油层的非均质性,新井并不能代替老井将这些层的油采出来,这种作法只适合于在打加密调整井、已没有经济效益的条件下进行。在打大批调整井时,这种作法一般是不适合的。实际生产中多数情况不是开发层系互换,而是打乱原开发层系,井网交叉利用。

⑤对层系进行局部调整。局部调整一般有3种类型:一是原井网采用分注合采或合注分采,当发现开发效果不理想时,对分注合采的增加采油井,对合注分采的增加注水井,使两个层系分成两套井网开发,实现分注分采;二是原层系部分封堵,补开部分差油层,这种补孔是在某层系部分非主力层增加开采井点以提高井网密度。这种调整方式从开发上来看是合理的,因为好油层不能都堵死,只能进行局部调整。由于补孔施工会污染原开采层,在选择施工井时又受到一定的限制,若不能增产就不要采取补孔措施;三是经过油田开发实践,对原来的油层、水层、油水层的再认识,可能在油田内发现一些新的有工业价值的油气层。如果可能的话,也可以通过补孔来开发这些油层,但要注意坚持补孔井增产的原则。

(3)开发层系调整要注意的问题。

①油田地下调整要和地面流程、站库改造同时进行。

②大面积进行层系调整是一项投资大的工作,除必须进行可行性研究外,还要开辟生产试验区。如大庆喇嘛甸油田南块双井试验区、扶余油田高台子油层开发试验区。

③调整时间的选择是很重要的,尤其是两套井网层系互换,层系上返回采等,更要掌握合理的时间和解决好怎么过渡的问题,油层非均质性越严重,这些问题的处理就越复杂。

④打调整井后必须进行水淹层测井解释,确定每口井的射孔层位和注采井别。因为这些井打在水淹区内,既要考虑总的调整,又要做好局部调整,只有这样才能获得好的效果。

(4)开发层系调整的合理程序。合理的开发层系调整程序分五大步骤进行。

①通过油水井的分层测试和观察井分析,弄清油层动用状况及潜力区,确定调整对象。

②编制调整井部署方案或其他形式的调整方案。

③通过测井,弄清调整对象(调整井或射孔井)的分层水淹状况,对油田地层情况、水淹状况和生产状况进行再认识,确定每口井的具体射孔方案和注采井别。

④制订射孔方案的实施步骤。

⑤观察方案实施结果,认真总结经验。

近年来,很多油田开发工作者认为,要尽可能把层系划分得细一些,并且认为划分得越早,非均质油层的储量采出越均匀,越有利于提高油田的开发速度,缩短油田开发时间,获得油田最大的最终采收率。

(5)开发层系调整的实例。东辛采油厂新立村油田于1976年开始投入试采,1986年全面滚动开发,当年进行注水补充能量。一套井网大段合采,由于井网太稀,动用储量较小,仅仅是原油性质较好的中高渗透主力油层发挥作用,至1990年底全年仅采出地质储量的7%,综合含水达84.6%,平均年产油为 $7.97×10^4$ t,采油速度仅1.15%,动态法测算可采储量为 $70×10^4$ t,采收率为10.1%,暴露出一套井网开发新立村油田是不适应的。经过详细的地质研究,对比分析认为开发层系划分得太粗,层间干扰严重,中低渗透层难以发挥作用。如 5^{1-2} 小层平均油层厚15m,地质储量为 $249×10^4$ t,是小于 $200×10^{-3} \mu m^2$ 的低渗层,动态证明合采受干扰,必须单独建立注采井网,而目前状况是低渗 5^{1-2} 小层与高渗 5^3 或6—7小层合采,使 5^{1-2} 小层有潜力发挥不出来。1991年经历五年计划大调整方案,按 5^{1-2} 小层和 5^3 —7小层两套层系分别建立注采井网,收到了良好的效果,新钻11口油井。井数虽然增加了,但平均单井初产油增至15.7t,平均含水29%,比调整层系之前单井含水低60%以上,使中低渗透层储量动用状况得到一定改善,增加可采储量 $90×10^4$ t,采收率提高到23.15%,采油速度上升到1.21%,调整效果是很显著的。

(二)定量方法

科学技术的飞速发展,使人们在考虑问题时总是设法与数学挂钩,以寻求一种定量的方法,对油田剖面划分开发层系合理方案的评价也是这样,在划分时尽量考虑在定量准则的基础上进行。

1. 用秩势大小划分开发层系

为了从地质角度将若干个小层合理组合为一套开发层系,需要对一系列参数组的数值作出评价。为此需要将每一个参数值划分为5组或5个等级:最低、低、中等、高和最高,每一组用1~5表示的秩来描述,而对秩的加权平均就是秩势。表4-7是对俄罗斯乌拉尔-伏尔加和西西伯利亚油区的一些油田划分开发层系研究得出经验的基础上编制的。

其秩势 W 的表达式为:

$$W = \frac{\sum_{i=1}^{n} R_i \cdot V_i}{n}$$

式中: R_i 为某个地质参数的权系数; V_i 为该地质参数的秩评价; n 为该地质参数组的参数个数。

表 4-7 矿场地质参数的秩评价

秩评价 V	矿场地质参数							相邻生产小层驱动类型（方案）
	小层厚度 L(m)	小层的储量比值 Q(%)	含油面积比值 S(%)	地层压力比值 Δp(MPa)	地下原油产量 q(t/d)	流动系数 ε ($\mu m^2 \cdot m$/(mPa·s))	
1（最低）	0~15	—	0~20	0~1	0.5~10	—	(a)弹性水驱 (b)水压驱动
	—	0~20	—	—	—	0~50	(a)弹性水驱 (b)溶解气驱
2（低）	15~20	20~40	20~40	1~3	10~50	—	(a)弹性水驱 (b)气压驱动
	—	—	—	—	50~150	—	(a)气压驱动 (b)溶解气驱
3（中等）	50~100	40~60	40~60	3~6	50~150	150~300	(a)弹性水驱 (b)溶解气驱
4（高）	100~300	60~80	60~80	6~10	150~500	300~500	(a)水压驱动 (b)气压驱动
5（最高）	>300	80~100	80~100	>10	500~1200	>500	(a)水压驱动 (b)水压驱动

V 值可以取自表 4-7，R 值为该地质参数的权重。一般认为所划分出来的参数权重都是一样的，取 $R=1$。

如苏联的穆哈诺夫油田有 4 个生产小层：C_1，C_2，C_3 和 C_4 小层，根据开发方案 C_1 层独立开发，而 C_2，C_3，C_4 小层组合为一套开发层系。根据表 4-7 的秩评价原则，分别对该 4 个生产小层计算 W 值，计算结果为：C_1 为 3.5，C_2 为 1.83，C_3 为 2.0，C_4 为 2.3。

因此，小层 C_1 可以单独开发，而将其他小层组合为第二套开发层系。也就是说，$W=3.5$ 的小层（C_1 小层）应当用一套独立井网进行开发，而 W 值彼此接近的小层（C_2 小层、C_3 小层、C_4 小层）组合为另一套层系进行开发。按 W 值的大小可以定量划分出开发层系。

同样的方法在计算我国东部某油田的 W 值时出现另一种情形。该油田在剖面上可以划分出两个产层：B_5 和 B_6 层（图 4-5）。两小层具有相似的岩石物性（表 4-8），但 B_5 小层由碎屑岩组成，岩性较为均质，为灰色和灰白色、细粒和中粒砂岩，有的为黑灰色粉砂岩，在砂岩中可见石灰质胶结夹层；B_6 小层具明显的非均质性。如在 13，16，18，19 等井中该层泥质化明显，在其他井中可观察到有若干致密夹层，16 井中 B_6 层有效厚度由原来的 12.4m 变化到现在的 0m，该层被 10~12m 厚的泥岩层所覆盖，该泥岩层将 B_6 小层与其上的 B_5 层隔开，成为有效隔层。

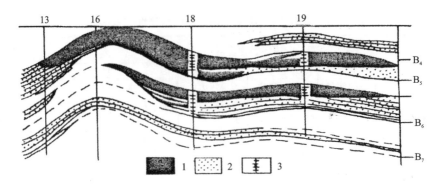

图 4-5 我国东部某油田地质剖面

1、2 分别为含水砂岩；3 为射孔井段。13,16,18,19 均为井号；B_4—B_7 为产层

表 4-8 我国东部某油田生产小层的矿场地质特征

指　　标	生 产 小 层	
	B_5	B_6
原始油水界面(m)	−2160.1	−2182.0
平均有效厚度(m)	7.354	5.855
岩芯渗透率(μm^2)	0.180	0.129
含油饱和度(%)	70	67.04
原始地层压力(MPa)	21.6～22.1	22.6～23.1
饱和压力(MPa)	8.3	8.66
地下原油密度(g/cm^3)	0.809	0.786
地下原油黏度($mPa \cdot s$)	2.03	1.39
含蜡量(%)	2.75	2.7
含硫量(%)	1.37	1.22
气体溶解系数($m^3/m^3 \cdot MPa$)	0.488	0.545
6mm 油嘴时产油量(m^3/d)	34.8～82.9	32.2～65.0
采油指数[$m^3/(d \cdot 0.1MPa)$]	0.25～4.2	0.926～2.29

B_5 层比较均质，其有效厚度由 8.4m 变化到 11.8m。在剖面上 B_5 小层被 1～4 个厚度为 0.4～1.6m 的致密夹层隔开。B_5 小层以厚度为 16～20m 的泥岩层与上面的含水层 B_4 隔开。根据实验室对岩芯测定和试井资料，B_6 层的储集性能比 B_5 层差很多，并且其上部层的原油性质比下部层差，B_5 层的平均产油量和平均采油指数要大一些。因此，两小层的矿场地质参数有明显差异。

在对 B_5 小层和 B_6 小层划分开发层系时研究了两套方案：在第一方案中认为这两层的原油储量单独开发是合适的；在第二方案中认为尽管其原油性质、储集性能、含油边界等方面有差别，仍将其组合为一套层系开发。

下面对这两套方案的 W 值进行计算。B_5 小层的 V 值为：$V_1 = 2$；$V_Q = 3$；$V_S = 3$；$V_{\Delta p} = 1$；$V_q = 3$；$V_\varepsilon = 5$；该层的 W 值为：

$$W_{B_5} = \frac{2+3+3+1+3+5}{6} = \frac{17}{6} = 2.83$$

对 B_6 层:$V_1=1;V_Q=3;V_S=3;V_{\Delta p}=1;V_q=4;V_\varepsilon=5$

$$W_{B_6} = \frac{1+3+3+1+4+5}{6} = \frac{17}{6} = 2.83$$

其秩势 $W=2.83$ 为同一值,表明 B_5 和 B_6 有合采的可能性。但经过工艺和技术经济计算,定性分析认为分别用两套井网对其进行开发。

因此,在对划分与组合开发层系时,秩评价不仅可以定性地还可定量地评价这类组合方案,即解决多层油田和油气田的合理开发设计问题。但是该问题的方法学基础至今还未解决,并且从上述例子来看,B_5 与 B_6 两层虽然矿场地质参数有明显差异,但其计算的 W 值恰为同一值,都等于 2.83。最后根据工艺和技术经济计算,B_5 和 B_6 两层还是分两套层系开发,看来得寻找更为实用的定量准则。

2. 根据小层合采与分采时采油指数差定量判断

B.Γ.卡纳林提出用小层合采与分采时产油量和采油指数的下降值定量划分与组合开发层系,具体步骤如下:

(1)用试井方法或间接方法确定分采时小层的采油指数。
(2)定量评价相邻小层在矿场地质参数方面的差异程度。
(3)用水动力学方法或间接方法确定合采时油井的采油指数。
(4)用水动力学方法计算开发层系不同组合方案的技术经济指标。
(5)对比各方案的采油量、国民经济效益,分析所有方案,优选出最佳方案。

多层开发层系的开发实践表明,油井生产能力与其分类时相比较显著下降:

$$q_{合} < q_{分} = \sum_{i=1}^{n} q_i$$

式中:q_i 为只是第 i 小层生产时油井产量($i=1,2,\cdots,n$);n 为一口井合采小层的层数;$q_{合}$ 为 n 小层合采时油井的产量。

合采时小层油井产量明显下降,这一事实已为多层层系的生产实践所证实。合采时采油指数 $J_{o合}$ 下降的原因有:①液流的非线性特征;②不同类型举升的工作特征和由于水动力阻力的原油损失;③油层相互干扰,这是由于多层开发层系压力分布非均质性所造成的,压力分布非均质性取决于矿场地质参数在平面上和剖面上的变化。

在解决生产小层合采可能性问题时,应考虑其在合采过程中所产生的产量与分采时相比明显下降的工艺效果,为此需要确定一个或若干个定量指标。

油井的生产能力可用产量来表示,而产量的大小可以根据井点处油层物性(孔隙度、渗透率等)参数和生产压差来判断。油井生产能力增长的潜在可能性与油层的地球物理特征有关,用采油指数可表示产能的大小,分采和合采时的采油指数可作为将若干生产小层合采或分采的定量指标。

在若干生产小层合采的过程中,可观察到产量和采油指数的下降。这时若干小层合采时的采油指数 $J_{o合}$ 将明显低于这些小层分采时的采油指数之和 $J_{o分\cdot合}$,即:

$$J_{o合} \leqslant J_{o分·合} = \sum_{i=1}^{n} J_{oi}$$

式中：J_{oi} 为只生产第 i 小层($i=1,2,\cdots,n$)时油井采油指数；n 为合采小层的层数。

由油矿资料分析可以知道，平均采油指数的下降值 ΔJ_o 应等于总累加分采时采油指数 $J_{o分·合}$ 和合采时采油指数 $J_{o合}$ 的差值：

$$\Delta J_o = J_{o分·合} - J_{o合} = \sum(J_{o1} + J_{o2} + \cdots + J_{on}) - J_{o合}$$

组合到一套开发层系中的小层越多，则 ΔJ_o 值就越大。例如西苏尔古特油田合采 BC_1+BC_{2-3} 层和合采 BC_1+BC_{10} 层时平均采油指数下降值为 $(1.7\sim3)$t/d·MPa，而当三层($BC_1+BC_{2-3}+BC_{10}$)合采时 ΔJ_o 已增为 5.21t/d·MPa；同一油区的另一个油田当 BC_1 与 BC_2 合采时平均采油指数下降值为 1.9t/d·MPa，而将另一层 BC_4 层组合进去时，ΔJ_o 就增为 3.8t/d·MPa。

如果在一套开发层系中组合了很多小层，则平均采油指数的下降程度还要大些。合采时采油指数的下降值可达分采时的 35%~45%，甚至更大。显然，对于多油层油田在编制开发设计方案时，如果能确定 $J_{o合}$，并用间接方法确定 J_{oi}，就可以对各小层的不同层系组合求出其可能的采油指数下降值。对每个方案评价其经济效果，就可以对多层油田的层系划分选出最佳方案。

在勘探结束编制油田开发设计文件阶段，由于还未进行全面研究，只有少数探井资料等原因，要评价 $J_{o合}$ 是很困难的。因此，在组合开发层系时，首先应不是对整个油田，而是对单井进行评价。根据该井合层试油时采油指数值 $J_{o合}$ 与所组合小层性质差异程度之间的关系曲线，选取同一口井中相邻生产小层油矿地质参数的比值：

$$\lambda_i = X_{1j}/X_{2j}$$

式中：X_{1j}、X_{2j} 分别为在一口井中第一与第二相邻生产小层的某个矿场地质参数值；$i=1,2,\cdots,n$；$j=1,2,\cdots,m$（n 为探井数，m 为矿场地质参数）。

用 λ_i 可以评价合采时小层相互干扰的程度和特征。两层合采时的单井采油指数 $J_{o合i}$ 可以表示为函数形式：

$$J_{o合i} = f(\lambda_i)$$

或

$$J_{o合i} = f(\lambda_h, \lambda_K, \lambda_\mu, \lambda_\rho, \lambda_{K_p}, \lambda_{K_s}, \Delta p, l)$$

式中：h 为有效厚度；K 为渗透率；μ 为原油黏度；ρ 为原油密度；K_p 为分层系数；K_s 为砂岩系数；Δp 为地层压力差值；l 为所组合层之间距离。当所组合小层数为两层以上时，函数中加入 n 为所组合的小层数。

当将多于两层的生产小层组合为开发层系时问题就复杂化了。为此必须选择所对比小层矿场地质参数比值的矢量。如某油田有 4 个小层，准备将其组合为一套开发层系，对 n 口井中的每一口井可以确定其渗透率 K_{li}($l=1,2,3,4$；$i=1,2,\cdots,n$)，有 4 个小层就要计算四维矩阵：

$$L = \begin{vmatrix} \lambda_{11} & \lambda_{12} & \lambda_{13} & \lambda_{14} \\ \lambda_{21} & \lambda_{22} & \lambda_{23} & \lambda_{24} \\ \lambda_{31} & \lambda_{32} & \lambda_{33} & \lambda_{34} \\ \lambda_{41} & \lambda_{42} & \lambda_{43} & \lambda_{44} \end{vmatrix}$$

矩阵由 16 个元素组成,对于实际计算是很不方便的,必须简化计算。可以用矢量 $l = |\lambda_{11}, \lambda_{12}, \lambda_{13}, \lambda_{14}|$ 来取代矩阵 L。在数学上很容易证明,矩阵 L 的任何一个元素 λ_{ij} 可以作为矢量 L 的相应元素比值求出,例如:$\lambda_{23} = \lambda_{13}/\lambda_{12} = (K_1/K_3)/(K_1/K_2) = K_2/K_3$。

因此,对于所有的实际计算可以用 $l = |\lambda_{11}, \lambda_{12}, \lambda_{13}, \lambda_{14}|$ 来取代矩阵 L。或者用 $l^* = |\lambda_{12}, \lambda_{13}, \lambda_{14}|$ 来取代,因为 $\lambda_{11} = 1$。这样,当有 4 个生产小层合采时,我们将有四维回归 $\Psi = \phi(\lambda_{12}, \lambda_{13}, \lambda_{14})$,3 个生产小层合采时为三维回归 $\Psi = \phi(\lambda_{12}, \lambda_{13})$,两个小层合采时为成对回归:$\Psi = \phi(\lambda_{12})$。

当三维回归时,采油指数 $J_{o合}$ 值将为:$J_{o合} = f(\lambda_{12j}, \lambda_{13j})$。

当四维回归时为:$J_{o合} = f(\lambda_{12j}, \lambda_{13j}, \lambda_{14j})$。

上述关系式具体形式的确定同样可以在相关回归分析的基础上加以解决。对一系列矿场地质参数的 λ_i 与 $J_{o合}$ 值关系式分析表明,这样的关系式是存在的,表 4-9 为对西西伯利亚油田的计算结果,其相关系数为 0.74~0.94。

对油田一个小层或若干层组利用回归分析方法,可以得到全区混合生产时的回归方程,所求得的方程可用来对准备投入开发油田任何层系组合计算采油指数 $J_{o合}$。根据计算的 $J_{o合}$ 与 $J_{o分}$ 进行比较,就可以考虑将哪些小层组合在一起合采,否则分采。

表 4-9 合采时油井采油指数 $J_{o合}$ 与矿场地质参数之间的统计关系特征

油田	层位	观察点数	回归方程	相关系数	相对误差
苏尔古特 乌斯季巴雷克 苏尔古特	$BC_1 + BC_{2-3}$ $BC_1 + BC_4$ $BC_1 + BC_{10}$	40	对两层合采 $J_{o合} = 0.151\Delta p - 2.163\lambda_{K_p} + 1.847\lambda_{K_s} - 1.695\lambda_{R_{2.25}} + 2.261\lambda_{R_{1.05}} - 0.025L + 1.346\lambda_{h总} + 1.376\lambda_{h_{ef}} - 9.101\lambda_{SP} + 5.875$	0.79	1.96
乌斯季巴雷克 苏尔古特	$BC_1 + BC_{2-3} + BC_4$ $BC_1 + BC_{2-3} + BC_{10}$	27	对三层合采 $J_{o合} = 2.596\lambda_{h_{ef}(1,3)} + 0.096\lambda_{R_{1.05}(1,3)} + 0.546\lambda_{K_s(1,3)} + 0.174L_{(1,3)} + 17.198\lambda_{K_s(1,3)} - 2.922\lambda_{K_p(1,3)} - 7.548\lambda_{SP(1,3)} + 2.153\lambda_{R(2,3)} + 5.536\lambda_{K_p(1,2)} - 28.428$	0.49	2.18

3. 根据生产小层年产油量的估算定量判断

在就生产小层性质差异程度对其合采结果影响作出评价以后,当考虑将若干含油小层组合成一套开发层系时,就必须比较其单采和合采时的采出油量。所求得的采油量差值可以用来评价当前日产量与年产量的减少量(Δq)。在油层(或开发层系)所有开采井与注水井全面完钻以后,即当年产油量达到最高水平时,将可观察到的产油量最大减少量 Δq_{max}。为了评价产油量的减少量 Δq,需用特殊方法,年产油量可用油藏或开发层系的平均采油指数来估算。油藏多层开发层系的最大产油量 q 为:

$$q = J_{oav} n (p_i - p_{wf}) \times 365 \xi$$

式中:J_{oav} 为对所有井用直接或间接方法计算的油井平均采油指数;n 为总完井与投产的生产井井数;p_i、p_{wf} 分别为注入井与开采井的井底压力;ξ 为油井利用率。

对于已开发油田,当其单采与合采时,对上式可代入下列采油指数:$J_{o1}, J_{o2}, J_{o3}, \cdots, J_{on}$ 与

$J_{o合}$。各小层产油量之和与这些层合采时产油量之间的差值可以确定 Δq：

$$\Delta q = (q_1 + q_2 + \cdots + q_n) - q_合$$

式中：$q_1, q_2, \cdots, q_n$ 分别为当其分采时第一、第二……和第 n 小层的最高年产量；$q_合$ 为一套开发层系的几个小层合采时的最高年产油量。

对于只是部分投入开发或准备投入开发的油田，首先应当用上述间接方法对每口井中的每一小层确定单采时的采油指数 J_{oi}，然后确定总采油指数 $J_{o合}$，再在表 4-9 所列方程的基础上根据其他矿场地质参数比值 λ 求出合采油指数 $J_{o合}$，最后计算这些小层在分采与合采时的最高年产油量与 Δq。如果将某些生产小层组合为一套开发层系，比较逐年或最高年产油量就可以评价 Δq。因此，该方法只是在将其与最高产油量作比较时才能用来评价产量下降值。但在确定某种生产小层组合为最佳方案时，必须确定其分采与合采时的年产油量，以及在主要开发阶段或整个开发期间产油量的相应差值 Δq。换言之，必须估计主要开发期或整个开发期油藏或整个开发层系小层间差异程度对合采动态的影响。

В. Д. 雷先科与 В. Д. 穆哈尔斯基认为，当前产油量与可采储量呈正比，即当前产油量与当前可采储量的比值 i 为一常数：

$$i = q_o / N_R = 常数$$

式中：i 为常数；q_o 为最高（地面）年产油量（$\times 10^4$ t）；N_R 为当前可采储量（$\times 10^4$ t）。

随着开发时间的延长，由油藏采出的累积产油量 N_p 将成为可采储量 N_R：

$$N_R = q_o / i = N_p$$

这时年产油量可按下列公式计算：

$$q = q_o e^{-it}$$

对上式按时间进行代换后可得：

$$q^{(t)} = q_o^{(t)} \frac{N_R^{(t)} - N_p^{(t)}}{N_R^{(t)}}$$

式中：$q^{(t)}$ 为时间间隔内的产油量；$q_o^{(t)}$ 为时间间隔中值处平均地面原油产量；$N_R^{(t)}$ 为在 t 时间间隔内积极投入开发的原油可采储量；$N_p^{(t)}$ 为到 t 时该末的原油累积产量。

$$N_p^{(t)} = \left(\sum_{i=1}^{t-1} q_i\right) + \frac{1}{2} q^{(t)}$$

将上式进一步代换后可得产油量公式为：

$$q^{(t)} = \frac{q_o^{(t)} / N_R^{(t)}}{1 + \frac{1}{2} \frac{q_o^{(t)}}{N_R^{(t)}}} [N_R^{(t)} - (q^{(1)} + \cdots + q^{(t-1)})]$$

式中：$q^{(1)}, \cdots, q^{(t-1)}$ 为相应的第一年、逐年和所研究年的年产油量。

在所有这些计算之后，对比分采与合采时的累积产油量，就可以评价不同层系组合时的产量下降值。对于石油企业来说，最佳方案为考虑时间因素的投资最少，即主要开发期的投资最少，单位投资的利润最大。在市场经济体制下，石油企业自负盈亏，通过定量计算开发指标决定小层是否合采还是分采的意义十分重大，它不仅能减少风险性和盲目性，而且能增加经济效益和社会效益。

4. 将生产小层组合为一套开发层系的综合方法

综上所述,开发层系的划分问题还只是在对大量不同特征的因素作定性比较的基础上求解的,下面提出将若干生产小层组合为一套开发层系合理性的定量论证方法。对分采和合采时年产油量与累积产油量的对比分析,并考虑其国民经济效益(ΔD),就可以确定将生产小层合理组合为开发层系的定量准则。首先,选择最有信息性的矿场地质参数,这些参数对合采时采油指数的下降值有明显影响。在合采时最有信息性的参数是地层压力差值、分层系数比值和砂岩系数比值、自然电位相对幅度 SP 比值和视电阻率比值。SP, $R_{2.25}$, $R_{4.25}$ 组合能表示所组合层的渗透率特征。因此将生产小层组合为一套开发层系的可能性取决于其地层压力差值、非均质性、渗透率比值、小层间距离、总厚度与有效厚度的比值。

表 4-10 是一个组合开发层系的例子。先对 2 个层合采,后对 3 个层合采进行计算。合采时累积产油量的减少量取决于上述矿场地质参数及其比值。

表 4-10 合采时生产压差对采油量的影响

合采生产压差(MPa)	两层合采				三层合采			
	预计产油量($\times 10^6$t)	计算产油量($\times 10^6$t)	产量差($\times 10^6$t)	国民经济效益($\times 10^6$卢布)	预计产油量($\times 10^6$t)	计算产油量($\times 10^6$t)	产量差($\times 10^6$t)	国民经济效益($\times 10^6$卢布)
0.0	38.08	38.08	0.00	295.0	54.50	54.50	0.00	415.4
0.2	37.42	37.42	0.00	288.5	53.70	53.65	0.05	408.5
0.4	36.86	36.86	0.00	282.5	52.80	52.70	0.10	401.0
0.6	36.24	36.15	0.09	275.5	51.97	51.70	0.27	393.0
0.8	35.54	35.40	0.14	268.5	51.10	50.60	0.50	382.5
1.0	34.96	34.70	0.26	261.0	50.25	49.60	0.65	370.0
1.2	34.32	34.00	0.32	253.0	49.45	48.65	0.80	368.5
1.4	33.76	33.15	0.61	245.0	48.62	47.50	1.12	355.0
1.6	33.10	32.20	0.90	235.0	47.81	46.43	1.38	341.0
1.8	32.45	31.10	1.35	225.5	47.00	45.09	1.91	324.0
2.0	31.90	30.10	1.80	216.0	46.15	43.50	2.65	320.0
2.2	31.24	29.10	2.14	206.0	45.40	41.80	3.60	305.0
2.4	30.62	28.10	2.52	195.5	44.50	40.15	4.35	388.0
2.6	30.08	26.80	3.28	183.0	43.75	38.40	5.35	360.0

1)生产压差对合采产油量的影响

在油田开发设计阶段最基本的任务是确定允许的生产压差 Δp 值,在该生产压差下多层层系能达到最大产油量,为此必须确定主要开发期内合采时总产油量 $q_合$ 与 Δp 值的关系。

为了求出 $q_合$,就必须按回归方程确定对 Δp 所计算的采油指数 $J_{o合}$。生产压差值按表 4-10 中的顺序给出,在求得每个 Δp 值的 $J_{o合}$ 后就计算产油量($q_合$)和累积产油量($\sum q_合$)。在小层有可能合采的情况下确定合理的 Δp 极限值,并确定相应的国民经济效益值(ΔD)。从表 4-10 中可以看出,两层合采时的压差不应大于 0.9MPa,三层合采时的压差不应大于 0.55MPa,Δp 极限值可根据表中数据作散点图来确定。

2)小层间距离(L)对合采产油量的影响

为了找出合理小层间距离 L 值,须确定合采产油量与 L 值的关系曲线。根据不同小层间距离与所采用的采油指数计算年产油量,以及相对应的国民经济效益(ΔD)。计算结果见表 4-11。从表中可以看出,当两个小层合采时小层间的合理距离不大于 120m,当合采层的非均质性严重时,则该值应缩小到 70～80m;三层合采时其小层间距离不应大于 55m。因此,在将若干小层组合为一套开发层系时,小层间距离 L 值可以作为定量准则采用。

表 4-11 生产小层间距离对合采时累积油量的影响

小层间距离(m)	两层合采				三层合采			
	预计产油量($\times 10^4$t)	计算产油量($\times 10^4$t)	产量差($\times 10^4$t)	国民经济效益($\times 10^4$卢布)	预计产油量($\times 10^4$t)	计算产油量($\times 10^4$t)	产量差($\times 10^4$t)	国民经济效益($\times 10^4$卢布)
0	38.24	38.24	0.00	297.0	53.40	53.40	0.00	418.0
25	37.62	37.62	0.00	290.5	52.76	52.76	0.04	409.0
50	37.04	36.99	0.05	284.0	52.90	52.00	0.19	402.0
75	36.34	36.25	0.09	277.0	51.55	51.20	0.35	392.0
100	35.70	35.50	0.20	270.0	50.95	50.44	0.51	384.0
125	35.12	34.80	0.32	262.0	50.30	49.50	0.80	376.5
150	34.50	33.94	0.56	253.0	49.67	48.50	1.17	366.0
175	33.79	33.00	0.79	245.0	49.10	47.40	1.70	355.0
200	33.19	32.10	1.09	235.5	49.50	46.35	2.15	343.5
225	32.58	31.00	1.58	225.5	47.90	45.15	2.75	330.0
250	32.00	30.00	2.00	215.0	47.25	43.90	3.35	316.5
300	31.30	28.90	2.40	192.0	46.58	41.20	5.38	291.0

3)矿场地质参数比值对合采产油量的影响

为了搞清矿场地质参数(渗透率 K,砂岩系数 K_p,分层系数 K_s,总厚度 H,有效厚度 h_{ef})比值对合采小层组合的影响程度,可利用统计分析成果。经验表明,在矿场地质参数比值不大于 1.25 的情况下,合采小层组合是最合理的。因此,λ 值的这个变化范围是可以参考的,在西西伯利亚油田采用时效果很好。

对于西西伯利亚油田,对各合采方案与分采相比较,产油量的相对降低量 $\Delta q = (\sum q_{分} - q_{合})/\sum q_{分}$ 确定以后,已知矿场地质参数比值 λ,则可以得出结论,在怎样的 λ 值下作为一套开发层系的小层组合最优(表 4-12),结论为一套开发层系小层的最佳组合是当矿场地质参数比值不大于 1.25。

小层合采的结果取决于大量矿场地质参数。这些参数处于不同的组合中,并制约着不同的年产油量和累积产量。这时一个基本定量准则是以国民经济效益为准则,该准则在多油层油田的生产小层中,能保证合理地将生产小层组合为一套开发层系的矿场地质参数组合。对西西伯利亚多层油田将生产小层组合为生产层系的基本准则为:地层压力差值不小于 0.9MPa;小层间距离为 100～120m;矿场地质参数比值为 0.8～1.25。在下列矿场地质参数情况下能达到最高采收率:$h_{ef} = 20～25$m,$K = 0.15～0.17\mu m^2$,$K_s > 0.5$,$K_p < 5$,$\mu < 6$mPa·s,$\varphi = 16\% \sim 18\%$。

开发实践与技术指标计算结果表明,下列矿场地质参数对合采的影响最大:地层压力差值 Δp,分层系数关系 λ_{K_p},砂岩系数关系 λ_{K_s},渗透率关系 λK,总厚度关系 λH,有效厚度关系 λh_{ef},小层间隔距离 L。在地层压力差值大于 0.9MPa,分层系数、砂岩系数、渗透率、总厚度以及在有效厚度的比值不大于1.25、小层间距离不大于120m的情况下能合理组合为一套开发层系。

表 4-12　矿场地质参数比值对合采时产油量的影响（两小层合采）

油田	小层	$K(\mu m^2)$	λK	λK_p	K_s	λK_s	$h(m)$	λh_{ef}	$\lambda \mu$	p_r (MPa)	Δp (MPa)	Δq (%)
乌斯季	BC_1	0.372	1.013	0.73	0.81	0.92	8.4	0.28	0.83	21.4	0.10	1.72
	BC_{2-3}	0.367			0.88		10.0			21.5		
巴雷克	BC_{2-3}	0.367	0.640	2.31	0.88	1.07	10.9	2.27	0.92	21.5	0.10	1.87
	BC_4	0.575			0.82		4.8			21.5		
乌斯季	BC_1	0.767	2.073	0.69	0.83	1.04	6.1	0.37	1.00	20.0	0.15	14.25
	BC_{2-3}	0.370			0.80		16.5			20.1		
乌斯季	BC_1	0.767	1.050	0.60	0.83	1.22	6.1	0.67	1.35	20.0	2.20	15.90
	BC_{10}	0.730			0.68		9.1			22.0		
乌斯季	BC_{2-3}	0.730	5.070	0.88	0.80	1.17	16.5	1.82	1.35	20.1	1.95	15.60
	BC_{10}	0.730			0.68		9.1			22.0		
萨马特	AB_{2-3}	0.494	0.540	1.50	0.35	0.79	20.0	0.83	0.60	17.2	0.05	6.80
	AB_{4-5}	0.914			0.44		24.0			17.2		
萨马特	BB_8	0.490	3.245	0.75	0.64	1.73	16.8	2.71	0.97	21.3	0.30	11.97
	BB_{10}	0.151			0.37		6.2			21.6		
费罗夫	BC_1	0.226	1.050	0.50	0.68	0.94	2.7	0.27	4.30	19.8	3.20	20.60
	BC_{10}	0.216			0.72		10.0			23.0		
莫高尔	BC_{10}	0.640	0.610	0.77	0.76	1.05	7.0	0.73	1.01	25.6	0.13	9.96
	BC_{11}	0.104			0.68		9.6			25.7		

五、开发层系的开发次序

一个非均质、多油层的油田，根据上述原则和方法，可能划分出若干个开发层系，但往往由于地质、技术及施工速度或经济上的原因，不能把所有层系同时投入开发，这时应确定各层系投入开发的先后次序，依次进行开发。开发层系的开发次序应按下述原则确定：

(1) 首先开发勘探程度高的层系。这种层系往往是由该油田（或该区）延伸稳定、岩性和物性变化小的主力油层组成。开发这种油层的生产井网，可以同时兼探其他油层。

(2) 首先开发储量大、产油能力高的层系。这样能尽快满足国家对原油的需求，收回成本投资，提高经济效益。

(3) 当几套层系开发指标相当时，在经济和建设能力允许的情况下，可以分别采用不同的井网同时开发；也可以开发最下边的层系，等到基础层系开发完后再回采上边的层系。这种回采层系所需要钻的井数少，投资也少，但油田开发速度慢。

第二节　注水方式的选择

注水开发的砂岩油田在选择注水方式时要考虑的注采问题有如下几个方面。

1. 注什么，采什么（What）?

采什么的问题比较明确，但注什么却大有文章，天然能量不足就需补充能量，但补充能量的方式有很多种，是注水、注气（天然气、空气、烟道气）还是注蒸气？抑或注胶束，注悬浮物？不一而足。再加上混相驱、CO_2驱，或者是双管齐下。

2. 哪儿注，哪儿采（Where）?

指划分开发层系后井网如何确定？注水方式如何？是边外、边内还是边缘注水？几口井采油，几口井注水？

3. 什么时间注，什么时间采（When）?

早期注水还是晚期注水？先溶解气驱，再注水二次采油？还是不注水，靠边水、底水驱动，这实质上是要不要补充能量和什么时候补充能量的问题，这个问题解决的好坏直接影响油田开发的近期和长远效果。如果抓不住时机就会给油田后期开发造成很大的被动。

4. 怎么注，怎么采（How）?

这个问题很难回答。采油速度的大小怎么控制？是分采还是合采？是否强化注水？是交替注水还是周期性注水？行列注水是三排还是五排生产井？解决好这一系列实际问题就是对这几个问题作出明确回答。

这4个问题是注水开发油田必须解决的根本问题。对于不同的油田，或同一油田的不同开发阶段、不同的油层、不同的开发区、同一开发区中不同的井组，同一井组中不同的井，由于地质条件不同，解决这些问题的手段是截然不同的，也可以大同小异。

油田可以只是利用天然能量进行开采，也可以采用各种对地层作用方法来开采。采用各种保持压力的方法能强化油田开发，并且能使储量采出更为完全，但另一方面也得增加成本投资。因此就产生这样的问题，能否仅靠天然能量采油？还是必须保持地层压力方法采油？在后一种情况下还必须确定作用种类（注水、注气、注蒸气，还是注入其他工作剂）和作用方式（边外注水、面积注水、切割注水、气顶注气还是整个油气藏面积注气等），此外还必须确定注入压力。

人类在100多年前就开始用注水方法采油，但是直到20世纪50年代这种方法才得以普及，目前都认为注水采油是非常可靠而且非常经济的采油方法，几乎所有没有天然水驱的油田都采用注水方法开采。苏联1946年第一次在杜玛兹油田采用早期注水，1974年由注水产出的油量已占全国总产量的80%以上；美国1936年采用注水开发的油田仅为864个，到1970年底在各油田上实施注水采油方案的有9000多个；80年代初我国注水采油量已占全国总产油量的93%，可以预计21世纪注水仍是一种主要的开采方式。世界油田开发趋势表明，注水保持压力采油的方法正越来越多地被人们所采用。

一、边水能量研究

只有在搞清油藏天然能量大小的基础上，才能确定是否需要注水开发，什么时候注水，地层压力应保持在什么水平上，同时也只有搞清了天然能量的大小才能充分而合理地利用天然能量。

油藏的天然能量包括油藏本身的油、束缚水和岩石的弹性膨胀能量。油藏本身的弹性能量是有限的,在考虑采用注水方法保持地层压力时,应分析油藏边水能量的大小。如果油藏经过详探或充分试采,则可从以下几个方面判断边水能量的大小。

1. 根据地质资料初步估算边水体积

根据探井资料,可以了解储集层在平面上的分布范围和稳定性,以及在整个储集层分布范围内渗透率和孔隙度的变化,可以大致估算边水范围。另外,根据打在油藏边界以外的探井试水资料,可以了解油藏边界以外储集层的产水能力,根据这些资料可以初步判断油藏具有多大的边水能量。如果地质资料比较充分,还可以判断出水域分布的面积、厚度、渗流条件等,进而可以估算边水体积大小。

2. 根据试采期地层总压降与累积采油量的关系曲线判断边水能量大小

当一个油藏投入开发后,油井附近地层压力下降,形成一个压降漏斗。随着开采时间的推移和累积采油量的增加,压降漏斗不断扩大。初期压降范围仅局限在油藏范围内,采油能量的来源主要为压降范围内的油、束缚水和岩石的弹性膨胀能。由于压降范围有限,释放的弹性能量小,所以地层压力下降较快。当压降扩大到一定范围以后,含水区的岩石和边底水都发生弹性膨胀,使一部分边水侵入油藏,成为驱油的一部分能量来源,使得油藏的压降速度减缓。反映到总压降与累积产油量的关系曲线上(图4-6),曲线越来越平缓。因此根据曲线形态可以判断边水能量的大小。

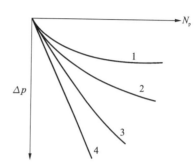

图 4-6 累积产油量与压降关系曲线
1.刚性水压驱动,有地面水补充,Δp 趋于稳定;2.强弹性水压驱动,无地面水补充,Δp 下降,但较平缓;3.弱弹性水压驱动,水域分布范围有限,当波及到边界曲线时变为直线;4.无边水弹性驱动,靠油水岩石的弹性膨胀能驱动,Δp 呈直线快速下降

刚性水压驱动 一般与油层连通的水域有地面露头,能得到地面水的补给,并且水域与油层连通非常好。在这种地质条件下,油藏投产初期地层压力下降到一定值,当压降漏斗波及到水域后,由于有边水的充分补充,地层压力趋于稳定(图4-6,曲线1)。

强弹性水压驱动 水域与油藏连通好,水域很大,无地面水补充。当压降范围扩大到水域后,压降速度变缓,并且随着压力波向外扩大,越来越大的水域发生压降,同时水域释放出越来越大的弹性能量,地层压力下降也越来越平缓(图4-6,曲线2)。

弱弹性水压驱动 水域与油藏连通较好,但水域分布范围有限,无地面水补充。当压降波及到水域后,地层压力下降速度不断变缓。当压力波传导到水域的封闭边界以后,边界压力也随着一起下降,进入拟稳定状态。这时压降所波及到的水域体积不再扩大,水域单位压降所释放的弹性能量近似为一定值,因而油藏单位压降产油量也为一定值。反映在总压降与累积产油量的关系曲线为一直线,由曲线变为直线的这一点就是压力波到达水域边界的时刻(图4-6,曲线3)。

无边水弹性驱动 油藏没有边水或储层在油水界面附近渗透率变差,也没有气顶,饱和压力很低,这时采油能量主要靠油藏内的油、束缚水和岩石的弹性膨胀能,地层压力下降很快,呈直线下降(图4-6,曲线4)。由该图可以看出,油藏边水能量越充足,单位压降产油量也越大。因此根据单位压降产油量的多少可以判断一个油藏天然能量的大小。

3. 通过计算油藏水侵量和边水体积判断边水能量

根据物质平衡法（Material Balance Equation）可以计算出油藏累积水侵量，进一步计算出水侵速度（如月水侵量）和水体的弹性产率（单位压降水侵量），水侵速度和弹性产率是衡量边水能量大小的重要指标。

为了判断边水能量的大小，还可进一步计算出边水的体积大小。根据油藏有关边水的地质资料，对试采过程中总压降与累积产油量关系曲线的形状，每采出1%的地质储量地层压力的下降值、水侵速度、边水的弹性产率、水域体积及其与石油体积的比值等计算，就可以综合判断一个油藏边水能量的大小。

二、注水时间的确定

油田合理的注水时间和压力保持水平是油田开发的基本问题之一，直到目前国内外尚无统一的认识。综合国内外油田的开发实践，所采用的注水时间主要有两种：一是早期注水开发油田，但开始注水的时间有较大的差别，一般比油田投入开发的时间晚1~2年；另一种是在油田开发后期天然能量枯竭以后作为二次采油方法运用。这时油层压力降低的界限可以降到饱和压力以下，也可略高于油藏饱和压力，甚至在原始地层压力附近。由于各油田的具体情况及原油的物理性质不同，油田开始注水的时间、油层压力降低的界限和注水后压力保持的水平应有所差别，不能对所有油田按同一标准要求。

（一）油层开始注水时间和压力的保持水平与所要达到的目的有关

单纯从提高采收率的角度出发，油层压力可以略低于饱和压力以下，一般降低10%。因为在油层中存在一定气体饱和度时，水驱混气驱采油通常比注水采油可获得较高的最终采收率；如果要使油田有较高的采油速度和较高的单井产量，并要求较长时间的稳产，就必须早期注水保持油层压力，并需保持较高的压力水平。如美国要达到的目的就是最大限度地追求经济效益，美国的《采油手册》(1962)阐述了具体油层开始注水的时间与所要达到的目的：①与油层最大采油量有关；②与最高年收入有关；③与单位投资的最高年收入有关；④与目前或未来的最大利益有关。

此外，还应考虑原始地层压力梯度值。如果是异常高地层压力梯度时，为了节省注水费用可适当晚些注水。

注水时间的早晚还取决于油井自喷能力的强弱。若油井自喷能力弱，油井停喷压力高，则需要早期注水；反之，若油井自喷能力强，则可晚些注水以提高油田开发的经济效益。

（二）影响注水时间选择的主要因素

开始注水的最佳时间取决于许多因素，现只限于最大限度地提高采收率方面来讨论，尽管在许多情况下诸如最大限度地回收资金等经济问题也是很重要的，但有两类因素主要控制开始注水的最佳时间：①压力因素；②油藏的几何形状和渗透率的变化。

对于均质油层，在地层压力等于饱和压力下开采时，注水采收率最高。 因为注水后油层中残余油量最低,饱和压力时的原油黏度对注水最有利。如果忽略自由气对非均质油层残余油饱和度的影响,注水时最合理压力应略低于饱和压力。如果饱和压力非常低,在此压力下采油速度将很低,早期阶段开始注水是合理的,高于饱和压力条件下开始对非均质油层注水,最终结果可能导致采收率低一点,但经济上证明是合理的。

从获得最多可采油量的观点出发,油层注水时的最合理压力是原始饱和压力,因为这时地下原油黏度最小,最有利于提高流度和体积波及系数,增加产油量。饱和压力时注水的优势是生产井的采油指数最高,因为开始注水时地层已饱和液体,注水后见效快且不会产生滞后现象。油层在原始饱和压力时开始注水与溶解气驱开采一定阶段后注水相比,其缺点是注入相同数量的水需要较高的注入压力,开发早期就需要在注水设备上投资。

从提高采收率的观点出发,油层压力可以降至较低水平,允许油层在溶解气驱下开采一段时间,因为自由气饱和度有利于水驱油效率增加。经验表明:原油物性受压力影响较小的油田,当油层压力低于饱和压力20%时,水驱混气油的采收率可增加5%～10%;原油物性受压力影响较大的油田,油层压力低于饱和压力的界限为10%。

油藏的几何形态和渗透率变化对注水时间也有影响。不规则形状油藏的体积驱油系数低,注水采收率也比较低,在确定最佳注水时间时,所考虑的采收率应为一次注水采收率。采收率与开始注水时压力的关系图可用来确定最佳压力,从而确定开始注水的时间。

(三)注水时间的选择

注水虽然已成为世界范围内油田开发的主要手段,但对不同类型的油田,不同开发阶段注水对油田开发过程的影响是不同的,其开发效果也有明显的差异。一般来说注水时间的选择有3种。

1. 早期注水

早期注水的特点是在地层压力还没有降到饱和压力之下就开始注水,使地层压力始终保持在饱和压力以上。由于地层压力高于饱和压力,油层内不脱气,原油性质较好。注水以后,随着含水饱和度增加,油层内只有油、水两相流动,两相相对渗透率曲线能很好地反映其渗流特征。

早期注水方式可以使油层压力始终保持在饱和压力以上,使油井有较高的产能,有利于保持较长的自喷开采期,而且生产压差调整余地大,有利于保持较高的采油速度和实现较长的稳产期,但这种方式使油田投产初期注水工程投资较大,投资回收期较长,所以早期注水方式并不是对所有油田都是经济合理的,尤其是对那些原始地层压力较高、饱和压力较低的油田更是如此。

对于天然能量不足的油藏,无疑要注水补充能量,其注水时间的早晚取决于边水能量的大小、采油速度的高低。若边水能量小,采油速度高,则地层压力下降较快,需要早期注水;对于天然能量比较充足的大型油藏一般也要考虑早期注水,当油藏面积很大时,即使天然能量充足,在较高的采油速度下,在距边水较远的范围仍会形成较大的压力降,从而造成局部油井停喷。因此,除了天然能量的大小外,油藏的大小、形状都对注水时间早晚有影响。

早期注水开发的油田,使得开发系统较灵活,易调整,能延长自喷期,增加自喷采油量,减少产水量,单井产量较高,提高了主要阶段的采油速度。因此可在很长时间内提供较高的技术经济指标,目前我国大多数油田均采用早期注水开发。

2. 晚期注水

晚期注水的特点是油田开发初期依靠天然能量开采。在没有能量补给的情况下,地层压力将逐渐降到饱和压力以下,原油中的溶解气析出,油藏驱动方式转为溶解气驱,导致地下原油黏度增加,采油指数下降,产油量下降,油气比上升。如我国新疆吐哈油田,在地层压力下降到饱和压力以下后注水,油气比由 $77m^3/t$ 上升到 $157m^3/t$,平均单井日产油由 10t 左右下降到 2t 左右。

在溶解气驱之后注水,称为晚期注水,在美国称二次采油。注水后,地层压力回升,但一般只是在低水平上保持稳定。由于大量溶解气已跑掉,在压力恢复后,也只有少量游离气重新溶解到原油中去,溶解油气比不可能恢复到原始值,原油性质也不可能恢复到原始值,因此注水以后,采油指数不会有大的提高。由于油层中残留有残余气或游离气,注水后可能形成油、气、水三相流动,渗流过程变得更加复杂。晚期注水油田产量不可能保持稳产,自喷开采期也较短,对原油黏度和含蜡量较高的油田,还将由于脱气使原油具有结构力学性质,渗流条件更加恶化。

晚期注水方式初期生产投资少,原油成本低,对原油性质较好、面积不大且天然能量比较充足的中小油田比较适用。

3. 中期注水

中期注水介于上述两种方式之间,即投产初期依靠天然能量开采,当地层压力下降到低于饱和压力后,在油气比上升至最大值之前注水。此时油层中由油、气两相流动变为油、气、水三相流动,随着注水恢复压力,可以有两种情形:一种情形是地层压力恢复到一定程度,但仍然低于饱和压力,在地层压力稳定条件下,形成水驱混气油驱动方式。根据室内模拟结果和外文资料显示,如果油层压力低于饱和压力的 15% 以内,此时从原油中析出的气体尚未形成连续相,这部分气体有一定的驱油作用。由于油气之间的表面张力远比油水以及油-岩石的界面张力小,因而部分气泡位于油膜和岩石颗粒表面之间,这对亲油岩石来说会破坏岩石颗粒表面的连续油膜,有助于提高最终采收率。另一种情形就是通过注水逐步将地层压力恢复到饱和压力以上,此时脱出的游离气可以重新溶解到原油中,但天然气组分的相态变化是不可逆的过程,当压力提高时,完全溶解游离气所需的压力为溶解压力,显然它大于饱和压力,而且在利用天然能量开发阶段,会逸出一部分溶解气。因此即使地层压力恢复到饱和压力以上,溶解油气比和原油性质都不可能恢复到初始状况,产能也会低于初始值,但在地层压力高于饱和压力条件下,将井底流压降到饱和压力以下,尽管采油指数较低,由于采油井的生产压差大幅度提高,也能使油井获得较高的产量,从而获得较长的稳产期。

上述这两种初期利用天然能量,适时进行注水恢复地层压力的开发方法,具有初期投资少、经济效益好、稳产期较长的特点,并不影响最终采收率。适用于地饱压差较大、天然能量相对较高的油田。

总之,注水时间的选择是一个比较复杂的问题。既要考虑油田开发初期的效果,又要考虑油田中后期的效果,必须在开发方案中进行全面的技术、经济论证,在不影响油田开发效果和完成国家任务的前提下,适当推迟注水时间,可以减少初期投资,缩短投资回收期,有利于扩大再生产,取得较好的经济效益。

4. 大庆油田早期注水保持压力的实例

大庆油田具有天然能量小、面积大且边水不活跃的特点。如喇嘛甸油田三面环水,边水能量相对最大,但理论计算表明,若按600m排距,采油速度2%,靠边水能量开采3个月后总压降即达到$18.7×10^5$Pa,显然不具备边水驱动的条件。另外,大庆油田地饱压差小,弹性能量也较小,水动力学计算表明,若依靠弹性能量采油,地层压力降至饱和压力时,仅能采出地质储量的7%。

大庆油田面积大,宽度达10~20km,如果采用边外注水,只能使少数面积在水驱条件下开发,油田内部大部分地区收不到注水效果,势必造成压力下降、产量下降的局面,因此对大庆这样的大油田,不仅要早期注水,而且必须采用边内注水,才能有效地发挥注水保持压力的作用。

大庆油田的开发,对我国其他油田开发起着举足轻重的作用,其开发的总原则是要在一个比较长的时期内稳产、高产。为了实现这一目标,就必须实行早期注水保持压力,使油层保持旺盛的生产能力;反之,如不采取保持压力的开发方针,地层压力下降,油井生产压差减小,产量势必下降。因此,实行早期注水能保持较长时间的稳产、高产。

三、注水方式的选择

油田注水方式的选择总的来说要根据国内外油田的开发经验和本油田的具体特点来定。针对不同的油田地质条件选择不同的注水方式,油层的不同性质和构造条件是确定注水方式的主要地质因素。注水方式的选择取决于油藏类型、油藏的大小、油水过渡带的大小、地下原油黏度、储集层类型、储层物性尤其是渗透率、地层非均质性、是否有断层存在等。

所谓注水方式,就是注水井在油藏中所处的部位和注水井与生产井之间的排列关系。简单地说,注水方式是指注水井在油田上的布局和油水井的相对位置。对具有不同特征和不同开发层系的原油采用注水开发,必然会形成注水方式的多样化,其中某一种注水方式只是在一定的地质条件下才是最有效的。目前国内外油田采用的注水方式或采油系统,归纳起来主要有边外注水、边缘注水和边内注水3种(图4-7)。最早采用的注水方式是边外注水,它是将水注到距离内含油边界较远的井里,但很快就发现边外注水并不是在任何情况下都有效,它对于含油面积大的油藏和非均质严重的油藏并不理想,于是采用边缘注水,将水注到分布在边缘的井中,使人工供给边界更接近于采油区。随后采用了边内注水方式并一直延续至今,作为油田普遍采用的常用注水方法。

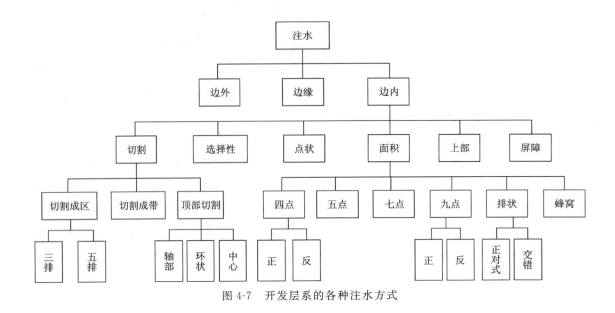

图 4-7　开发层系的各种注水方式

（一）边外注水（缘外注水）

注水井按一定方式（一般与等高线平行）分布在外含油边界附近，向边水中注水（图 4-8）。这种注水方式要求含水区内渗透性较好，含水区与含油区之间不存在低渗透带或断层。为了使注水井排接近采油区，注水井应尽可能地布在外含油边界附近，其水驱油的机理几乎与天然水压驱动相同，边外注水正是利用靠近油藏边界处来强化水驱油过程。该方法可用于油藏和油气藏开发。当油藏

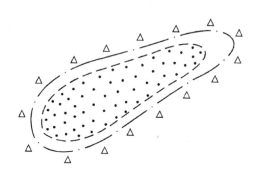

图 4-8　边外注水方式

宽度不大（4～5km），地下原油相对黏度很小（2～3），储集层渗透率高（0.4～0.5μm^2 或更大），生产层相对比较均质，油藏与边外区连通很好时，边外注水相当有效。边外注水适用于层状油藏，但在上述条件下对块状油藏也能起到很好的效果，其中包括碳酸盐岩储集层。

在上述非常有利的地质条件下采用边外注水方式，采油井布在内含油边界内时，能达到较高的采收率，一般为 60%，有时更高。这时油水过渡带的油将被注入的水驱替到采油井井底，这样在原油损失没有明显增加的情况下，可减少井数，降低与原油一起采出的水量。为了开发油气藏的含油部分，边外注水可以与利用自由气能量相结合，并用气顶调节产气量的办法使油气界面保持不动。

边外注水方式要求的注采井数比为 1∶4，或 1∶5，即一口注水井一般要供应 4～5 口采油井。

由于具有上述特征的油藏不是经常能遇到，所以目前很少采用边外注水方式。

世界上用边外注水开发方式比较成功的有苏联的巴夫雷油田，该油田面积为 80km² 左右，平均有效渗透率高达 600μm^2，油层比较均匀、稳定，边水活跃。采用边外注水方式以后，

油层平均压力稳定在(140～150)×10⁵Pa。在注水后的5年内,原油日产量基本上没有波动,年采油速度达到6％左右(按可采储量计算)。我国的老君庙油田,面积较小,并有边水存在,其中L油层和M油层也采用过边外注水。

（二）边缘注水（缘上注水）

边缘注水的注水井分布在油藏的油水过渡带(图4-9)。它主要用于具有边外注水所要求的特征,但其油水过渡带比较宽,油藏与边外区的水动力连通较差。

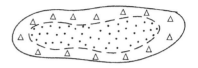

图4-9　边缘注水方式

油藏与地层含水部分连通较差的原因可能是油水边界附近的渗透率变差,或在油水边界附近有不渗透屏障存在,对于碳酸盐岩储集层油藏经常有这种屏障存在,碳酸盐岩的次生地球化学过程可能导致矿物盐、硬沥青等充填孔隙。

这种注水方式的优越性是油水界面比较完整,由外向内逐步推进,因此比较容易控制,无水采收率或低含水采收率较高,最终采收率往往要比其他类型的油田高出许多,这一现象在国外油田存在,在国内油田也同样存在。若再辅以内部点状注水,则可以取得更好的开发效果。

由于能够受到注水井排有效影响的生产井排数并不多(一般不多于三排),因此对较大的油田,如果仅靠边缘注水,往往只是构造边部的几排井处于注水影响之下,属水驱采油,而处于构造顶部的井(这些井一般都具有原油性质好、油层厚、渗透性好等高产条件)往往得不到注入水的能量补充。若控制这些油井生产,将使采油速度降低,延长开发年限;若让其投产,则往往使顶部形成低压带,变为弹性驱或溶解气驱等消耗方式采油。因此在这种情况下,仅仅依靠边缘注水是不够的,应辅以顶部点状注水,或者是采用内部切割注水的方式开采。

边缘注水在布井原则、注水井与采油井井数比、可能达到的采收率等方面都与边外注水十分相似。

（三）边内注水（缘内注水）

边内注水是将注水井部署在内含油边界以内。如果地层渗透率在油水过渡带很差,或者过渡带不适宜注水,就将注水井向内收缩,以保持油井充分见效和减少注入水外逸。

边内注水方式有很多种,最常见的有如下几种。

1. 切割注水（也叫行列注水）

在用注水井排切割油藏时,向地层注水是通过位于油藏内被称为切割井排或切割线的注水井注入的。一般切割井排上的所有井在完钻以后并不长期采油,而是在尽可能高的产量下采油,这样就可充分清洗地层井底附近部分,降低该排井的地层压力,为顺利注水创造了条件;然后隔一口井注水,其他井继续强化采油,这样就使注入水沿切割井排流动,在间隔井水淹后就转注。采用这种工艺能使切割井排投产,并且在地层内形成水带。采油井分布在与切割井排平行的井排上,采油井采油,切割井排上的井注水,沿着切割井排已形成的水带逐渐加宽,边界向采油井方向推进。

切割注水方式的采用条件是油层大面积稳定分布,油层有一定的延伸长度,注水井排上可以形成比较完整的切割水线,保证一个切割区内布置的生产井与注水井都有较好的连通性,油层具有一定的流动系数,保证在一定的切割区和一定的井排距内,注水效果能比较好地传递到生产井排，确保在开发过程中达到所要求的采油速度。

苏联的罗马什金油田采取边内切割注水方式，特别是在中央 3 个较大的切割区内增加切割水线后，注水效果很好，大部分油井保持了正常的自喷。

美国的克利-斯耐德油田，面积约为 $200km^2$，初期依靠弹性能量开采并转为溶解气驱方式。为了提高采油速度及采收率，对该油田设计了 4 种不同注水方式，采用切割注水方式后，油田由溶解气驱动转变为水压驱动，油层压力得到了恢复，大部分油井保持了自喷。

中国的大庆油田，由于油田面积大，也采用了边内切割早期注水的方式开采，其中一些好的油层由于储量大、油层延伸长度大、油层性质好，占储量 80%～96% 的油砂体都可以延伸到 3.2km 以上，所以它具备了采用边内切割注水方式的条件。经过研究表明，用较大的切割距和排距时，仍然可以控制住 90% 以上的地质储量。油田开发实践也说明对这类油层在采用边内切割大排距下生产，开发效果是良好的。

切割注水方式适用于层状油藏，其小层参数与边外注水要求的一样，只是含油面积很大，但油水过渡带渗透率不高，原油黏度偏高，渗流条件较差。

由图 4-7 可知切割注水有多种切割形式：切割成区、切割成带和顶部切割。

1）切割成区

利用注水井排将油藏切割成为较小单元，每一块面积（叫作一个切割区）可以看成是一个独立的开发单元，分区进行开发和调整。

注水将开发层系切割为独立开发的区块，可以将矿场地质特征有明显差异的区块（具有不同层数、不同采油能力、不同油水饱和等）划分成独立的开发面积。在开发层系含油面积很大、生产层较多的情况下，一般具有统一油水界面的含油小层含油面积由顶部向翼部逐渐减少，可将开发层系切割成具有不同含油层数的区块。

切割成区块注水方式的优点是：可以从最多储量、最高产油能力的含油面积开发。这种注水方式适用于在投入开发时油田勘探程度较高，原始内、外含油边界的位置都已经很清楚的油藏。对具有下列矿场地质特征的开发层系可以用注水井排将其切割成区块：①大型油田；②地质非均质性严重；③低储集性能和低渗流特性；④地下原油黏度较高；⑤高分层系数；⑥低砂岩系数；⑦低流动系数。

2）切割成带

用注水井排将油藏切割成带状（图 4-10），在油藏范围内布置相同方向的采油井排。对于伸长形的油藏切割井排应垂直于其长轴方向布置；对于"圆状"油藏（图 4-11），特别是当其含油面积很大时，选择井排方向时要考虑生产层的非均质性，切割井排应垂直于勘探资料所发现的储集层厚度较大的方向，使切割线穿过储量大的所有区域，以充分发挥注水作用。如果不考虑不同产能区的边界资料，采取其他方向切割，切割井排有很大部分可能落在低渗透区，这样会造成这些注水井的吸水能力很低，在高产区见不到注水效果。

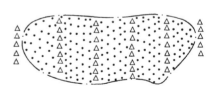

图 4-10 带状切割注水系统

根据带宽和带内采油井排数的多少，切割成带又可分为三排和五排注水两种。

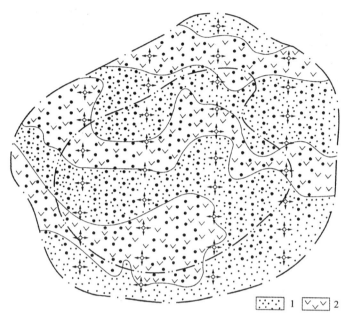

图 4-11 "圆状"油藏带状切割注水系统
1.高储集性能区;2.低储集性能区

带的宽度可根据地层的流动系数的大小选择 1.5~4km,在其他条件相同的情况下,带宽的减少会提高注水系统的活跃性,这是因为在带的单位宽度上压差增加,可以部分补偿油藏产油能力。为了减少在含油边界收缩区的原油损失,在带范围内一般布单数井排的采油井,中间井排一般起"收缩"作用。带很宽(3.5~4km)时采用五排生产井,带很窄(1.6~3km)时采用三排生产井。生产井排的减少,再加上带的变窄,同样能够提高注水的活跃程度,这是由于水平压力梯度的增加和分配到一口注水井的采油井数的减少。

在三排和五排注水系统中,水油井数比相应地约为 3 和 5。

值得说明的是,当必须高速开发或难以将油井转为机械采油时,为了延长其自喷生产期,三排系统也可用于高产油区。

当油藏具有很宽的油水过渡带时,所有切割成带的开发系统应延伸到油水过渡带,除非其外围部分的含油厚度太薄。在某些情况下,高渗透地层结构完整时,在边缘区可以成功地采用综合注水方案。

切割成带状注水开发系统的优点在于没有含油边界外形的具体资料也可以设计并实施注水。采用这种注水方式可将开发系统的带按需要的顺序进行投产,用重新分配注水量来调整油田开发。

3)顶部切割

顶部切割注水是将水注到在油藏顶部一排线形或环形切割井排的井里(图 4-12)。这种注水方式适用于具有中等含油面积的油藏和在地层边部渗透率急剧变坏又不能采用边外注水的油藏。

具有下列矿场地质特征的开发层系适用于顶部切割注水:①近似等矩形的较小油藏(1~

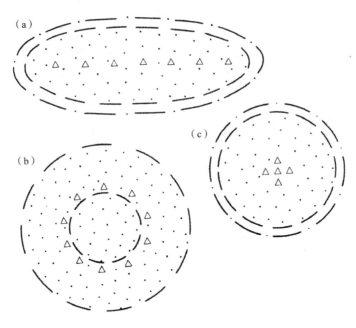

图 4-12 顶部切割注水系统
(a)轴部注水；(b)环形注水；(c)中心注水

3km)；②渗流特征由顶部向边部有规律地变差的油藏；③较均质结构,有岩性置换的油藏；④地下原油黏度较低的油藏。

在设计顶部注水时应特别注意油水过渡带的大小,在油水过渡带较宽的情况下,如采用顶部切割,可能使注水井布在纯油区内,而采油井大部分布在油水过渡带内,对这种情况最好采用带状切割注水。

顶部切割注水方式的选择取决于油藏的形状、大小和油水过渡带的相对大小。根据注水井在油藏中的位置又可分为轴部[图 4-12(a)]、环形[图 4-12(b)]和中心注水[图 4-12(c)]三种。针对图中的每一种情况,顶部切割注水可根据地质条件单独采用,也可与边外注水结合应用。

切割注水的优点是:①可以根据油田的地质特征来选择切割井排的最佳方向及切割区的宽度(即切割距);②可以根据开发期间积累的详细地质资料,进一步修改所采用的注水方式;③可优先开采高产地带,从而使产量很快达到设计水平;④切割区内的储量能一次全部动用,使油藏一次投入开发从而提高采油速度,而且注水线不需要移动,既减少了注入水的外逸,又简化了注水工艺。

在油层渗透率具有方向性的条件下采用行列井网时,由于水驱方向是固定的,只要弄清油层渗透率变化的主要方向,适当地控制注入水的流动方向,就有可能获得较好的开发效果。但是这种注水方式也有其局限性,主要表现在:

(1)这种方式不能很好地适应油层的非均质性,对于在平面上油层性质变化较大的油田,往往使相当部分的注水井处于低产地带,在同样的井距时,注水效率不高。以吉林油田为例,某区Ⅰ、Ⅱ、Ⅲ层是含油区,Ⅳ、Ⅴ层含水面积约占总面积的50%,Ⅳ层基本为含水层,绝大部分储量集中在Ⅱ层。原方案为行列注水,打井试注后,发现大量注水井分布在渗透率极差的粉砂岩区,注水效果不好,后调整为点状注水,虽然注水井少得多,但却提高了注水井的吸水厚度,也提高了波及系数。

(2)由于油层的非均质性,在一个区内,注水井可能钻在低产区,油井钻在高产区,也可能为相反的情况,无论哪种情况都必须加钻注水井或改变注水方式。

(3)注水井间干扰大、井距小时,干扰更大,吸水能力比面积注水要低一些。

(4)注水井成行排列,在注水井排两边的开发区内,压力不总是一致,地质条件也不相同,因此会出现区间不平衡,加剧平面矛盾。另外由于生产井的外排与内排受注水影响不同,因而开采不均衡,内排生产能力不易发挥,外排井生产能力大,见水快。

在计划采用或现已采用行列注水的油田,为了发挥其特长,减少不利之处,主要采取以下措施:①选择合理的切割宽度;②确定最佳的切割井排位置;③辅以点状注水,发挥和强化行列注水系统;④提高注水线同生产井井底之间的压差等方式来提高切割注水的效果。

2. 选择性注水

选择性注水是在开发层系按均匀井网完钻后,考虑油藏的地质结构变化情况,有目的地选择注水井井位(图4-13)。在对油田编制初步开发设计文件时不确定注水井井位,按均匀井网完钻,所有井生产一段时间后,选择最能适应油层地质结构,并能保证对整个油藏有效驱替的地方定为注水井,最后注水井在平面上是不均匀分布的。选择性注水可用于储集层不发育,区域非均质性严重,并有两三种不同产能在平面上不均匀分布的储集层,以及开发层系被一组断层所破坏的油藏。

图4-13 选择性注水

选择性注水开发系统适用于具有下列矿场地质特征的开发层系:①油藏非均质程度严重,透镜体结构以及砂层明显不连续;②储集性能变化大;③地层渗流参数变化大;④油层有效厚度变化大;⑤具有明显的分层性。

3. 点状注水

点状注水实质上是选择性注水的一种,它是对其他注水方式(边外、边缘、切割等)的有效补充。点状注水一般用在所设计注水方式投产后未见效或见效很差的地方,注水井一般在那些主要任务已经完成、位于开发层系水淹区的采油井中选择,在必要时也可钻专门的补充井。

通常在下列情况下采用点状注水:①储集层尖灭;②地层明显断续;③油层储集性能有明显变化;④油藏渗流性能有明显变化;⑤有透镜状砂岩存在;⑥有岩性和断层屏障油藏存在。

点状注水是一种很灵活的注水方式,它的应用范围很广泛,也是发展和完善注水开发系统的主要措施之一。

4. 面积注水

面积注水为边内注水的一种方式,指在均匀井网条件下,注水井和采油井按开发设计文件中所规定的有规律地交叉。面积注水方式是把注水井和生产井按一定的几何形状和密度均匀地布置在整个开发区上,这种注水方式实质上是把油层分割成许多更小的单元,一口水井控制并同时影响几口油井,而每一口油井又同时在几个方向上受注水井影响。

根据油井和注水井相互位置及构成的井网形状不同,面积注水可分为四点法面积注水、五点法面积注水、七点法面积注水、九点法面积注水、斜七点法面积注水和正对式与交错式面积注水 6 种。三角形井网和四边形井网是两种基础井网,以此为基础拓展成五点法、七点法、九点法等复杂井网。图 4-14 为各种面积注水井网的排列方式。

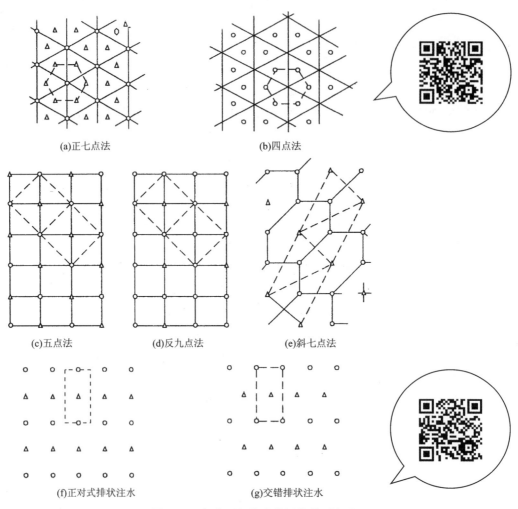

图 4-14 各种面积注水井网的排列方式

o. 生产井;△. 注水井

面积注水习惯上以一口生产井为中心的 n 点法来命名,这一类井网都可以划分为若干个以生产井为中心的注采单元,如果这个代表单元的总井数(包括中心的生产井和周围的注水井)为 n,这种注水方式就称为 n 点法。如果以一口注水井为中心来计算单元井数时,则称为反 n 点法。实际上四点法与七点法互为正反,正九点法与反九点法互为正反。

根据上述定义,用分析方法或统计方法都可以证明:对于 n 点法井网而言,在一个大型开发面积内,注水井数和生产井数的比值 R 可以用一个简单的式子来表示:

$$R=\frac{注水井数}{生产井数}=\frac{n-3}{2}$$

从上式又可推导出总井数与两类井井数的关系式如下:

$$R_1=\frac{总井数}{生产井数}=\frac{n-1}{2};R_2=\frac{总井数}{注水井数}=\frac{n-1}{n-3}$$

对于反 n 点法来说,注水井数与生产井数的比值为 $1/R$,后两式中 R_1 和 R_2 互相调换。

1)九点法面积注水

九点法的每一个基本单元为一个正方形,包含 1 口生产井和 8 口注水井。生产井位于注水单元中央,4 口注水井布于正方形 4 个角上(称为角井),另 4 口井布于正方形 4 个边上(称为边井)。

这种井网的注水井与生产井的井数之比为 3∶1。生产上一般不采用正九点法,因为其注水井数与生产井数相比太多了,在经济上是不可取的。

反九点法为 1 口注水井控制 8 口采油井,反九点井网为现今使用最多的井网。反九点法的每一基本注水单元为一个正方形[图 4-14(d)],其中有 1 口注水井和 8 口采油井,这 8 口采油井中,4 口为角井,4 口为边井,注水井与生产井的井数比为 1∶3。

在理想的情况下,当边井见水时,面积驱油系数为 0.74;而当边井见水后关井,角井继续生产至见水时,面积驱油系数为 0.8。

对于早期进行面积注水的油田来说,选择反九点法比较好,因为注水井与生产井比例恰当(1∶3),有充足的生产井,可保证在短时间内有较高产量,注水井比例小,无水采收率高,见水时间晚,在后期需要强化开采时,并不需要补钻新井,只需把 4 口角井转注,就变成了五点法注采井网。或将一个方向上的边井全部转注,就构成了一排注水井和一排生产井的正对式行列注水。

2)正七点法面积注水

在这种注水方式下,注水井布置在正三角形的顶点,三角形中心为 1 口油井,即油井构成正六边形,中心为注水井,每口油井受 3 口注水井影响,每口注水井控制 6 口油井,所以注水井与生产井之比为 1∶2[图 4-14(a)]。

正七点法面积注水井网也可以看成是一种特殊情况下的行列注水井网,即在二排注水井排间夹二排生产井,排距与井距比 $d/a=0.289$。

反七点法是将油井布置在正六边形的顶点上,中心为 1 口注水井,注水井与采油井的井数比为 1∶2,每口油井受 3 口注水井影响,每口注水井控制 6 口油井。

斜七点法是将反七点法的生产井与注水井排转 45°角[图 4-14(e)],中心仍为一口注水井,斜六边形单元的 6 个顶点为生产井,每口生产井受 3 口注水井影响,每口注水井控制 6 口生产井,注水井与生产井的井数比为 1∶2。

3)四点法面积注水

如果将反七点法的注水井与生产井互换位置,或将一半生产井转注,就得到所谓的四点法面积注水方式[图 4-14(b)]。这时的注采井数比为 2∶1，而一口注水井可影响的井数由 6 口降为 3 口，因此这是一种高强度注水开发的井网。它要求钻更多的注水井。

反四点法是将油井布置在正三角形的顶点，三角形的中心为一口注水井，即注水井构成正六边形，每口油井受 6 口注水井影响，每口注水井控制 3 口油井；注水井数与生产井数之比为 2∶1。

根据理论计算，在均质等厚地层中，当油水流度比为 1 时，反四点井网见水时的面积波及系数等于 0.74。这种井网由于波及系数较高，注采井数比也较合理，被多数油田采用。

4）五点法面积注水

为均匀正方形井网，注水井位于每个正方形注水单元的中心上，即注水井同样在平面上构成一个相等的正四方形井网。每口注水井直接影响 4 口生产井，而每口生产井受 4 口注水井的影响[图 4-14(c)]。

五点法注采井网的注采井数比为 1∶1，注水井所占比例较大，因此这是一种强注强采的注水方式。这种注水方式也可以看成是某一特定形式下的行列注水，即可以看成是一排生产井与一排注水井交错排列注水，排距与井距比 $d/a=1/2$。

与正五点法相对应的是反五点法，反五点法的生产井为均匀的正方形井网，而注水井布置于每个正方形注水单元的中心上，即注水井同样在平面上构成一个相等的正方形井网。每口注水井直接影响 4 口生产井，而每口生产井同时受 4 口注水井的影响，注水时的注采比为 1∶1，为强注强采的布井方式。

理论计算和室内油层物理模拟实验表明，这种布井方式在地层均质、流度比或油水黏度比等于 1 时，油井见水时的面积驱油系数为 0.72。

5）正对式排状注水

正对式排状注水的注水井与生产井均为直线排列，井距相同，每一个基本注水单元为一平行四边形，注水井位于平行四边形中心，生产井置于 4 个角上[图 4-14(f)]。

6）交错式排状注水

每一基本注水单元为一长方形，注水井位于单元的中心，注水井距与生产井距相同，每口注水井影响 4 口生产井，每口生产井受 4 口注水井影响[图 4-14(g)]。

资料表明，直线排状注水方式的驱油波及系数受排距与井距比 d/a 的影响。d/a 比值越大，见水时的面积波及系数越高。

除了以上介绍的 6 种常用注采系统外，还有一些为特定地质条件选定的注采系统，以提高注水波及效率。如蜂窝状注水、环状注水、中心腰部注水、中心注水以及轴线注水等。其中蜂窝状注水（图 4-15）是对原油黏度偏高，属于裂缝-孔隙型的碳酸盐岩储集层广泛采用的，实质上它是反四点法的改进，即在 2

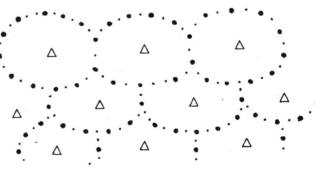

图 4-15　蜂窝状面积注水系统

口采油井中间再加1口采油井。这类油田采油井中储集层为孔隙型,而注水井由于打开裂缝在高井底压力下表现为裂缝-孔隙型,这样使注水井的吸水指数高于采油井采油指数的好几倍,相应地注水井的日注量增大,采油井的日产油量很低。在这种条件下,如果采用一般的面积注水方式,虽然注水量很大,产油水平仍然很低。蜂窝状注水系统在很多方面可以弥补这一缺陷,并能提高油藏的开发效果,保证采油井和注水井的井数比急剧增加(达6∶1以上),在保持采油井之间井距很小的情况下,加大采油井和注水井之间的距离。

面积注水开发系统与前面所叙述过的系统相比,具有很大的活跃性。这是由于在面积注水系统内,每口采油井从开发一开始就直接与注水井接触。而带状切割注水在开发一开始直接处于注水井影响下的只是外排(第一排)采油井,即对五排系统为采油井的2/5;对三排系统为2/3。表4-13对切割注水和面积注水的特点进行了比较。

表4-13 切割注水和面积注水的特点比较

对比内容	行列式切割注水	面积注水
注水影响情况和水线推进特点	注入水从注水井排向生产井排逐渐推进,除中间井排受两侧注水井影响外,其他生产井只受一侧注水井的影响,在开采过程中含油区和含水区的分布比较集中,初期管理比较方便	1口生产井受2~8口注水井的影响,在开采过程中,油水前缘运动复杂,含油区和含水区分布零散,油井受效方向多,水井供水方向较多,初期含水上升较慢
均质地层条件下的扫油面积系数	在井位交错排列时,可达0.8~0.94	一般为0.57~0.74
开发速度	比面积注水低,但可以保持较长的稳产时间	储量可以一次全面投入生产,开发速度较高
应用的地质条件	对于分布稳定,面积大,形态较规则的油层比较适用	对于一些分布不稳定,形态不规则、渗透率低的油层,采用面积注水效果较好

此外,采用面积注水时分到1口注水井的采油井井数少,对于线性排状系统和五点系统该比值为1;对于四点系统为2;七点系统为0.5;九点系统为0.33;反九点系统为3;蜂窝状系统为4~6。表4-14概括了面积注水井网的特点。

表4-14 各种面积注水井网特点

类型	$1/R$	R_1	R_2	要求井网	见水时面积波及系数
四点法	2	3/2	3	等边三角形	0.74
五点法	1	2	2	正方形	0.723
七点法	1/2	3	3/2	等边三角形	0.74
九点法	1/3	4	4/3	正方形	
反九点法	3	4/3	4	正方形	边井为0.74,角井为0.80
直线排状	1	4	2	长方形	$d/a=1$ 为0.67,$d/a=1.5$ 为0.706
交错排状	1	2	2	不等边三角形	0.80

面积注水的缺点是在开发过程中在平面上不易调整水的前缘位置。

面积注水一般可用于地层结构相对比较均质的孔隙型碎屑岩和碳酸盐岩储集层,且多为低渗透低产能层系,或原油黏度偏高的层系,或者既低渗透又原油黏度偏高的油藏。面积注水也可用于高产能层系,以达到高采油速度,或者在组织机械采油有很大困难的情况下延长其自喷开采期。当由于某种原因需将其开发期限制在较短时期内,如海上采油、合资或外资经营的油田,采用这些系统也是很合适的。

通常在下列情况下采用面积注水:①油层分布不规则,延伸性差,多呈透镜状分布,用切割注水不能控制多数油层,注入水不能逐排地影响生产井;②油层渗透性差,流动系数低。如采用切割式注水由于注入水推进的阻力大,有效影响面积小,采油速度低。所以采用面积注水;③油田面积大,构造不完整,断层分布复杂;④适用于油田后期的强化开采,以提高采收率;⑤油层具备切割注水或其他注水方式,但要求达到更高的采油速度时,也可以采用面积注水。

5. 上部注水

上部注水实质上接近于顶部注水。它是将水注到油藏最高部位或构造和岩性遮挡油藏的隆起部位。其他特征与顶部注水类似。

6. 屏障注水

屏障注水为边内注水的一种特殊方式,适用于层状油气藏或凝析油气藏,通过注水井将含气或含凝析气部分与含油部分隔开。环形注水井排分布在油气区,靠近内含气边界的地方,使注入水在油层中形成一个水的屏障将其含气部分与含油部分隔开。采用屏障注水可以同时由地下采出油和气,而不需要使气顶长时期停产,这一点是在利用天然能量开发或采用上述各种注水方式开发时所必须考虑的。屏障注水可以与边外或边缘注水结合起来应用,也可以与利用地层水压头能量结合起来应用。当地质结构相对比较均匀、地层倾角又不大时,采用这种注水方式最为有效。

(四)面积注水注采井数比计算方法

1. 公式法

如前所述,注水井和生产井井数的比值 R 可以用公式 $R=(n-3)/2$ 来计算,如 $n=4$,$R=1/2$,表示 1 口注水井,2 口生产井。依此类推,知道了 n 值,就可以计算出来 R。

2. 流度比确定法

流度比 M 可以用来衡量 1 口井的注入能力与它的生产能力,定义为水的流度与油的流度之比,其表达式为:

$$M=\frac{k_w/\mu_w}{k_o/\mu_o}=\frac{k_w}{k_o}\times\frac{\mu_o}{\mu_w}$$

式中:k_w 为油层水淹区内水相渗透率;k_o 为纯油区的油相渗透率;μ_o、μ_w 分别为油和水的黏度。

流度比不同,要求的井网系统也不同。一般来说,在大于1的流度比下,以五点系统的波及系数为最高,其次是交错式排状系统,接着依次为直线系统、反九点、反七点、七点、九点井网系统。在不利的流度比下,驱替的不稳定过程对五点和七点注水系统的波及系数的影响小于正对交错式、直线式、九点井网注水系统对波及系数的影响。通过计算流度比,可以定性判断用何种面积注水。

$M=1.5\sim2.5$　　七点法为首选,五点法次之,其次是九点法,四点法最差。
$M=1\sim1.5$　　　五点法最好,四点法次之,七点法最差。
$M=0.5\sim1.0$　　四点法、五点法均可,四点法比五点法总井数少10%。
$M=0.5\sim0.25$　　四点法最有利,所需总井数比五点法少10%,比正九点法少40%。
$M=<0.25$　　　反九点法最好。

3. 根据日注水量和日配产油量计算

注采平衡是体积平衡,即注入水的地下体积与采出流体的地下体积相当。根据1口注水井的吸水能力能够供应几口采油井采油保持注采平衡来计算。按注采平衡的要求,1口井的注水量可以满足几口井的采液量要求,可由下式计算:

$$W = \frac{注水井合理的平均最高日注水量}{\dfrac{平均单井合理最高日配产油量 \times 体积系数}{油的相对密度}\left(1+\dfrac{S}{1-S}\right)}$$

式中:S 为含水率,一般取 $0.5\sim0.8$。

根据计算出的 W 值就可以判断采用何种面积注水:

$W\leq1$　　五点法最好,九点法次之;
$1<W<2$　　四点法最好,七点法次之。

4. 根据动态参数直接计算生产井井数(n_p)和注水井井数(n_i)

如果保持注采平衡,则可建立如下平衡关系式:

$$n_p = \frac{N \times v_o (n+2m-3)}{3.3 \times 10^4 J_o \times (n-3)(p_i - p)}$$

$$n_i = \frac{N \times v_o (n+2m-3)}{6.6 \times 10^4 J_o \times (p_i - p)}$$

式中:N 为油藏原始地质储量,m^3;v_o 为最高采油速度,%;$m=J_o/I_w$;J_o 为采油指数,I_w 为吸水指数,$m^3/d \cdot MPa$;$p_i - p$ 为生产压差,MPa;n 为面积注水中的 n 点法;3.3 为每年以 3.3×10^2 个工作日计算,常数。

四、选择注水方式的地质依据

(1)根据油层的分布面积和形态,注水井与生产井能最大限度地控制80%~90%的连通面积和储量,油井见水时能达到较大的波及系数,并能获得较高的最终采收率。即充分利用已知的油藏特性,如渗透率和裂缝方向性、倾角、断层等构造形态,使采出的水量最小而采收率最高。

(2)注水效果好,采油速度和稳产年限能够满足国家的需要,经济效益好。即能达到期望的产油量和足够的注水速度,并充分利用了已钻井。

(3)开发过程中的调整措施和生产管理工作简便易行。

满足了这3个地质条件的注水方式就是最优的合理注水方式。表4-15对各种注水方式的地质特征和应用条件进行了归纳。应该指出的是,在设计开发系统的开发方式时可以提出两种或三种注水方式。例如边缘注水可以与切割注水一起考虑,窄带切割注水可以与面积注水同时进行,尽可能提出多种方案,进行地质评价、油藏工程评价和经济评价,优选出最佳方案来。

表 4-15 各种注水方式的地质特征及其地质条件一览表

注水方式	注水井布局简要特征	地质条件
边外注水	将注水井布在外含油边界附近,相当于向边水中注水	油藏宽度不大(4~5km);μ_o 相对较小(2~3mPa·s);高渗透率(0.4~0.5μm^2);生产层相对均质;油藏与边外连通较好
边缘注水	将注水井布在油水过渡带内	具有上述边外注水特征;油水过渡带宽;过渡带外储层渗透率低;油藏与边外连通较差
边内注水	将注水井布在内含油边界以内	过渡带储层渗透率变差;过渡带原油密度变稠
切割注水	内部成行成列排列,先强采排液	面积大;油层分布较稳定;形态规则
规则面积注水	反四点法、反五点法、反九点法	低渗低产;非均质强;原油黏度偏高;需较高采油速度;需限制开发期限的油田,如海上油田
不规则选择性注水	不规则	非均质性严重,透镜体结构;渗透性、储集性能明显变化;岩性或地层屏障油藏

第三节 合理井网密度的选择

井网是指对开发层系布置注水井和采油井井位。正确选择井网是论证开发系统是否合理的一个重要环节。井网密度是油田开发的重要数据,它涉及到油田开发指标的计算和经济效益的评价。钻井费用是油田开发基本投资中很重要的一部分,必须避免钻多余井,即选用过密的井网,同时井数应能足以保证达到必要的产油速度以及尽可能高的采收率,因此必须论证合理井网。

开发井网的布置在确定了油田开发方式和注水方式之后进行。开发井网包括两个内容:第一,对单独的开发层系布置注采系统的井别、井数、井距,即单位面积上井的密度;第二,井位,即井的排列方式。

井网布置是油田开发的关键问题之一,选择的井网是否合理,将直接影响油田开发的效果及整个开发过程的主动性和灵活性。

一、合理井网的标准

合理井网的标准是贯彻少井高产的原则,最大限度地适应油层情况和提高原油采收率,在此基础上力争较高的采油速度、较长的稳产时间和较好的经济效益。具体标准如下:

(1)最大限度地适应油层分布情况,控制住较多储量,为提高最终采收率打下基础。

(2)所有井网既能使主力油层充分受到注水效果,又能在达到规定采油速度的基础上,争取较长时间的高产稳产。

(3)所选择的井网既要便于分阶段进行开发和调整,又能实现合理的注采平衡。

(4)合理井网应能达到良好的经济效益,即钢材消耗少,投资效果好,原油成本低,劳动生产率高。

(5)实施布井方案所要求的采油工艺技术既要先进,又要切实可行。

因此,合理的布井问题是要综合地质条件、生产要求和经济效益三方面的因素进行全面考虑。在研究方法上必须以油田地质条件和生产动态资料为基础,运用渗流力学、数值模拟等方面的理论和方法,综合确定最优布井方案。

二、井网密度的选择

(一)发展历史

井网密度是油田开发的重要数据,它涉及到油田开发指标计算和经济效益评价。井网密度直接影响油田的采油速度和开发效果。究竟选用多大的井网密度是一个争论已久的话题,至今也没有一个明确的答案,在油田开发的不同历史时期、不同的地质条件和不同的研究手段,都有不同的认识。

20 世纪 30 年代以前,"钻井加采油"是当时油田开发的特点,有人认为井越密采出的油愈多,如美国得克萨斯油田,钻井密度是 64 口/km²。

30 年代以后,人们在油田开发实践中逐渐认识到,井网密度问题应从经济和地质因素两个方面考虑。如果油藏是高渗均质的,随着井网密度的增加,会加剧井间干扰,从而降低增加井数的增产效果,如图 4-16 表明,随着井数增加,产量增加率逐渐减少,并存在合理井数的问题。另一方面,油田开发的经济效益也与井数密切相关,从图 4-17 可以看出,当达到合理井数(N_{rea})之后,再增加井数,经济效益的增加明显变缓;如果井数达到经济极限井数(N_{cri})后,经济效益反而明显下降。

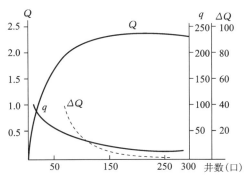

图 4-16 产量与井数关系曲线

Q. 总产量,kt;q. 单井平均日产量,t/d;

ΔQ. 因新井投产而增加的产量

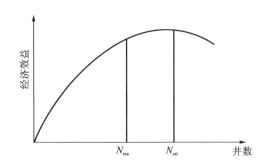

图 4-17 经济效益与井数关系曲线

N_{rea}. 合理井数;N_{cri}. 经济极限井数

30 年代末,开发上广泛采用二次采油方法,这时人们认识到钻井的数目和井网密度并不影响最终采油量,在这个思想指导下,井距逐渐放大,井网由密变稀。

40年代以前,单井控制面积都小于16hm²,40年代以16hm²为主。

40年代以后,注水和各种强化采油技术措施的实施,充分发挥了注水作用,提高了单井采油强度,已经能够采用较稀的井网,以较高的采油速度开发油田。

50年代以32hm²为主。

60年代以32~64hm²为主。

70年代以64hm²为主。

80年代以后均以较稀井网生产。

迄今为止还没有完全解决井网密度对采收率影响程度的问题,但就所研究的成果和经验,对以下几个问题已达成共识:

(1)油井干扰的水动力学理论表明,当生产井数大幅度增加时,采油量相对增加较少。

(2)适应油藏地质结构和注水系统的最佳布井方式对采收率的影响要大于井网密度对采收率的影响。

(3)不同油田的不同时期所采用的井网密度应有所不同。

(4)对一个岩性比较复杂的油田,井网密度对采收率有较大的影响,特别是在油田开发后期,井网密度对开发效果的好坏起决定性的作用。

(5)对非均质油层,稀井网将使储量损失增加;对均质油藏,井网密度对采收率的影响不明显。

对于储层非均质严重的油田,情况更为复杂,应依据油田的具体地质情况而定。例如单就油砂体的延伸范围而言,如果考虑有效注水,则在每个砂体上至少有1口注水井和生产井,注水井与生产井间的距离应小于油砂体延伸长度 L 的 $1/2$。以上说明对于每一个具体的油藏,在开发初期,都存在着确定最佳井网密度问题,且随着油田开发动态分析的深化,不断加深对油藏的认识,再进行调整。

井网密度对开发效果的影响主要表现在两个方面:一是由于油层的非均质性和油砂体分布的不均匀性,不同的井网密度对储量的控制程度不同;二是由于地层的非均质性和水驱油的非活塞性,不同井网的驱油效果不同。

(二)基本概念

1. 井网密度(f)

井网密度为单井控制的开发面积。井网密度也叫井网部署,是指在一定含油面积上以多大的井距钻井采油。对于一套固定的开发层系,定义为当按照一定的井网形式和井距钻井投产时,平均1口井占有的开发面积,以 ha/井 表示(包括生产井和注水井),苏联及美国等均采用这种表示方法。我国常采用另一种方法表示井网密度,即用开发总井数除以开发总面积,即平均每平方千米开发面积所占有的井数,以 口/km² 表示。

2. 基础井与储备井

对于每一套开发层系,由于地质非均质性应形成与其结构变化相适应的不均匀井网,但通常根据最初勘探资料只能评价开发层系参数的平均值,其地质结构的变化情况并不清楚。因此,对开发层系应分阶段钻井:在第一阶段按设计井位钻的井叫基础井,即严格按几何网格在层系面积上布井,其网格形状根据所采用的注水方式决定,网格密度由勘探资料得出的平均参数来确定;在第二阶段钻的井叫储备井,其井数由设计文件规定,一般为基础井数的20%～50%,有时甚至比基础井井数还要多。储备井的位置在最初设计文件中是不确定的,其井数根据层系结构的复杂性和已采用的基础井井网密度对层系的研究程度等确定。钻完基础井以后,在生产过程中取得大量矿场地质信息的基础上确定储备井的井位,储备井要布在由于地质和其他原因计划用基础井开发而又未投入开发,或开发得很差的地区。对于在开发过程中发生含油边界收缩的层系(即采用边外、边缘注水和切割注水方式的层系),储备井应钻在已长期开采的区块中央部分,以取代边缘的水淹井,使年产油量保持在设计文件所预计的水平上。开发层系基础井和储备井钻成后,将形成具有不同井距的不均匀井网。

在开发设计中,首要的任务是论证基础井井网,开发层系地质特征的多样性决定了要采用不同的基础井井网,它们在布井特征、井网形式、井间距离以及井网密度等方面都是不同的。

3. 均匀井网和均匀变化的井网

根据基础井的布井特征可分为均匀井网和均匀变化的井网。

均匀井网(图 4-18)为所有井间距离都相同的井网,这种井网适用于井的作用半径有限的油藏,即低渗透或严重非均质地层、原油黏度偏高、有气顶或底水的油藏、面积注水、选择性注水以及部分窄带切割注水都是均匀井网。均匀井网的优点在于:随着对低产能层系的深入研究,它可以改变所采用的开发系统,改变注水井井位或增加注水井井数,全面或选择性地加密井网,用周期性改变地层中液流方向的办法来调整油田开发效果。

均匀变化井网(图 4-19)为排距大于井距的井网,注水井排和相邻采油井排之间的排距可稍大于或等于采油井排之间的排距,排距的加大能延长无水采油期,这种布井方式适用于利用天然能量驱油,以及采用排状分布的各种注水方式(边外、边缘、各种切割注水方式)的层状油藏。

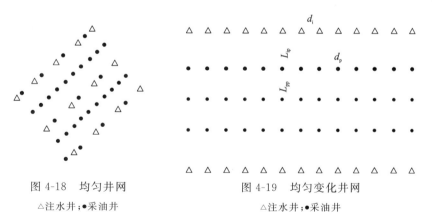

图 4-18 均匀井网　　　　　图 4-19 均匀变化井网
△注水井;●采油井　　　　　△注水井;●采油井

4. 封闭井排和不封闭井排

无论是均匀井网还是均匀变化的井网都可分为封闭井排和不封闭井排。封闭井排具有不规则形状,大致沿着含油边界或含油面积的边界布置,作单独开发用的井排。封闭井排的采油井适用于层状隆起油藏,天然水压头、边外注水和边缘注水油藏,这种形状的井排还适用于用切割注水开采的圆形面积、环形切割的带状油藏以及屏障注水油藏;不封闭井排一般为直线状,它以一定的方向横穿油藏,并在含油边界或封闭切割井排附近终止。还有一些在构造和岩性遮挡油藏上平行含油边界布置的井排也是不封闭井排,只不过这种井排是弯曲的。

当采用封闭井排时,在油藏的中央部分最好能布一排在开发后期能收缩含油边界的井排。在确定最佳采油井井排数时,应考虑到任何一排注水井的有效作用最多不超过3个采油井排,在封闭注水井排内不应该布多于三排封闭的采油井排,在不封闭的切割井排之间一般布五排或三排采油井。

5. 井距和排距

基础井网的另一重要指标是井距和排距。井距是指井与井之间的距离,排距是指井排与井排之间的距离。

对于均匀井网,其井距是一样的,为$L_井$,正方形井网的井网密度为$f=L_井 \times L_井$,三角形井网的井网密度为$f=L_井 \times L_井 /1.075$。

对于均匀变化井网,如图4-19中注水井排的井距用d_i表示,注水井排与第一采油井排间的排距用L_{ip}表示,采油井排的井距用d_p表示,采油井排间的排距用L_{pp}表示,井网密度f可写成:

$$f = L_{生井} \times L_{生排} \times L_{注生排} \times L_{注井}$$

其中:$L_{生井}$为采油井排的井距;$L_{生排}$为采油井排间的排距;$L_{注生排}$为注水井排与第一排采油井的排距;$L_{注井}$为注水井排的井距。

当注水井井距与采油井井距相同时,井网密度可写成3个距离:$f = L_井 \times L_{生排} \times L_{注生排}$(如$500 \times 600 \times 700$)。

均匀井网和均匀变化井网的采油井井网密度为:

$$f_生 = L_{生井} \times L_{生排}$$

三、井网密度与采收率的关系

正如前述,目前还没有完全解决井网密度对采收率影响程度的问题,井网密度与采收率的关系很难用一句话来概括。对于岩性复杂的非均质油藏,井网密度对采收率的影响比较大,特别是在开发后期,井网密度对开发效果的好坏起着决定性的作用。为了定量研究井网密度对采收率的影响,苏联的谢尔卡乔夫应用统计方法,推导出井网密度与采收率的关系式为:

$$E_R = E_D e^{Af}$$

式中:E_R为油田采收率,%;E_D为驱油效率,%;A为与储层及流体特性有关的经验系数,$A<0$;f为井网密度,$km^2/$井。

其他文献中也有另一种表达式:

$$E_R = E_D e^{-B/f}$$

式中:E_R、E_D与上式同;B为与储层及流体特性有关的经验系数,$B>0$;f为另一种含义的井网密度,井$/km^2$。

从上式可以看出,当井网密度趋近于无穷大时,采收率接近于常数E_D;当井网密度趋近于无穷小时,采收率趋近于零;从数学上也可以推导出井网越密,采收率越大;反之井网越稀,采收率越小,而且当井网密度 $f=B/2$ 时,采收率的增长率最大。

大庆萨尔图油田中部7个开发区块10种不同井网测算其采出程度与井网密度的关系,回归结果为:
$$E_D=51.0\%, A=-3.6587, R=-0.9628$$
南阳的双河油田
$$E_D=52.3\%, B=1.5265, R=0.4224$$

苏联的谢尔卡乔夫应用该公式计算了4个油田在不同井网密度下的采收率值(表4-16),从表中可以看出,当井网密度从 100hm²/井增大到 2hm²/井时,相应的采收率从 21% 增加到 68%,提高了 47%。

表4-16 不同井网密度与采收率的关系

油田	不同井网密度(hm²/井)的采收率					
	2	10	20	30	40	100
美国东得克萨斯	0.80	0.78	0.76	0.73	0.70	0.59
苏联巴夫雷	0.74	0.72	0.69	0.67	0.63	0.52
苏联杜玛兹	0.69	0.65	0.60	0.56	0.51	0.33
苏联罗马什金	0.68	0.62	0.55	0.48	0.43	0.21

谢尔卡乔夫的这个结论已被许多油田开发的实际资料所证实(表4-17),并且认为当井网密度被抽稀1倍时,原油在地下的损失量也约增加1倍。

表4-17 井网密度与实际原油总损失量的关系

井网(m)	井网密度(hm²/井)	A油田	B油田		
		C1层	C2层	C3层	C4层
300×400	12	4.1	0.7	4.4	1.5
400×600	24	8.3	1.6	10.2	5.8
600×800	48	14.9	2.7	16.4	10.2
800×1200	96	32.9	5.5	22.0	21.9

苏联的马尔托夫等(1980)分析了在水压驱动下,开发已进入晚期的130个油田的实际资料,得出了采收率与井网密度和流动系数关系的统计分析结果,如图4-20所示。曲线上的数字为流动系数,其单位为 $\mu m^2 \cdot m/(mPa \cdot s)$,从图上看出,流动系数越高,井网密度对采收率的影响越小,如曲线1流动系数大于50,当井网密度从 10ha/井变到 70hm²/井时,采收率的变化范围为 0.63~0.74,但当流动系数为 1~5 时,采收率的变化范围为 0.25~0.55,说明油层非均质性越严重,对井网密度的影响越大。

这130个油田中,75%是陆源沉积,25%是碳酸盐岩储层(表4-18),所研究的油藏按流动系数可分为5组,每组都有井网密度和采收率的关系曲线,其相关系数为 0.841~0.929,在所有方程中,采收率随着井网密度抽稀而降低,如最有代表性的是第二组油藏,其油层分布比较稳定,渗透率较高,原油黏度较低,井网密度从 60hm^2/井增加到 10hm^2/井,采收率提高 50%;第三组油藏油层非均质较严重,分布不连续,要想达到较高采收率(如大于 50%),要求达到 $10\sim20\text{hm}^2$/井的井网密度,甚至更密。

表 4-18 不同流动系数下井网密度与采收率的关系

油藏分组	流动系数 $(100\times10^{-3}\mu\text{m}^2 \cdot \text{m})$ $1.02\text{mPa}\cdot\text{s}$	油藏数	相关系数	相关方程	油层特征
1	>50	23	0.863	$E_R=0.785-0.055f+0.00005f^2$	油层稳定,渗透率高
2	10~50	45	0.880	$E_R=0.731-0.065f+0.000035f^2$	油层稳定,渗透率高
3	5~10	24	0.841	$E_R=0.645-0.007f+0.000035f^2$	油层分布不连续
4	1~5	24	0.858	$E_R=0.563-0.005f+0.000016f^2$	油层分布不连续
5	<1	14	0.929	$E_R=0.423-0.008f+0.000073f^2$	碳酸盐岩油藏

上述资料都证明了储层非均质性对采收率的影响,即注采井距越小,各小层连通情况越好,水淹系数越高,采收率也就越大(图 4-20)。

但是,当井网密度增加到一定程度以后,再加密井网则对油层的控制不会有较明显的增加,而且会发生井间干扰,使单井产量降低,经济效果变差。从渗流力学的压力叠加原理可以知道,由于压降漏斗的叠加,油井的生产压差就会减少,油井产量也就下降。可见当井数增加到一定数量时,虽然井数很多,但采油量增加却很少,这显然达不到最佳经济效果。地下油层是一个统一的水动力系统,井与井之间都是互相联系着的,任何一口井的压力或产量的变化都要传递到整个油层,从而影响其他油井的产量或压力,这种现象在钻井过密时,井间的干扰就会更加明显。如井过密,势必出现很多低产井,油水井管理工作与修井工作量也将大幅度增加。

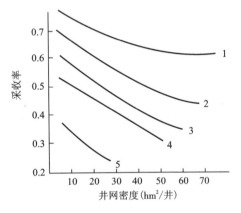

图 4-20 井网密度与采收率关系曲线
1~5.油藏分组数

四、影响井网密度选择的因素

井网密度在很大程度上取决于油层地质结构特征、油层非均质程度、岩性变化程度、原油物理化学性质和黏度、油井产能和油藏的作用系统以及采油工艺的经济效益。影响井网密度选择的主要因素有如下几个方面。

1. 地层非均质性和连续性

如采用保持压力开采方式,则油藏采收率为小块岩样的驱油效率与水(气、蒸汽或其他注入剂)驱油过程中储集层的体积波及系数的乘积。显然第一个系数与井数和布井特征完全无关,它主要取决于地层与流体的地球物理化学特征,在某种程度上还取决于边界的推进速度。

而第二个系数取决于生产井数、布井方式和油井工作制度。因为正是这些参数决定了在开发过程中地层流体的渗流条件。

对于理想的均质地层，当由边水驱油或由气顶气驱油时，含油边界的推进速度取决于油藏总采油速度而不取决于井距，对驱油过程中储集层体积驱油系数有影响的只是最后一排生产井的井距。

在实际非均质地层中，情况要复杂得多。在这些地层中，可能有的层渗透率与周围相比要低好几倍，有的层没有被任何井钻遇到，在这些低渗透透镜体中可观察到驱油过程的滞后现象，可能形成死油区。这些死油区在油藏开采的最后阶段，可以用剧烈改变液流方向和渗流速度，或采用三次采油方法开采出来。

早在第十届世界石油会议(1979年)上，苏联莫斯科大学的伊万诺娃教授就指出，反映油层连续性指标的参数(如砂岩系数)和反映渗透率非均质性指标的参数(如渗透率变异系数、突进系数、级差)对注水采收率都有明显影响，其中又以砂岩系数的影响程度最大。在油田开发早期，井网密度对油藏当前采出程度的影响一般比较小；在油田开发后期，井网的影响相对增强。分析不同砂岩系数油藏的采收率，可以确定井网密度对注水采收率有很大影响，并且在整个开发过程中都有影响。

2. 油层物性

油层物性主要指有效渗透率。油层物性好的油层，渗透率高，单井产油能力也高，泄油范围也大。因此对这类油藏井网密度可以适当稀一些。例如，季雅舍夫等在分析整理罗马什金油田阿兹钠卡耶沃区的试井资料后，找出了该区不同渗透率与泄油半径的相关关系为：

$$R=175+0.5K$$

式中：R 为油井的泄油半径(m)；K 为油层有效渗透率($\times 10^{-3}\mu m^2$)。

根据该公式及其油层渗透率情况，该区注采井间距离最大不能超过500m，只有这样才能受到有效注水效果。

根据现有资料统计，具有一定厚度的裂缝性灰岩、生物灰岩、物性好的孔隙灰岩、裂缝性砂岩和物性好的孔隙砂岩，生产层产能都比较高，井距可取1~3km；物性较好的砂岩，井距一般取0.5~1.5km；物性较差的砂岩，井距一般小于0.6km。

3. 原油性质

原油性质，特别是原油黏度对水淹特征有着决定性的影响。伊万诺娃教授(1960)根据已处于开发结束阶段的65个油藏资料编制含水率为30%和90%时原油可采储量的采出程度与油水黏度比的关系曲线(图4-21和图4-22)。图中对密井网和稀井网开发层系用不同的符号表示，其中大于8ha/井的稀井网的油藏点子主要分布在密井网开发层系点子之下，每条曲线附近的点子都比较分散，下部曲线适用于井网密度为8~40ha/井的油藏(相差5倍)，而上部曲线适用于井网密度为0.5~8ha/井的油藏(相差16倍)。上部曲线附近点子很分散，可能除了与这些油藏在第一和第二阶段水压驱动有关外，还与溶解气驱动有关。还有的密井网油藏的点子分布在下部曲线上，或稀井网油藏的点子分布在上部曲线上，这种情况与其他因素对采出液含水率的影响有关，如采出液含水率提高可能与过早进行强化采液有关，或与各阶段钻井程序和油井产量变化有关。

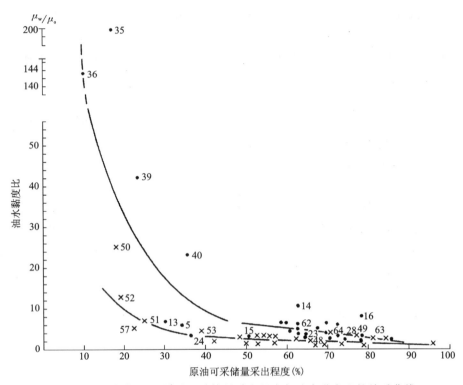

图 4-21　含水率为 30% 时可采储量采出程度与油水黏度比的关系曲线

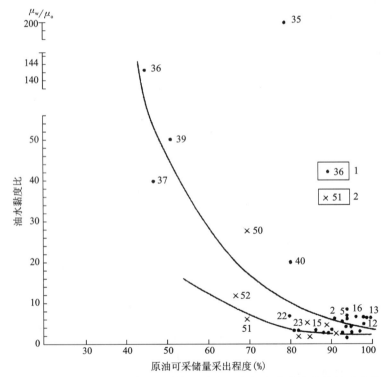

图 4-22　含水率为 90% 时可采储量采出程度与油水黏度比的关系曲线

1. 开发层系的生产井井网密度为 $8hm^2$/井或更小；2. 开发层系的井网密度大于 $8hm^2$/井

从图 4-21 可以看出,在稀井网条件下(下部曲线),随着地下液体黏度比从 0.5 增加到 3,含水率在 30% 以下,可采储量采出程度平均从 95% 下降为 35%～40%;在密井网条件下(上部曲线),同一参数从 2 增加到 4,在相同含水率情况下,可采储量采出程度从 85% 减少到 45%。

根据上述资料分析可以得出两点结论:第一,生产井井数对原油含水影响很大,井网越密,原油含水越低;第二,原油黏度越大,井网密度同原油含水之间的关系越明显。原油黏度越低,其关系越不明显。

因此,对原油黏度高的油藏采用密井网在工艺上是合理的,这对提高采收率是必需的。对于低黏度油藏,只用少井就够了,但这一结论不能推广到储层不稳定的低黏度原油油藏。

4. 开采方式与注水方式

开采方式是指用天然能量开采还是注水开采。凡采用强化注水方式开采的油田,井距可适当放大一些,而靠天然能量开发的油田井距应适当小一些。

如切割注水方式,有三排生产井,但注水井对第一排生产井影响最大,第二排次之,第三排井影响最小,一般 1 口注水井供给 5 口采油井;面积注水就不是如此了,一般角井 3 口,边井 2 口,根据 n 值的不同,井网密度有所不同。

5. 油层埋藏深度和单位面积上的储量

对井网密度选择有很大影响的是油层埋藏深度。从经济的角度出发,在其他条件相同的前提下,埋藏深的地层最好采用更稀的井网,在这种情况下稀井网与更活跃的作用系统相结合。值得注意的是,若对具有不利地质特征的层系采用稀井网,地下原油损失将增加。

对埋藏较浅的油层井网可适当密一些,埋藏较深的要稀一些。这主要是从经济的角度考虑的,因为深井的投资要比浅井大得多。同样是由于经济的原因,对井网选择有明显影响的还有单位面积上的储量值,随着单位储量的增长,采用小井距的可能性也就增加了。

6. 其他因素

在选择井网时还必须考虑其他一些可变因素,如渗透率的方向性、油层裂缝的大小和方向、油层的破碎压力、层理以及所要求达到的原油产量等。其中裂缝、渗透率方向性以及层理主要影响采收率,其他可变因素主要影响采油速度及当前的经济效益。

五、确定合理井网密度的原则

合理的井网密度应以提高采收率为目标,最大限度地适应油层的非均质性和油砂体分布的不均匀性,以控制较多的储量,使主力油层充分受到注水效益,并能达到预计的采油速度和较长时间的稳产。一般对均质、连续、渗透率高、黏度低、埋藏较深的油层选择较稀井网开发;而对非均质严重、不连续、物性差、黏度高、埋藏浅的油层一般采用较密井网开发,确定合理的布井方式和井网密度应主要考虑以下原则:

(1)既能使生产井受到良好的注水效果,又能充分发挥每口注水井的作用,达到合理的注采平衡与压力平衡。

(2)所选择的布井方式具有较高的面积驱油系数。

(3)在满足合理注水强度的条件下,初期井网的注水井不宜过多,以利于中后期布井系统的调整或补钻注水井,提高开发效果。

(4)由于油砂体在不同地区的分布形态和物理性质不同,它们对合理布井的要求也不同。因此应根据油层在不同地区的具体情况,分区分块地确定合理的井网密度。

(5)确定井网密度时,应保证各套层系的井网很好地配合,以利于开发后期对每口油井的综合利用。

在具体布井时,由于某些因素,如断层、局部构造、井斜、油藏形状、地表条件(障碍物、居民点、森林、街道、铁路、海河等)、气顶分布情况、边水位置等的影响,往往会造成井网变形。几乎所有的油田实际井网与最初设计的井网都不一样,均为不规则井网。

在论证合理井网时应考虑到对低产能层系采用密井网,即在其面积上钻大量井,一般都是低产井,这时需要大量的钻井投资,在对这些层系作开发设计时,以及对高产层系中的低产区作开发设计时,须特别考虑经济效益,布井时要慎之又慎,并相应地寻找能减少井数的补充工艺,如采用同时分采工艺,作为回采层系开发等。

六、不同布井方式下井网密度的确定

(一)井网密度的分类

在实践中为了定性对比不同层系的井网密度,可将基础井的不同井网密度划分为极稀、稀、中等和密井网4类。

极稀井网:采油井井网密度为 $100\sim40\ \text{hm}^2/$井(由 $500\text{m}\times1100\text{m}$ 到 $600\text{m}\times700\text{m}$),适用于相对黏度很低(<1),高渗透性单一的地层,具有很大的含油厚度,特别是裂缝型碳酸盐岩储集层和块状结构油藏。

稀井网:采油井井网密度为 $40\sim30\ \text{hm}^2/$井(由 $600\text{m}\times650\text{m}$ 到 $500\text{m}\times600\text{m}$)适用于相对原油地下黏度低(1~5),渗透率为 $0.3\sim0.4\ \mu\text{m}^2$,开发层系相对均一的层状油藏。

中等井网:采油井井网密度为 $30\sim16\ \text{hm}^2/$井(由 $500\text{m}\times500\text{m}$ 到 $400\text{m}\times400\text{m}$)适用于相对黏度高达 4~5,或更高(达 15~20),以及高渗透性的非均质油藏。

密井网:注水井和采油井井网密度小于 $16\ \text{hm}^2/$井(小于 $400\text{m}\times400\text{m}$)适用于具有非均质结构和低渗透地层,或具有高相对黏度(达 25~30)的油藏,以及可能形成水锥和气锥,或由于储集层的不稳定性要求限制油井产液量的油藏。

为了评价实际井网密度需采用下列指标:

(1)开发层系整个已钻井的平均井网密度

$$f_{总(生+注)}=A_总/(N_生+N_注)$$

(2)开发层系采油井平均井网密度

$$f_{总(生)}=A_总/N_生$$

(3)在已钻井层系范围内总井数的平均井网密度

$$f_{钻(生+注)}=A_钻/(N_生+N_注)$$

(4)产油区采油井的平均井网密度

$$f_产=A_产/N_生$$

其中:$A_总$ 为原始边界内开发层系的总面积;$A_产$ 为产油区面积,当边外或边缘注水时用外排采油井的影响半径范围确定；$A_{钻}$为层系钻井范围内的面积；$N_{生}$为已钻的采油井数（基础井＋储备井）；$N_{注}$为已钻的注水井数（基础井＋储备井）。

产油区采油井的平均井网密度只是对线状布井的开发系统计算的，将指标$f_{产}$与基础采油井井网密度$f_{基(生)}$作比较，指标$f_{钻(生+注)}$与基础井总的井网密度$f_{基(生+注)}$作比较，可以评价由于钻储备井，采油井网和总井网的加密程度。

井网密度指标$f_{总(生+注)}$与$f_{总(生)}$表示了在开发层系原始边界内平均井网密度的特征。一般层系的某些部分将不钻井（油水过渡带含油厚度很薄的边缘部分，低产区等）。如果整个层系面积都钻井，则$f_{总(生+注)}$与$f_{钻(生+注)}$、$f_{总(生)}$与$f_{产}$的值相接近。一般$f_{总(生+注)} > f_{钻(生+注)}$，$f_{总(生)} > f_{产}$，并且面积上未钻井部分越大，其差异也就越大。

除此以外，还可用一口井的单位可采储量来表示其特征，一般单位可采储量的变化范围为$(3 \sim 30) \times 10^4 t$。

（二）不同面积注水方式下的井网密度

井网密度的确定与布井方式密切相关，在确定井网时，应该考虑注水井的影响。现对五点法、七点法和九点法3种面积注水方式提出确定井网密度和注水单元面积的方法。

假设以a表示生产井与生产井的井距（m），以d表示生产井与注水井的井距（m），以A表示单井控制面积的井网密度（$10^{-2} km^2$/井），以B表示注水单元面积（$\times 10^{-2} km^2$/单元），以f表示单位面积占有井数的井网密度（口/km^2）。那么，对于以下3种注水方式，确定井网密度和注水单元面积的方法如下：

(1)五点注水系统

$$A = 0.5 \times 10^{-4} a^2$$
$$B = 1 \times 10^{-4} a^2$$
$$f = 2 \times 10^6 a^{-2}$$

将$a = 2d\cos 45° = \sqrt{2}d$替换，上式又可写成：

$$A = 1 \times 10^{-4} d^2$$
$$B = 2 \times 10^{-4} d^2$$
$$f = 1 \times 10^6 d^{-2}$$

(2)七点注水系统

$$A = 2 \times 1/2 a^2 \sin 60° \times 10^{-4} = 0.866 \times 10^{-4} a^2$$
$$B = 3A = 2.598 \times 10^{-4} a^2$$
$$f = 1.1547 \times 10^6 a^{-2}$$

在七点面积注水系统中，$a = d$。

(3)九点注水系统

$$A = 1 \times 10^{-4} a^2$$
$$B = 4 \times 10^{-4} a^2$$
$$f = 1 \times 10^6 a^{-2}$$

九点注水系统中，若注水井到边生产井的距离为d_1，注水井到角生产井的距离为d_2，则

有 $d_1=a$；$d_2=a/\cos 45°=1.414a$，或写成 $a=0.707d_2$，上式又可写成：

$$A=0.5\times 10^{-4}d_2^2$$
$$B=2\times 10^{-4}d_2^2$$
$$f=2\times 10^6 d_2^{-2}$$

为了便于上述方法的实际对比与应用，对于不同井距用上述两种井网形式和三种面积注水方式的各公式，可计算不同井距下的 A、B 和 f 值并绘成诺模图（图4-23～图4-25），在实际操作中，只要给定井距 a 的大小，就可求得井网密度 f（或 A）和注水单元面积（B）的数值。

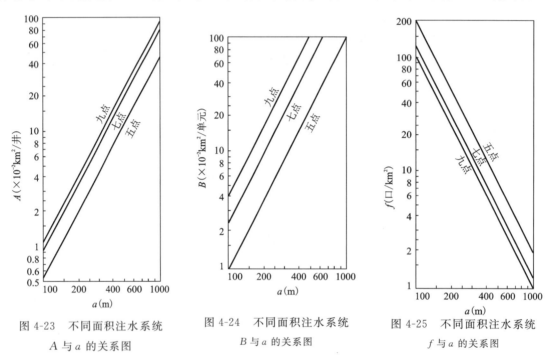

图 4-23　不同面积注水系统 A 与 a 的关系图

图 4-24　不同面积注水系统 B 与 a 的关系图

图 4-25　不同面积注水系统 f 与 a 的关系图

（三）井网密度的计算方法

井网密度的计算有多种方法和专用计算软件（RRS系统），本章介绍三大类11种计算井网密度的数学模型，旨在提供多种手段供计算井网密度时参考。这三大类方法为静态分析法、动态分析法和经济分析法。

1. 实际布井法（RRS241）

用于计算不同井网密度下的水驱控制程度，具有方法简单、结果准确的优点。但参数准备工作量大，本方法在对比不同井网密度对水驱控制程度的影响时具有很大的实用价值。

$$M_i=\frac{A_{Di}\times h_{Di}}{A_i h_i}$$

$$M=\sum_{i=1}^n A_{Di}\bigg/\sum_{i=1}^n A_i$$

式中：M_i 为各油砂体水驱控制程度（%）；M 为开发单元水驱控制程度（%）；A_{Di} 为各油砂体水驱面积（km²）；A_i 为各油砂体的面积（km²）；h_i 为各油砂体的厚度（m）。

2. 分油砂体法（RRS242）

此方法计算不同井距下的水驱控制程度，是一种经验统计法。所需参数易得，结果较准确，在对比不同井距（或 f）对水驱控制程度的影响时有一定的参考意义。

$$M_i = 1 - 0.470698 D \times L_i^{0.5} / A_i^{0.75}$$

$$M = \sum_{i=1}^{n}(M_i N_i) / \sum_{i=1}^{n} N_i$$

$$D = \sqrt{\frac{1}{f}} \qquad 正方形井网$$

$$D = \sqrt{\frac{2}{\sqrt{3}f}} \qquad 三角形井网$$

式中：M_i、M、A_i 为同方法 1；N_i 为各油砂体地质储量（$\times 10^4$t）；L_i 为油砂体周长（km）；D 为井距（km）；f 为井网密度（口/km²）。

反之，如果已知油砂体的水驱控制程度、周长、面积就可求得不同井网形式下井网密度的计算公式：

正方形井网：$f = [0.470698 L_i^{0.5}/(1-M_i)A_i^{0.75}]^2$

三角形井网：$f = [0.505798 L_i^{0.5}/(1-M_i)A_i^{0.75}]^2$

3. 采液指数、吸水指数法（RRS243）

根据油田平均采液指数、吸水指数，计算油井数、总井数，从而确定所需的 f。本方法由童宪章先生的《面积注水井网密度注采平衡的基本条件》一文推导出。应用条件是注采保持平衡（注采比＝1），全年工作日为 330 天，其表达式见本章第二节，根据动态参数直接计算生产井井数（n_p）和注水井井数（n_i）。

4. 合理采油速度分析法（RRS244）

根据给定的采油速度计算所需的井网密度。该方法的优点是充分考虑了动态资料，计算结果比较可靠，而且不受地区和开发阶段的限制，适用于各类老油田。

$$f = \frac{10000 N_o \times v_o \times R_1}{330 A \times E \times kh/\mu \times \Delta p}$$

式中：f 为井网密度（井/km²）；N_o 为地质储量（$\times 10^4$t）；v_o 为给定的采油速度（%）；A 为含油面积（km²）；kh/μ 为流动系数（μm²·m/MPa）；Δp 为生产压差（MPa）；$1/R_1$ 为油井数/总井数；E 为计算系数，与油井的完善程度、注采井网有关。如克拉玛依取值为

若面积注水井网：井深<2000m　　$E=0.05$；井深>2000m　　$E=0.025$

若行列注水井网：　　　　　　　　$E=0.025$

5. 规定单井产量法（RRS245）

根据给定的单井产能，计算合适的井网密度。与方法 4（RRS244）相比，适用于新区，计算时需要的参数少。

$$f = \frac{10000 N_o \times v_o \times R_1}{330 q_o \times E_y \times A}$$

式中：f、N_o、v_o、R_1、A 与上同；q_o 为规定单井产能（t/口·d）；E_y 为油井综合利用率（%）。

6. 保持注采平衡法（RRS246）

计算满足达到注采平衡的采油速度和规定的含水率条件下的井网密度。本方法参考张素芳的"井网密度计算方法评价及全国油田井网密度预测结果"，从注水井角度考虑如何确定

井网密度,在应用上有一定的实用价值。

$$f = \frac{10\,000 \times N_o \times v_o \times Z_i \times B_o \times R_2}{330 q_i \times A \times (1-f_w) \times \gamma_o}$$

式中:S、N_o、A、v_o 与上同;Z_i 为注采比;Q_i 为平均单井注入量(m^3/d);R_2 为总井数/注水井数;f_w 为含水率(%);γ_o 为原油比重(g/cm^3);B_o 为原油体积系数。

7. 单井控制储量法(RRS247)

本方法从常规试井角度出发,用压力恢复曲线的基本数据计算出单井控制储量,从而确定合适的井网密度。

$$f = \frac{741\,000 \times N_o \times m_1 \times C_t \times R_1}{66.6 q_o \times t_g}$$

式中:f、N_o、R_1 同上;m_1 为压力恢复曲线上直线段斜率(MPa/周期);C_t 为储集层压缩系数;q_o 为关井前稳定产油量(t/d);t_g 为关井后压力恢复所需时间(min)。

8. 最终采收率分析法(RRS248)

计算给定井网密度下能达到的最终采收率,该方法由苏联谢尔卡乔夫推导出,应用时条件稍有不同。假设均匀布井,压力保持不变。

$$E_R = E_D \times e^{-B/f}$$

式中:E_R 为最终采收率(%);E_D 为驱油效率(%);B 为井网指数(与储层及流体性质有关的常数);公式中 E_D、B 值可用如下方法确定:

(1)可根据图版查得或借用流动系数、压力系统、开发方式相近的油田数据。

(2)根据已开发区不同区块的井网密度和标定采收率回归得到。

(3)由室内试验等途径得到 E_D[$E_D = (S_{oi} - S_{or})/S_{oi}$]后,用现有的井网密度和标定采收率代入公式反算 B。

9. 综合经济分析法(RRS249)

计算经济上合理和经济极限井网密度及对应的最终采收率。该方法综合考虑了地质、开发经济条件,结果可信,已被广泛使用。俞启泰(1993)的《计算水驱砂岩油藏合理井网密度与极限密度的一种方法》一文中介绍合理井网密度的计算公式:

$$N_o \times R_T \times K \times E_D \times B \times e^{-B/f} = A \times [M(1+i)^{T/2} + T \times P] \times f^2$$

经济极限井网密度计算公式:

$$N_o \times R_T \times K \times E_D \times e^{-B/f} = A[M(1+i)^{T/2} + T \times P] \times f^2$$

最终采收率计算公式:

$$E_R = E_D \times e^{-B/f}$$

式中:f、N_o、A、E_D 同上;R_T 为主要开发期可采储量采出程度;B 为井网指数(与储层及流体性质有关);M 为单井总投资(万元/井);P 为单井年操作费(万元/井·年);T 为投资回收期(年);i 为投资贷款利率(取0.1);K 为原油销售价格(元/t)。

除了单一方法外,再推荐两种组合方法。

10. 水驱控制程度与井网密度、油砂体形态经验关系式

根据统计分析,可用下式表示:

$$M_i = C_1 - C_2 \times f^{C_3} \frac{L_i^{C_4}}{A_i^{C_5}}$$

式中：$C_1 \sim C_5$ 为统计系数；L_i 为油砂体周长（km）；A_i 为油砂体面积（km^2）。

例如：面积注水 $C_1=95$ $C_2=1.12$ $C_3=0.45$ $C_4=C_5=1$
行列注水 $C_1=95$ $C_2=0.625$ $C_3=0.6$ $C_4=C_5=1$

11. 满足规定的采油指数与采油速度分析法

公式为：$f = N_o \times v_o \times R_1 / (0.033 A_o \times \Delta p \times J_o \times J_{OS})$

式中：N_o、V_o、A_o、Δp、R_1 同前；J_o 为采油指数（t/d·MPa）；J_{OS} 为无因次采油指数。

七、开发井网的布置

在划分开发层系，确定注水方式的基础上，对每一套层系分别进行布井。

（一）布井方式

油田的布井方式分为排状和网状布井两大类。

1. 排状布井方式

对于天然压力或人工压力驱动的油藏，其井排的布置应与水的流线方向垂直，或者平行含油边界，利于边缘均匀地向井排收缩，或者平行于切割注水线的井排方向（线形或环形），使生产井排充分受效（图4-26左）。

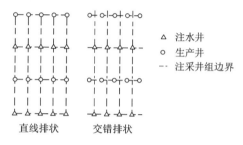

图4-26 排状布井示意图

排状布井的不同井排，井位应交错布置，即注水井和生产井的分布都应按三角形布置（图4-26右），且第一排生产井到注水井排的距离大于井距。这样既可充分利用能量，减少第一排生产井的遮挡作用，又能尽量避免舌进现象。这种布井方式适用于油层渗透性好，大面积连通分布，并具有下列驱动方式和地质条件的油藏：①水压驱动方式的油藏；②气水混合驱动方式的油藏；③重力驱动方式而且倾角较陡的油藏；④地质条件适于采用环状注水、注气的油藏。

2. 网状布井方式

网状布井适应地层能量就近供应的原则，把非均质油层划分为小的相对均质的单元，以提高注水或注气效果。对于溶解气驱或底水驱动油藏，在采用注水开发方式时，通常采用均匀几何形态的网状布置，即三角形或正方形井网（图4-27）。

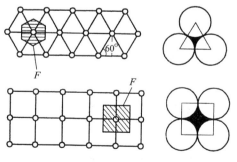

图4-27 网状布井示意图

F 为每口井所占的面积

经过分析表明,三角形井网的驱油面积比正方形井网要大。在同样条件下,按三角形井网布井可以比正方形布井多采出15.5%的原油。但是,三角形井网所需要的井数也比正方形井网多15.5%。因此,要保持三角形井网的优点,必须正确地选择井距,使井网不至于太密。网状布井方式适宜于下列地质条件的油藏:①油层渗透性较差或变化大的油藏;②溶解气驱或以溶解气驱为主的油藏;③渗透性较差的气-水混合驱动油藏;④重力驱动但油层倾角较小的油藏;⑤断块油藏。

上述两种布井方式,在同一个油藏要结合使用才能达到合理开发的目的。例如面积大,油层性质分布稳定,倾角小,在纯含油区部分采用切割注水,常采用排状布井方式;对其余分布不稳定及零星分布的油层,或在边部渗透率低的油水过渡带,多采用面积注水网状布井方式。再如有气顶的油藏,在气顶下含油部分和油水过渡带采用网状布井方式,在纯油区则采用排状布井方式。当采用不同井网综合布井时,应注意不同井网之间要逐步过渡、合理衔接。

(二)油井投产次序

由于现场钻机数量、采油设备、地面建设、地质情况等各种因素的影响,常常不能在短期内把所有的开发方案设计的井都一次钻完并建成投产,因此必须依据一定的原则分期分批依次钻井、投产。油井投产次序可分为全面投产、加密式投产及蔓延式投产3种。

1. 全面投产

将整个油藏面积上所有的井一次性全面投入生产。这种方法一般用于面积不大而且勘探程度较高的油藏。

2. 加密式投产

(1)正方形井网加密法。正方形井网加密法指稀井网为正方形,加密时在正方形的中心按三点法加密布井,加密井数为原来井数的1倍(图4-28)。

(2)三角形井网加密法。三角形井网加密法又分为两倍加密法和三倍加密法两种。

两倍加密法是指在稀井网为正三角形的中心按四点法加密井网,第二批加密井的井数为原井网井数的2倍(图4-29)。

三倍加密法是指有稀井网相邻的中间按七点法加密井网,第二批加密井的井数为原井数的3倍(图4-30)。

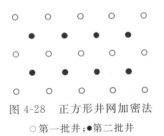
图4-28 正方形井网加密法
○第一批井;●第二批井

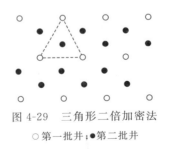
图4-29 三角形二倍加密法
○第一批井;●第二批井

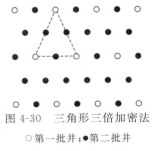
图4-30 三角形三倍加密法
○第一批井;●第二批井

加密方式投产次序,还常常用在勘探程度不够高,岩相、岩性变化大或被断层复杂化的油藏,或油、气、水分布不太清楚的那些地质结构复杂的油藏上。这样通过对钻第一批井取得资料后进行详细研究,进一步了解地质情况后,再布第二批井,针对性更强。这是加密法投产的最大优越性。它的缺点是在开发初期因井位很分散,对钻井、地面建设和生产管理都会带来一定的困难。

3. 蔓延式投产

在油藏某个规定的部分先钻第一批井,然后向油藏其他未开采的部分逐步延伸,分期分区钻井、投产。对于已经探明含油面积的大油田,一般可分成若干个单元或开发区。把钻井的油田建设能力集中到某一开发区,然后按计划对其他区依次投产。这样既有利于钻机集中钻井,又方便地面建设和生产管理。为了贯彻少井高产的开发方针,应采取滚动勘探开发的方法,探井和评价井应尽可能与开发井网相结合。布置开发井网时,应尽可能利用已有的探井和评价井,做到一井多用,最大限度地发挥每一口井的作用。

(三)确定布井系统

在确定布井方式和油井投产次序后,就可以制定布井系统,一般有排状布井系统和网状布井系统两种(图 4-31、图 4-32)。

在确定布井系统时必须考虑以下 5 点:

(1)根据油层分布状况及控制储量要求,初步确定合理井网密度的界限。

(2)根据生产试验区的资料,力求达到所规定采油量的最少井数。

(3)通过分析已开发区或生产试验区的生产情况,初步掌握不同井网的注水效果和水线运动特点,为确定合理井网提供实践依据。

(4)运用流体力学、经济学方法研究不同井网因素与技术经济指标之间的关系,在地质条件和生产条件允许的范围内,确定最优布井方案。

(5)根据上述结果选定最优方案,并保证各层系的井网很好地配合,以利于开发后期对每口油井的综合利用,避免层系间发生窜流。

(四)布置储备井

在布置储备井之前,还需要做好以下 8 项工作。

(1)搞清当前地下油水饱和度的分布状况。在布储备井之前,通过密闭取芯、地球物理测井和油水井分层测试资料,了解各井的渗透率剖面和吸水剖面,应用数值模拟技术,拟合生产动态,搞清当前地下油水饱和度的分布,预测其发展趋势,圈定各油层注水未波及到的地段,然后有针对性地布置储备井。

(2)合理调整开发层系,使各套井网的基础井和储备井之间衔接好。划分开发层系和钻储备井,从提高采收率的观点来看,应减少层间干扰,提高纵向驱油系数。开发层系的划分,一般是在开发方案设计阶段进行的,即使在开发初期,钻基础井以后进行调整。在布置储备井时,还应根据当时所掌握的油层非均质情况,看有没有必要对开发层系再作局部调整。即使在对每套层系布置储备井以后,还应把它们综合起来,看看各层之间的基础井与储备井是否衔接得好。

(3)储备井应控制住注水未波及到的全部地区,并根据油层流度的大小,决定每口井的最大泄油半径,以便加密后井网既要尽量减少井间干扰,又要充分使油层动用起来。

(4)找准钻储备井的时机。钻储备井的时机问题,对最终采收率影响不大,因此钻井时机最好晚一些。但储备井不仅仅是提高采收率的手段,而且还是提高当前采油量的手段。因

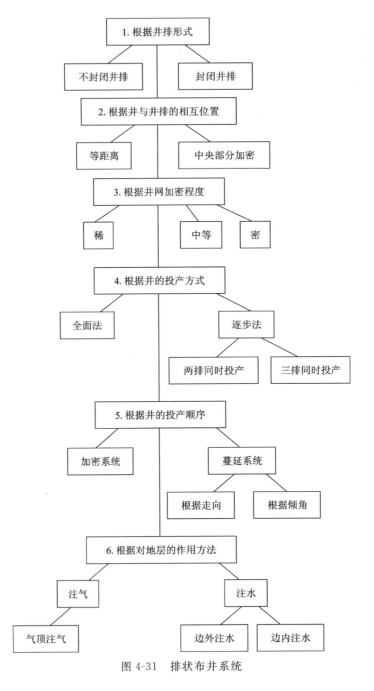

图 4-31 排状布井系统

此,从有效发挥储备井的作用考虑,应早一些钻,特别是油田进入中高含水期以后,随着含水比上升,油藏的含油面积逐步缩小,对于新投产的油井生产条件也逐渐变化,含水比上升较快,油水黏度比增大,新井产量下降也较快,而且经济效益也受到影响。

(5)在全面钻储备井之前,应先进行小型现场试验。现场试验的目的是进一步确定钻储备井方案的可行性及其技术经济效果。如美国的瓦桑油田,初期井网 $16hm^2/$井,在钻储备井以前,油田中部和边部分别进行了小型现场试验,结果表明中部油层发育,钻储备井可行,也

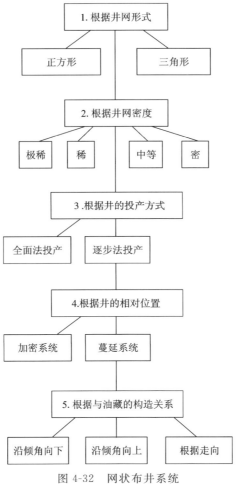

图 4-32 网状布井系统

表明边部油层不值得钻储备井。

(6) 同一油田在钻储备井以后,油层发育部分井网较密,而油层较差部分井网稀,这是国内外钻这类井的一般规律。

(7) 重视发展水淹层和残余油饱和度测井技术。测井技术是正确了解油田开发过程中油水分布的手段,而正确了解油水分布是储备井射孔中的一个技术关键,如美国的麦克阿瑟河油田储备井只射开开采最差的层段。

(8) 储备井中要按比例增加注水井。这是确保注采平衡,保持油井稳定生产的基础。

第四节 压力梯度

油田的灵魂是压力,而开发层系的采油速度在很大程度上取决于地层中的压力梯度值 Δp,油层的压力是反映油田驱动能力大小的重要指标,它在开发过程中起着重要的作用。在油田开发过程中,既要掌握单层压力分布,又要研究全区和全油田的压力梯度。

（一）压力梯度的定义

压力梯度的表达式为：

$$\text{grad } p = \frac{\Delta p}{L}$$

式中：Δp 为供给边缘和采油区之间的压差，$\Delta p = p_{地·供} - p_{底·采}$；$p_{地·供}$ 为供给边缘处的地层压力（注水时为注水线上的压力吗，MPa）；$p_{底·采}$ 为采油井井底压力，MPa；L 为供给边缘和采油区之间的距离，m。

（二）增加压力梯度的途径

可以用减少距离 L 来提高注水系统的活跃性，也可以采用提高注水线压力或降低采油井井底压力等途径来增加压力梯度。

1. 减少距离 L

减少供给边缘和采油区之间的距离可以用减少带宽、增加井网密度，或者采用面积注水方式采油来实现。但这 3 种方式都是有限度的，井网密度增加到一定程度会增加井间干扰，产量反而会降低。

2. 提高注入压力

注水开发油藏的经验表明，注水线的地层压力最好保持在高于原始地层压力 10%～20%。这样做不仅能增加原油的年产油量，而且能使油藏体积更全面地投入开发。注水线所需要的地层压力可以用注水井井口的注入压力来保持。提高注入压力的效果可以以罗马什金油田为例（图 4-33），从图中可以看出，其初始注水井井口压力为 11MPa 时，吸水量为 100m³/d；将初始压力提高到 19MPa 时，吸水量约为 400m³/d，吸水能力提高了 3～4 倍，吸水

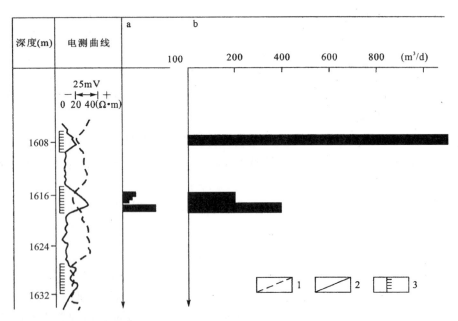

图 4-33　罗马什金油田注水小层的吸水能力

a.11MPa；b.19MPa。1.自然电位曲线；2.电阻率曲线；3.射孔范围

层的厚度几乎增加了 2 倍,原先不吸水的井段开始吸水了。提高注入压力的效果包括两方面:一是原先吸水的层段增加了吸水能力,扩大了这些井段的工作厚度;二是原先不吸水的新井段投入了工作,增加了吸水能力,扩大了这些井段的工作厚度。提高注入压力只要求增加相对较少的基本投资,但很快就能见到效果。因此,这是增加压力梯度最有效的办法。

当然不能无限制地提高注水压力,还要受到一些地质条件的制约,如压力过大可能会人为压开地层裂缝。在边内注水情况下,若注水压力大于岩石的破碎压力,则会使注入水沿着所生成的裂缝提前向采油井突进,造成油井过早水淹;在边外注水情况下,高压注水会使相当部分的注水量流失到水压系统的水域中去,注入水可能由已开发层窜流到具有较低地层压力的邻近生产层或水层中去。

3. 降低井底压力

对于大多数开发层系来说,通过降低采油井井底压力来增加压力梯度还是比较现实的,通过将成批井转为机械开采就可以实现。对于低产能油藏,为了达到一定的产油水平,应从一投入开发就采用抽油机等机械采油方式;对于高中产能油藏,在含水较高以前的很长时间可用自喷方式开采。

降低井底压力的效果同样可以以罗马什金油田为例来说明。当井底压力降至 11.5MPa 时,某层油井无水停喷。随着含水的增长,其停喷压力上升为 10MPa,自喷生产期的平均井底压力为 12.5~13MPa,饱和压力平均为 9MPa,将油井转为机械采油升采方式,井底压力降至饱和压力就能使井底压差增加 3.5~4MPa。实测资料表明,如果在开发早期就采用机械采油开采方式,能增加总产量的 11%。

在生产井中进一步降低井底压力时应考虑油井干扰。如果只是对停喷井采用机械采油,则可能会使自喷井的产量下降,从而使整个层系的产量得不到明显增加。因为从供给边界到井底,地层中的压力降落过程是按对数关系分布的,从空间形态来看,它形似漏斗,所以习惯上称之为"压降漏斗"。平面径向流压力消耗的特点是,压力主要消耗在井底附近,这是因为越靠近井底,渗流面积越小,而渗流阻力越大。

由于油田总是有大批井在同时生产,所以当这些井同时工作时就会产生干扰。一旦发生干扰,原有的渗流场就会发生变化,重新形成一个新的渗流场。此时,任意一点处的压力就是油层上各井(产油井、注水井)在该处所引起压降漏斗的叠加(图 4-34)。

图 4-34 中的油藏有 3 口井同时进行生产,倘若地层是均质的,3 口井的完善系数和采液状况基本相同,在每口井的周围都形成了压降漏斗。油藏上任意点 A 的压力降落将是这 3 口井压力降落在这点的叠加,即 $\Delta p_A = \Delta p_1 + \Delta p_2 + \Delta p_3$。油藏上其他任意点的压力降落均按此法进行叠加,叠加的结果是在此 3 口井范围内形成一个总的压降漏斗,如图 4-34(b)所示(虚线)。若地质是非均质的,降低采油井井底压力有利于提高小层的采收率。因为这时能使低渗透小层投入开发,并减少由于举升速度不够在井筒里的水倒灌到低渗透层的可能性。

从经济的角度来看,用降低井底压力来增加压差不如用提高注水压力来增加压差,这是因为将油井转为机械生产投资是很贵的,但它或多或少还是有一定的经济效果。

在确定采油井井底最低压力时应该特别注意,对于不同油藏只能允许井底压力低于原始饱和压力的 15%~25%。当井底压力下降太多,地层内原油就会析出溶解气,从而降低采收

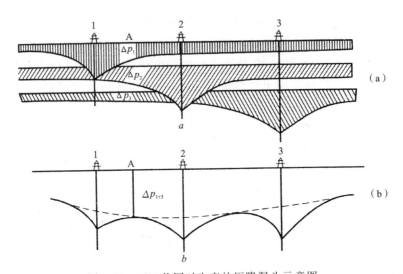

图 4-34 三口井同时生产的压降漏斗示意图

(Δp_1,Δp_2,Δp_3 分别为一口井生产时的压降漏斗;Δp_{1+3} 为三口井同时生产时的压降漏斗)

率。当储集层胶结很差,或存在较大的油水过渡带,或具有底水和气顶时必须论证井底压力的极限值,保证在该极限压力下油层不会明显出砂,或形成水锥和气锥。

对每一个开发层系来说,要根据其矿场地质特征确定供给区和采油区之间所需的生产压差,并确定其在供给区和产油区的压力水平。当油藏产能较低时,就需要较高的压力梯度,以达到较高的采油水平,即采用高压注水,或采油井低井底压力生产。

总之,增加压力梯度是油田开发的一个常谈常新的话题。

第五章 油气藏开发动态监测

油气藏开发的全过程是一个不断加深对油气藏的认识和改造的过程,需要录取大量静态、动态和工程等各方面的资料与数据。如果没有准确的油藏开发数据,油藏和油井分析就成为纯粹的推测性分析,这种分析的可信度也大大降低。录取资料是百年大计的工程,有些资料错过录取机会再也无法弥补,因此资料录取的重要性十分明显。有了齐全的资料和云数据,将这些资料进行加工处理与分析研究,就可以不断加深对油层的认识,发现产量变化规律,提高油田开发效果,解决油田开发中的各种问题,实现科学开发油气藏。油气藏开发阶段不同,获取的资料是不同的。

一、钻井阶段

(1)根据探井和少量生产井的测井曲线,确定常规物性参数。
(2)提供足够的岩芯,以便对常规物性作出合理的统计分析。
(3)进行常规中途测试,直接记录原始油藏压力,以便进行定量分析。
(4)当测井显示有原始油气界面或油水界面时,用井壁取芯或取流体样品确定流体界面。

二、早期生产阶段

(1)在井投产之前,用井底压力计测量原始油藏压力。
(2)开井生产,直到产量相对稳定或递减,关井恢复压力,直到关井压力接近原始油藏压力,然后进行定产降压和压力恢复试井。
(3)如果是一口成功的探井,就要在系统试油之后尽快取井底流体样品,进行 p-V-T 高压物性测试。

三、正式开发阶段

(1)制订测试计划,以便对各井和各油藏进行准确的配产、配注,测吸水剖面和产液剖面。
(2)定期检查计量仪器,保证各井、各油藏产量和配产、配注的准确性。
(3)用下塑料套管的观察井和特定的测井方法,观察油藏中油气界面或油水界面的推进情况,并适时布置检查井。
(4)制订动态监测计划,包括产量监测,油水井压力监测,油井产出剖面和水井吸入剖面的监测,井下技术状况监测以及其他特殊监测。

显然,油气藏开发动态监测是针对正式开发阶段而进行的一系列获取资料的工作。从某种程度上来说,开发阶段的监测工作比勘探阶段更重要,稍有过失将会造成无可挽救的损失。

第一节　对产量、含水率、注水量的监测

在油田开发中,需要对生产井的产油(气)量、产液量、含水率、气油比(对油井)、吸水量(对水井)进行系统和全面的监测。

一、单井产量、含水率、注水量的获取

油井的产液量是用指定的计量装置,以 t/d 为单位测量的,无水时为产油量,含水时为产液量。对于尚未建成油井产液量测定的油田,可用由油气分离器和测量容器组成的单井测量装置计量。伴随气的产量可用涡轮流量计或安装在油气分离器出口端的具有节流装置的微差压力计测量。注水井的注水量以 t/d 为单位测量,可用安装在泵站的流量表或孔板型流量计测定。由于一条水管线一般要供应 2~3 口井注水,所以注水井测量注水量时应轮流进行。

气井的天然气产量是在井组或中心集气点上,用各种结构的流量计来测定,通常用浮子差压计、薄膜式差压计、风箱式差压计计量气产量,单位是 m^3/d。对于未进入气管线的探井,以及井口压力低于测量点气管线压力的井,通常用极限流孔板测量计测定。

含水率一般是用现场取样化验分析确定,单位是%。

生产油气比的单位是 m^3/t,即为伴随气产量除以脱气原油产量。

对于多层层系或大厚度层系,除了确定每口井的上述工作指标以外,对每个小层确定这些指标是很有意义的。在开采井和注水井中,主要用深井流量计、井温仪测井温曲线、吸水剖面等来测量。

每口井都是很昂贵的设施,充分利用好每一口井的资源是油气藏开发的重要任务之一。为了做到这一点,必须正确地选择井身结构、射孔井段、生产方式、挑选举升液体设备的类型和工作制度,及时进行修井封堵工作,确定采液(气)工作制度等。在长时间利用井的过程中,井的技术状况与工作制度可能会有一些变化,可能会改变井的类别,油井转为注水井,也可能将井转到另一层段开采。每口井生产过程中的所有信息应集中反映到下列文件中:生产报表、注水报表、试井报表和井史。

1. 生产报表

在生产报表中,每天要记录井的油(气)产量和伴随水的产量、油气比、工作和停产时间、停产原因,生产方式的改变,设备特征或工作制度等。每月要对月产油量、月产水量、月含水率、月工作和停产小时数、平均日产油量、日产液量、平均油气比等进行小结。

2. 注水报表

在注水报表中,每天要记录下列数据:单井吸水量、注水(或其他工作剂)压力、工作和停产小时数、停产原因。汇总一个月的井工作指标:注水量、工作与停产小时数、平均日注水量、平均注入压力等。

3. 试井报表

在试井报表中,要记录测试类型和日期、测试期间井的工作制度和井下设备的工作制度。如果需要停产测试,还要记录测试前的工作制度、井深和测试时间、仪表类型、测试结果等。

4. 井史

一部反映一口井从钻井开始到报废的全部历史。井史包含下列数据。

(1)概况：井别，井位坐标，井口海拔高度，开钻和完钻时间，投产日期，钻井方式，井深，目的层。

(2)井的地层技术剖面：岩性地层柱状图，地球物理测井基本曲线，井身结构示意图，射孔井段，井斜特征，层系内小层的顶、底深度，射孔井段，井底打开特征或射孔类型，孔眼密度，人工井底位置等。

(3)试油结果：打开井的层段，头30天工作的平均日指标，包括生产方式，油、液、水产量，压力指标，采油指数等。

(4)小层的物理特征：岩性描述，分层系数，砂岩系数，孔隙度，渗透率，含油、气、水饱和度，油水界面，油气界面，气水界面的位置。

(5)地下和地面油样的分析结果：密度，黏度，体积系数，蜡、硫、胶质沥青质含量，取样位置，取样层位，取样日期。

(6)气体特征：甲烷、乙烷、丙烷、丁烷、高分子烃类、二氧化碳、硫化氢、氮的含量以及标准条件下气体的密度。

(7)生产方式特征：设备类型、技术特征以及设备的理论效率和工作制度。

(8)井的事故和修井：关于井的技术故障及留在井中设备的资料、修井特征、井身结构、射孔井段、人工井底位置的变化等。

除此之外，井史上还有关于井工作的汇总表，它系统地记录了开采井、注水井报表上的所有指标，在表中汇总了每一年井的工作指标。此外，还记录了该井从层系开始生产以来的产油(气)量或注水(或其他工作剂)量。

除了反映每一口单井工作制度的文件以外，油公司和矿场地质部门还要汇总开发层系所有已钻井的生产结果，要编制井生产的地质决算，当前开采现状图，各井累积产油量和累积注水量图，各井工艺、工作制度等文件。这些文件要核算整个层系以及层系各部分的产液量、产气量、注水量，并以此论证产量和注水量的调整措施。

井生产的地质决算是每个生产部门每月要编制的文件。决算由两部分组成：对开采井的地质决算和对注入井的地质决算。井按层系和生产方式分组，对每口井要标明实际月产油量、产气量、产水量、平均日产量、工作和停产小时数、停产原因。在决算的最后要有对每套开发层系和对整个企业的综合数据。

当前开采现状图是每个季度，或在井的工作制度相对比较稳定的情况下，每半年编绘一次。编制该图要对所研究层系的井位进行校核，用表示开采井的点作为圆心，其面积相当于季度或半年最后一个月的平均日产液(气)量，在圆内划出相当于含水率的扇形。为了表示不同流体的含量，可涂以不同颜色。油和气一般用黄-褐色表示，而注水量和伴随水量则用蓝绿色，在图上一般表示原始和当前含油、气边界位置，用不同符号表示层系区、地层水区和注入水水淹区。

各井的累积产量图和注水量图一般一年编绘一次，用馅饼图表示该井自投产以来的累积产液(气)量，所采用的符号与开采现状图一样，但在圆内划分出来的扇形相当于在各种不同生产方式下的累积产量。累积产量图与注水量图可用来评价层系各部分储量的开采程度。

各井的工艺、工作制度是根据产油(气)量动态和开发过程调整任务编制的。该文件对每一口投产井平均实际工作指标和下一阶段计划指标进行编制,对计划准备投产的新井和未投产的井列入预计的生产指数中。

二、开发层系产油(气)量监测

整个开发层系的产油(气)量指标主要反映在开发层系史和开发曲线两个主要文件上。

1. 开发层系史

开发层系史包括反映开发层系的矿场地质特征,设计的和实际的开发指标等资料。其中矿场地质特征包括下列资料。

(1)开发层系在开始开发前的平均参数:埋藏深度、储集层类型、砂岩厚度、有效厚度、孔隙度、渗透率、油水界面、油气界面、气水界面、海拔高程、含油面积、含气面积、油水过渡带和气水过渡带面积、层系的非均质指标、折算地层压力、饱和压力、临界凝析压力、生产层温度等。

(2)地下和地面原油性质:密度、黏度、含气量、体积系数、馏分等。

(3)气体性质:与空气的相对密度,甲烷、乙烷、丙烷、丁烷、碳酸气、硫化氢、氮烷、氦烷的含量。

(4)地层水性质:密度,黏度,酸碱性,硬度,阴、阳离子含量。

(5)原始储量资料:地质储量、可采储量、最终采收率、储量批准日期。

(6)剩余储量资料:平衡储量、可采储量、采出程度。

根据最后批准的设计文件将开发设计指标列入开发层系史。从采用新设计开始,对下一年的设计指标要校正。这时应列入:最高年产油(气)量,产液量以及达到的年份,最高年注水量或其他工作剂注入量及达到的年份;开采井、注入井和专门钻的基础井井数;储备井井数;在达到最高年产油(气)量时的完钻开采井井数和井距;外含油边界内和钻井区内开采井和注水井的平均井网密度;开采井区的平均井网密度;在最高产量时开采井的年平均产量,在最高注水量时注水井的平均注水量;单井的单位可采储量;注水方式和最终采收率。

开发层系逐年实际开发指标用表格的形式列出:年产油量(万吨),或为可采储量的百分数即开发速度;累积产油量;采出程度;年产水量和累积产水量;平均年含水率,折算到地下条件的年产液量和累积产液量;年注水量;年产气量;平均油气比;开采井数;总完钻井数(其中包括投产的、未投产的、钻井后正在试油的、报废的、停产的、转注的);注水井数;总完钻井数(其中包括:正注水的、排油的、未投产的、停注的、报废的);钻井后要投入开发的井数(开采井和注水井);未投产的开采井数;一口新开采井的平均产量;在原始含油边界内和产油区内年底的平均地层压力。除了逐年的开发指标以外,还应逐月和逐季度对这些指标另外列表。此外,在该表中应列入关于开采井在不同开采方式下(自喷、气举、电动泵,抽油机等)的单井平均产量,并按含水率进行分类:<2%;2%~20%;20%~50%;50%~90%;>90%五大类。

2. 开发曲线

开发曲线是对整个开发层系编制的,反映年主要开发指标的综合曲线(图5-1)。其主要开发指标包括:产油量、产液量、含水率、注水体积、地层压力、开采井和注水井的投产井数等。

根据要解决的问题和矿场地质特征,开发曲线还可以补充上述开发数据表中的其他指标。在某些情况下,如开发年限不长,而且需要搞清开发调整措施的效果时,在曲线上还可以反映月或季度的开发指标。

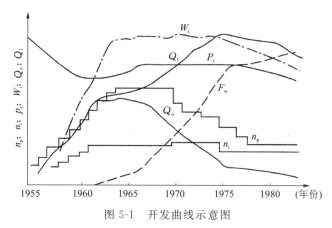

图 5-1 开发曲线示意图

Q_o. 产油量;Q_l. 产液量;F_w. 含水率;W_i. 注水体积;P_r. 地层压力;n_p、n_i. 分别为开采井和注水井的投产井数

如果要对比不同层系的开发曲线,这些图上的年产油量、年产液量应表示为开发速度。这时横坐标表示的不是时间(年),而是采出程度或为可采储量的百分数。在各层系的开发曲线上,还应标出各开发阶段之间的界限。

第二节 对油藏压力的监测

一个油田的产能高低,压力是决定性的因素。因此,及时掌握油藏压力的变化及分布规律是高效开发油田的重要保证。

在开发的每一阶段,油气藏的能量资源可用当前地层压力来表示。在开发过程中,当前地层压力值的大小取决于油气藏的驱动类型、年体积产量等,整个油气藏的地层压力变化在不同开发阶段可能有不同的趋势。

一、基本概念

1. 上覆地层压力

上覆地层压力指上覆岩石骨架和孔隙空间流体的总重量所引起的压力。它随上覆岩层厚度增大而增加,也随孔隙空间流体及岩层密度的增大而增大,用公式表示就是:

$$p_r = H\rho_r g$$

或:
$$p_r = H[\varphi\rho_f + (1-\varphi)\rho_{ma}]g$$

式中:p_r 为上覆岩层压力(0.1MPa);ρ_r 为上覆岩石密度($\times 10^{-3}$ g/cm³);ρ_f 为孔隙中流体的密度($\times 10^{-3}$ g/cm³);ρ_{ma} 为岩层骨架的平均密度($\times 10^{-3}$ g/cm³)。

2. 静水压力

静水压力指静水柱造成的压力,它与液体密度、液柱高度有关,而与液柱的形状和大小无关。静水压力的计算公式为：
$$p_H = h\rho_w g$$
式中：p_H 为静水压力（0.1MPa）；h 为静水柱高度（m）；ρ_w 为地层水的密度（$\times 10^{-3}$ g/cm³）。

3. 压力梯度
压力梯度指每增加单位高度所增加的压力，单位以 MPa/m 表示。

4. 地层压力
地层压力指作用于岩层孔隙空间内流体上的压力，亦称孔隙流体压力。在含油气区域内的地层压力又叫油层压力或气层压力。

5. 异常地层压力
作用于地层流体的压力，很少是等于静水柱压力的，通常把偏离静水柱压力的地层孔隙流体压力称为异常地层压力，或称压力异常，通常用压力系数来表示异常压力的大小。

6. 压力系数
压力系数用 α_p 表示，指实测地层压力（p_f）与同一深度静水柱压力（p_H）的比值，即：
$$\alpha_p = p_f / p_H$$

7. 原始地层压力
原始地层压力是指油气层尚未钻开时，即在原始状态下所具有的压力。通常可以用实测的、具有代表性的第一口井或第一批井的压力代表原始地层压力。

8. 油层饱和压力
当油层中释放出第一个或第一批气泡时所测得的地层压力，可通过高压物性取样测得。

9. 目前地层压力
目前地层压力指油田投入开发后某一时期的地层压力。油水井生产和油层中发生的每一点变化都会改变油层压力，所以油层压力的分析就成为地下动态分析的重要指标。

10. 油层静止压力
在油田投入开发后关闭油井，待压力恢复到稳定状态以后测得的井底压力称为该油井的油层静止压力。

11. 井底流动压力
油井正常生产时测得的井底压力称为井底流动压力。

12. 折算地层压力
地层压力与地层的埋藏深度有关，原始地层压力随深度的增加而增长，因此利用其绝对值对地层压力进行监测很不方便。在对油气藏能量状况进行监测时一般用折算地层压力值，即将在井中所测得的地层压力换算到一定基准面处的压力值。一般基准面取在原始油水界面或气水界面的平均绝对高程处，在某些情况下也可取其他水平面。例如对于油柱高度很大的油藏，可将油藏体积平分的平面作为基准面；对于埋藏深度浅的油藏，可取相应的海平面作为基准面。选定的基准面位置在整个开发期内应保持不变。

折算地层压力 p_{rr} 可按下式计算：
$$p_{rr} = p_{r实} \pm h\rho / 102$$

式中：$p_{r实}$为实测地层压力(MPa)；h 为测压点至基准面的距离(m)；ρ 为水、油或气的密度(分别为注水井、产油井和产气井里测压)。

折算地层压力与实测地层压力之间有一个校正值。图 5-2 为测压的几种可能情况。当测压点低于基准面时，折算地层压力应扣去校正值，如水井 1 与水井 2(这些井位于边外水域中)测压点低于基准面，因此应从测量值中扣去校正值。在边外水井 3 中，由于技术原因是在高于基准面的地方测压的，因此对所测的压力值应加上校正值，对这些井的校正值应当用地下密度来计算；对于其他在基准面以上测压的所有井中，井 4 在开发过程中已水淹，应当用水的密度，井 5 用油的密度。

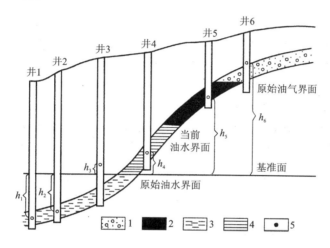

图 5-2 折算地层压力示意图

1.气；2.油；3.水；4.水淹层区；5.测压点；h.测压点到基准面的距离

在油藏范围内投产后折算地层压力的变化特征可以用图 5-3 来表示。图中水平线 1 相当于原始折算地层压力，在油藏面积范围内具有同一值。在第一口井投入生产以后，地层中就发生液体或气体的径向流，在井周围形成局部的压降漏斗范围内，压力是按对数曲线 2 变化的。将相距较远的若干口井投入生产后，会形成相应数量的类似压降漏斗。线 2 和线 1 结合

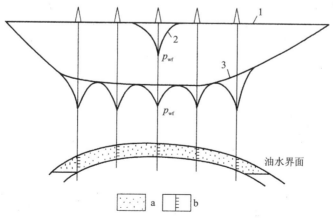

图 5-3 天然水压驱动下气藏折算地层压力剖面图

a.渗透层；b.射孔井段

就反映地层中在第一批相距较远井投产后的压力情况。随着油藏不断钻井,油井的进一步投产,由油藏采出的液量增长,井底的压降漏斗逐渐靠近,同时在整个油藏内地层压力逐步下降,形成了被局部漏斗复杂化了的总压降漏斗。在开采井内投产井之间压力曲线的最高点相当于当前地层压力值,曲线 3 就是通过这些点表示油藏中当前地层压力特征的。由此可见,折算当前地层压力在油藏边缘具有较高值。当井底压力值相同时,井中局部压降漏斗的"深度"由油藏边缘向中心减少。在边内注水情况下,地层内压力分布特征见图 5-4。投产注水井附近的地层压力一般高于原始地层压力的 15%～20%,有时更高。在油藏不同部位地层压力值可以在个别停产井中测得,也可以在其附近井中在稳定工作制度生产的情况下测得。如果测压是在没有液体流到井底附近或井筒里的情况下进行的,在停产井中测得的压力就相当于地层压力。

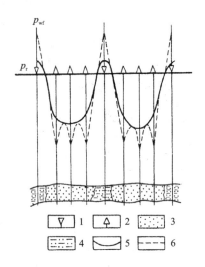

图 5-4　边内注水时折算地层压力剖面示意图

1.注水井;2.生产井;3.渗透砂层;
4.泥质砂层;5.折算地层压力;
6.单独生产井局部压降

井底压力是在工作制度稳定的情况下测定的。首先将深井压力计下到油层顶部或中间位置,记录 20min 后的井底压力,然后关井,深井压力计记录下由井底压力到地层压力的压力恢复曲线。如果压力实际稳定在最高水平上,相当于工作井之间的压力值,这个压力值可以认为已恢复到地层压力,开采井和注水井的压力恢复曲线特征见图 5-5,测压结束后井即可投产。地层压力测试也可以在关井快结束时下入深井压力计来测量,而不用测压力恢复曲线。

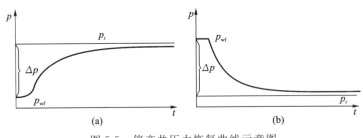

图 5-5　停产井压力恢复曲线示意图
(a)代表开采井;(b)代表注水井

二、等压图

在开发过程中对生产层地层压力变化的监测是通过作等压图来进行的。等压图为在井底位置分布图上绘制一定日期的地层压力等值线图(图 5-6),该图反映油藏所有井生产时形成的总压降漏斗特征,而不是每一口井的局部压降漏斗特征。

等压图经过一定时间间隔要编制一张。一般在地层压力有明显变化的开发过程中,每季度末编制一张,在压力稳定期可以每半年编制一次。对于所有开发阶段,在试井条件极端复杂的情况下,如地貌很复杂的沼泽地带可每半年编制一次。

等压图是根据地层压力测试数据绘制的,在绘制等压图时可利用折算压力数据。为了解决某些特殊问题,也可绘制实测地层压力等值线图,在对确定日期编制等压图时应尽可能利用与该时期接近的实测值。但在实际操作中,为了完成大量井的测压而采取轮流关井的办法,通常需要有相当长的时间(一至两个月有时甚至更长)测压。在利用较早日期测得的压力资料时,必须对压力测量值进行时间校正,即将它折算到编制等压图的日期上。时间校正可根据以往阶段等压图数据总的压力下降趋势(图5-7,实线)和最后阶段的累积数据(图5-7,虚线)的下降趋势进行校正,等压图的压力间隔可根据油藏范围内压力值的总变化幅度确定,在没有井的边缘地区等压线可以根据压力的对数变化规律估算,但这些地方的等压线应用虚线表示。

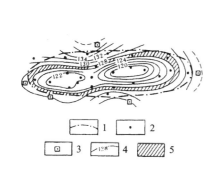

图 5-6 等压图

1.外含油边界;2.采油井;3.测压井;
4.等压线;5.两等压线之间的油藏单元

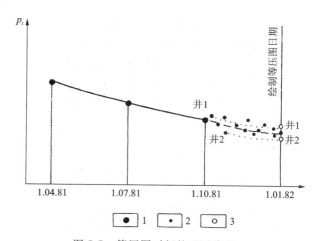

图 5-7 等压图时间校正示意图

1.最后一张等压图面积权衡的地层压力平均值;2.最后一个季度内油井取得的地层压力值;3.井1、井2地层压力随时间的折算值

利用等压图可确定平均地层压力,油藏的平均地层压力可用面积权衡法和体积权衡法求取。面积权衡法确定平均地层压力的公式为:

$$p_{rs} = (p_1 f_1 + p_2 f_2 + \cdots + p_n f_n)/(f_1 + f_2 + \cdots + f_n) = \sum_{i=2}^{n} p_i f_i / \sum_{i=2}^{n} f_i$$

式中:p_1、p_2,…,p_n 为相邻两等压线之间的平均压力值,可用相邻两等压线之间的中值求取;f_1,f_2,…,f_n 为两相邻等压线之间的面积,可用求积仪在等压图上求出;n 为具有不同平均地层压力值的油藏面积个数。

用体积权衡法确定平均地层压力的步骤为:

(1)绘制含油气厚度(h)等值线图,并在该图上确定相邻两等压线之间的面积单元 f_1 与 h_1 的值。

(2)绘制 ph 等值线图,其中 p 为折算压力,h 为含油气层厚度。确定地层不同点处的 ph 值有两种方法:一是将等厚图与等压图重叠,确定这些图上等值线交叉点的 ph 值;二是根据井的 p 值与 h 值相乘得出具体的 ph 值。

(3) 根据上述求出的 ph 等值线图确定相邻两等值线之间的单元面积 S_i 及相应于该面积单元的平均值 $(ph)_i$。

(4) 按下式求出 p_{rv} 值：

$$p_{rv} = [(ph)_1 S_1 + (ph)_2 S_2 + \cdots + (ph)_n S_n]/(h_1 f_1 + h_2 f_2 + \cdots + h_m f_m)$$

$$= \left[\sum_{i=1}^{n}(ph)_i S_i\right] / \left(\sum_{j=1}^{m} h_j f_j\right) = \left[\sum_{i=1}^{n}(ph)_i S_i\right]/V$$

式中：V 为油气藏的含油气体积；n 为具有不同 ph 值的面积单元个数；m 为具有等厚的面积单元个数。

除对整个油藏确定平均地层压力值外，还要对不同区块确定平均地层压力值。对具有较薄平均厚度的油藏，平均地层压力可按面积权衡法求出；对具有较厚平均厚度（好几十米甚至几百米）的油藏则应按体积权衡法求出。由于气藏厚度都比较大，其平均地层压力可用体积权衡法求出。

等压图的应用十分广泛。用等压图可以说明油藏与边外区的连通情况，确定地层渗流特性和关于整个油藏或个别区块的能量潜力。对比不同时间编绘的等压图，还可以对所采取的开发系统和为完善开发过程的个别工艺措施进行评价，以及用来预测压力变化趋势和含油气边界的推进情况。

三、地层渗流参数的确定

（一）最常见的生产层综合特征参数

1. 地层系数

地层系数用 Kh 表示，为地层渗透率与有效厚度的乘积，该参数是研究剩余油、油藏数值模拟的基础参数。

2. 流动系数

流动系数用 ε 表示。

$$\varepsilon = Kh/\mu$$

式中：Kh 为地层系数；μ 为流体黏度。

该系数又称水力传导系数，表示生产层的最大容量特征，可用它来确定井的产率。

3. 流度

流度用 α 表示。

$$\alpha = K/\mu$$

它表示流体在地层条件下在井区的流动特征，又称传导系数。

4. 流度比

流度比用 $\alpha_水/\alpha_油$ 表示，其中

$$\alpha_水/\alpha_油 = K_w \mu_o / K_o \mu_w$$

式中：K_o 为束缚水饱和度下油的相渗透率；K_w 为残余油饱和度下水的相渗透率；μ_o、μ_w 分别为油和水的黏度。

5. 导压系数

导压系数用 $K/\mu\beta$ 表示，其中

$$\beta = \varphi\beta_1 + (1-\varphi)\beta_2$$

式中：β 为地层弹性容量系数，或称综合压缩系数；φ 为地层的孔隙度；β_1 为液体的压缩系数；β_2

为孔隙介质的压缩系数。导压系数表示地层中流体的压力传播速度特征。

6. 采油指数

采油指数用 J_o 表示,其中

$$J_o = Q_o / \Delta p_{生}$$

式中:Q_o 为产油量,$\Delta p_{生}$ 为生产压差,采油指数与地层的流动系数有关。通常用比采油指数 J_{oh} 来表示油层产出能力,$J_{oh} = J_o / h$。它是指 1m 工作厚度地层的平均采油指数。

7. 吸水指数

吸水指数用 I_w 表示,其中

$$I_w = Q_i / \Delta p_{注}$$

式中:Q_i 为吸水量,$\Delta p_{注}$ 为注水井的井底压差。

吸水指数表示注水井的注水能力,其大小取决于地层渗透率、有效厚度、液体黏度、平均井距、井径和井的完善程度。

在实践应用中,采油指数和吸水指数用稳定试井方法测指示曲线(IPR)确定。在单相液体渗流时指示曲线开始时为直线段(图 5-8)。开采井的指示曲线由于井底附近线性渗流规律被破坏,或者在井底压力显著下降的情况下,由于裂缝闭合或其他原因,使得渗透率变差,指示曲线变得弯曲(图 5-9);注水井的指示曲线产生弯曲的主要原因是随着井底压力提高,地层压开人工裂缝,或者是原先封闭的裂缝变得开启了。

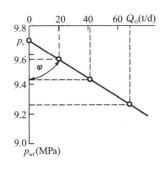

图 5-8 用指示曲线确定地层压力

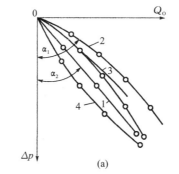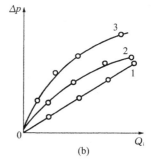

图 5-9 开采井(a)和注水井(b)的指示曲线

(二)流动系数的确定

流动系数是一个综合渗流参数,在勘探过程中通常不确定流动系数,或者只对某一小层确定,而当该小层与其他小层合采后则需用间接方法确定流动系数。

间接确定流动系数的方法是:首先找出与流动系数有关的矿场地质参数,如地层总厚度(H)、有效厚度(h),自然电位(SP),不同电极距的视电阻率曲线($R_{0.5}$, $R_{1.05}$, $R_{2.25}$, $R_{4.25}$)。此外,利用综合参数 $R_{2.25}$SP, $R_{4.25}$SP 以及砂岩系数(K_s)和分层系数(K_p)形成下列地球物理参数组:$H, h, K_s, K_p, R_{0.5}, R_{1.05}, R_{2.25}, R_{4.25}$SP, $R_{2.25}$SP, $R_{4.25}$SP。

对苏联的乌斯季-巴雷克,西苏尔古特和萨马特洛尔油田的油层确定流动系数时考虑上述诸参数并进行回归,得出回归方程见表 5-1。从表中可以看出这些回归方程具有较高的复相关系数,可由 0.74 到 0.90。

对于另一些油层建立回归方程时并未考虑综合参数 $R_{2.25}$SP, $R_{4.25}$SP,但它们仍具有很高的复相关系数(表 5-1 方程 4)。在计算中,只有当用原始地球物理参数回归的复相关系数很低时才用综合参数和简单函数,从表5-1中列出的8个方程来看,有两个方程包括简单的综合参数,3个方程考虑参数的自然对数。

通过以上分析可以得出两点结论:第一,可以用地球物理参数间接评价复杂渗流参数——流动系数;第二,对实际问题可建立不同的回归方程来确定流动系数。

表 5-1 流动系数与矿场地质参数的关系

序号	油田	回归方程	相关系数
1	乌斯季	$Kh/\mu = 6.461R_{1.05} - 1.49R_{2.26} + 3.42.25SP + 9.372h + 1.334R_{4.25} + 117.2K_s - 425.335$	0.76
2	巴雷克	$Kh/\mu = 6.981R_{2.25} - 129.16SP + 1.97(SPR_{2.25}) + 86.18(SP)^2 - 0.17(R_{2.25})^2 + 66.37$	0.86
3	西苏尔古特	$Kh/\mu = 0.7R_{1.05} + 1.6R_{2.25} - 2.1R_{4.25} + 248.7SP + 2.4h - 143.4$	0.80
4	西苏尔古特	$Kh/\mu = 0.306R_{1.05} - 3.56R_{2.25} + 2.58R_{4.25} + 1.06SP + 0.94h + 94.68$	0.90
5	西苏尔古特	$Kh/\mu = -0.008\ln h + 0.06R_{2.25} + 86.89(K \times SP) - 5.212$	0.82
6	萨马特洛尔	$Kh/\mu = -51.2\ln h - 562.9\ln H - 1504.9\ln R_{0.5} + 932.6\ln R_{1.05} + 240.6\ln R_{2.25} - 201.21\ln SP + 2308.9$	0.83
7	萨马特洛尔	$Kh/\mu = 238.4\ln h + 1608.3\ln H + 417.2\ln R_{0.5} - 278.6\ln R_{1.05} - 31.7R_{2.25} + 6.72SP - 58078.9$	0.74
8	萨马特洛尔	$Kh/\mu = 1248.6\ln h + 3427.2\ln H + 63.19\ln R_{1.05} + 19.02\ln R_{2.25} - 7454.94SP + 5.75$	0.86

(三)单层分采时采油指数的确定

采油指数为单位生产压差下的油井产量,它是一个反映油层性质、流体参数、完井条件及泄油面积等与产量之间关系的综合指标。因此可用采油指数的大小来评价油井的生产能力。传统方法是用系统试井资料来求得采油指数 J_o。即测得3~5个稳定制度下的产量及其流压,绘制该井的指示曲线(IPR),单相流动时的 IPR 曲线为直线,其斜率的负倒数即为所求的采油指数 J_o。然而,用试井资料获取的采油指数是极为有限的,要想获取单一小层开发初期单层采油指数,只有通过建立模型进行预测,即用间接方法计算分采时的采油指数。

从理论上讲,依据达西(Darcy)定律和裘比伊(Dupuit)公式,在开发初期,油井的含水率为0,采油指数可用单相流体的稳定径向流公式表示:

$$J_o = \frac{2\pi K_o h_e}{\mu_o[\ln(r_e/r_w) + C_1 + C_2]}\rho_o$$

式中 K_o 为油相有效渗透率($\times 10^{-3} \mu m^2$);h_e 为地层有效厚度(m);μ_o 为地下原油黏度(mPa·s);r_e 为油井泄油半径(cm);r_w 为油井半径(cm);C_1,C_2 为考虑油层打开程度和性质不完善程度的系数(无因次量);J_o 为采油指数(t/d·MPa)。

然而在实际操作中很难应用上式来计算采油指数,原因是式中的诸多参数难以一一求准。尽管在实际应用中不考虑井的打开程度和完善性,并假定在油田井网的限制下,不同油井的供油半径不会有太大差别,因此可把 $2\pi\rho_o/\mu_o[\ln(r_e/r_w) + C_1 + C_2]$ 当作常数 A,上式变成 $J_o = AK_o h_e$,但仍很难直接应用,因为各油层的 K_o 难以直接求取。虽然王庚阳(1988)在大庆油田的研究表明,油相有效渗透率(K_o)与空气渗透率在双对数坐标中存在良好的线性关系(Desorcy,1979),但这一结论带有明显的局限性。如吐哈油田回归出采油指数与空气渗透率的关系为 $J_o = 0.0231Kh_e$,但应用效果较差,误差较大。雷胜林等(1996)利用数理统计方法回归出采油指数与空气渗透率(K)、地层深电阻率(R_d)及孔隙度(φ)的相关关系 $\lg J_o = \lg B + $

$\lg K + \lg R_d + \lg \varphi$ 来预测采油指数,结果表明"依据储层电阻率、孔隙度、渗透率预测储层产能的方法,比传统的单纯依赖于渗透率的方法预测结果更接近于实际"。

目前的研究表明,无论是应用理论模型还是应用回归的方法预测采油指数,都未能取得理想的效果。究其原因有二:一是影响采油指数的因素很多,而模型中可利用的参数有限;二是地质参数之间的关系复杂多变,不一定都能用"显式"的公式表示。目前确定采油指数的方法主要有3种。

1. 线性回归法

用线性回归法确定分采时的采油指数可分3步进行:

第一步是找出下列矿场地质参数:有效厚度(h),渗透率(K),地下原油黏度(μ),表示地层非均质性的砂岩系数(K_s)和分层系数(K_p)。

第二步是引入与渗流特征紧密相关的地球物理参数,这些参数包括自然电位曲线(SP),不同电极距的视电阻率曲线($R_{1.05}, R_{2.25}, R_{4.25}$),形成下列地球物理参数组:

$$h, K_s, K_p, R_{1.05}, R_{2.25}, R_{4.25}, SP$$

引入这些地球物理参数大大降低了参数间的紧密性,回归的复相关系数可由0.3增加到0.93。

第三步,为了建立稳定的回归方程,将地球物理参数进行综合,综合成下列参数:

$$h; K_p; K_s; \frac{h}{K_p}; R_{4.25}; R_{2.25}; R_{1.05}; SP; \frac{R_{1.05}}{R_{2.25}}SP; \frac{R_{1.05}}{R_{4.05}}SP$$

将这些参数进行线性回归,其复相关系数较低。但回归结果表明,最具信息性的是综合地球物理参数,占第二位的是地层有效厚度。尽管回归的复相关系数较低,甚至统计关系不明显,但还是可以用地球物理参数来间接获取采油指数的,只不过需寻求更为实用、更为有效的方法,这就是非线性回归法。

2. 非线性回归法

以苏联西西伯利亚油田的30个样品及其他油区的34个样品为例。先将其分成4组(表5-2),然后将综合地球物理参数进行函数变换,最后对其进行非线性回归,回归结果表明复相关系数明显提高,最高可达0.96,说明用间接参数可获取采油指数。

表5-2 分采时采油指数与矿场地质参数之间的统计关系

分组	观察点数	回归方程	相关系数
I	57	$J_o = 0.14\left(\frac{R_{1.05}}{R_{4.25}} \cdot SP\right)^2 + 1.22h - 0.09K_p - 0.024h^2 - 1.18\frac{h}{K_p} + 0.042R_{4.25}\frac{h}{K_p} - 0.163R_{4.25} + 1.03\sqrt[3]{R_{2.25}SP} + 0.005\left(\frac{h}{K_p}\right)^2 + 1.325$	0.78
II	110	$J_o = 0.11(R_{4.25}K_s) + 2.5K_s - 0.04\left(\frac{h}{K_p}\right)^2 + 0.64\left(\frac{h}{K_p}\right)^2 - 0.035R_{4.25}\left(\frac{h}{K_p}\right)^2 - 2.17\left(\frac{h}{K_p}\right) - 18.27\sqrt[3]{R_{4.25}} - 0.004(R_{2.25}SP)^2 + 11.3\sqrt{R_{4.25}} + 9.053$	0.85
III	119	$J_o = 0.094h^4 - 0.18\left(\frac{R_{3.05}}{R_{2.25}}SPh\right) - 0.61h - 0.003R_{4.25}\frac{h}{K_p} - 0.002K_p^3 + 10.57\sqrt[3]{R_{2.25}SP} - 0.52R_{2.25}SP + 0.62K_p + 0.002(R_{2.25}SP)^2 - 7.934$	0.79
IV	83	$J_o = 0.02h^2 - 0.078hK_p + 0.003\left(\frac{h}{K_p}\right)^2 + 2.7\left(\frac{R_{1.05}}{R_{4.25}}SPK_s\right) - 0.26\left(\frac{R_{1.05}}{R_{2.25}}SPh\right) - 4.9(K_s)^2 + 0.72h - 0.012R_{4.25}\frac{h}{K_p} + 0.15K_p + 2.826$	0.96

3. 人工神经网络法

随着现代应用数学的不断发展,在地质研究中也不断引进大量的现代数学方法,如模糊数学、灰色系统、模式识别、分形、人工神经网络等,其中人工神经网络已被成功地应用于地质研究的多个方面。应用人工神经网络中的 BP 模型建立地质参数的解释模型来对地质参数进行预测是地质参数研究的一种较为成功的方法,它的优势在于不管参数之间的关系多么复杂,都能通过自学习和自适应过程,把这种复杂的关系隐含到神经元之间的连接权中,因此它对复杂的地质问题,特别是非线性问题有较强的解决能力。虽然这种方法获得的解释模型为一个二维矩阵,不能直观地反映参数之间的相互关系,但使用起来却极为方便。它最大的优点在于不考虑数学模型本身,而是以"隐式"的表达方法建立各变量间的复杂关系。

人工神经网络的功能是由它的基本构成单元(即神经元或网络节点)的输入输出特性以及神经网络的连接方式确定的。BP 模型为三层前馈网络模式,即输入层(A)、隐藏层(B)和输出层(C)。输入层的节点是作为自变量的各种地质变量,输出节点是作为因变量的地质变量,可以为 1 个,也可以根据需要同时输出两个或多个参数。输入层与输出层间的关系存在于各种神经元之间的连接权中。建模过程也是网络的学习过程,通过对训练样本的学习不断调整神经元之间的连接权值,把输入模式中的非线性关系"隐藏"到神经网络内部,分布到连接权中。BP 模型采用的学习算法是误差逆传播法,首先将训练集送入输出层,逐层计算神经元的激活值,在输出层计算出实际输出值与期望输出值之间的输出误差,然后从输出层开始,将误差反馈到前一层并应用梯度下降法计算出各层间连接权的变化值,从而确定合适的连接权值,以便让网络的整体误差不断变小,通过不断学习,直至网络的整体误差达到规定的足够小(如 10^{-3})为止。在学习结束后,由各层神经元之间的连接权以及隐层和输出层神经元的阈值组成的数组即为要建立的采油指数模型。

如前所述,采油指数与油层的有效渗透率、有效厚度、地下原油黏度、油井半径、供油半径、地层非均质性等息息相关。经验表明,与采油指数关系密切的物性、电性参数为渗透率、孔隙度、地层电阻率及有效厚度。因此在选择人工神经网络模型学习的输入参数时首先考虑的是渗透率、深侧向电阻率、有效厚度、声波时差及密度。渗透率(K)这个参数既反映油层的渗流能力,又反映油层的非均质性;有效厚度(h_e)和采油指数关系最为密切,如果 $h_e=0$,显然采油指数为 0,则直接输出 $J_o=0$;深侧向电阻率测井曲线对油层反映比较敏感,垂直分辨率高;考虑到裂缝对采油指数的影响是不容忽视的,因而没有直接选取反映孔隙度的声波时差曲线与密度曲线作为模型的输入参数,而是选用既能反映孔隙度又能反映裂缝的声波时差与密度的比值(Ac/DEN)作为模型的最后一个输入参数。

因此,将采油指数人工神经网络模型设置成 4×10×1 结构(图 5-10),即输入层节点数为 4,隐层节点数为 10,输出层为 1 个参数——采油指数。通过 1 498 257 次学习,网络收敛(图 5-11),学习结束。

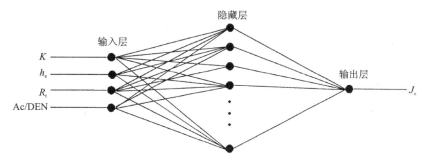

图 5-10 人工神经网络结构模式

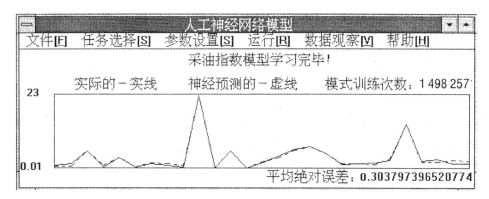

图 5-11 采油指数人工神经网络模型的学习过程

学习结束后得到的采油指数人工神经网络模型为:

A—B层连接权				B—C层连接权
−4.5412	−7.4852	−0.5683	3.3364	−5.3723
−4.0682	1.0424	7.8525	−4.9156	5.9347
−3.9154	4.5269	−8.7278	3.7676	5.7129
−10.7339	3.6745	−12.1487	−0.4021	−7.9526
−1.2029	−0.6122	0.4832	0.3206	−0.4824
0.7559	−0.1987	−1.3996	−0.6115	−1.0923
1.1559	11.8697	5.9113	−0.0435	6.1444
−0.7244	−5.0774	−3.9487	10.5857	9.9269
5.1796	−1.4334	2.1083	0.8969	4.4456
6.8026	1.5313	1.3079	7.0622	−7.9644

B层阈值
−1.4029　−3.1159　−2.2035　3.8954　−1.4225　−0.6895　−9.2311　−2.9283　−4.0461　−8.6387
C层阈值
−4.0232

这是新疆丘陵油田预测采油指数的一个实例,图 5-12 表示该模型的精度,从图中可以看出:预测值与实际值几乎是一条直线,表明模型的精度很高,同时也说明,对于像采油指数这样的影响因素繁多的复杂参数,用非线性模型要明显优于线性模型。

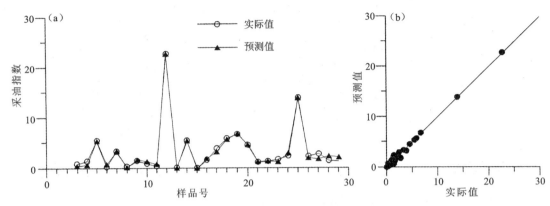

图 5-12 采油指数解释模型预测值与实际值之比较
(a)拟合图；(b)相关关系图

四、原始地层压力和井底流动压力的确定

1. 原始地层压力

原始地层压力和目前地层压力在油井、气井、注水井和位于地层含水部分的测压井中测试。当水驱油(或气)时，目前地层压力可以在目前外含油边界以外的水淹井中测量。实际生产中一般不可能在短时间内对所有井全部测压，有的井因为技术原因根本不可能测压，因此一般从已钻的投产井和停产井中选择适合测压，并且在油藏所有面积上分布比较均匀的基础井网中选择测压井。

在提前开发油气藏的含油部分时，应将打开气顶的井归入基准测压井。同理，在提前打开油气藏的含气部分时，应将打开含油部分的井进行测压。

在打开多油层开发层系时，应尽可能多地选择一些基准测压井，哪怕该井只射开一个小层，还可以研究其他小层的压力。对于所有投产的开采井和注水井，当其中任一口井的产量有明显变化时，应测试其井底压力。

地层压力的测试方法要根据地层饱和流体的特征、井的类别、生产方式、技术状况等来选择。开采井和注水井可用深井压力计直接测压。在仪器下入深度受到技术原因限制的井，要下到尽可能深的地方，这些井中地层压力的真实值可按下式确定：

$$p_r = p_{实测} + [(H - H_{实测})\rho_e]/102$$

式中：$p_{实测}$为测压深度处的实测压力值(MPa)；ρ_e为在测压深度$H_{实测}$和地层中部深度H之间液体的平均密度(g/cm³)。

对技术上有故障的井，测压应进行到一定深度，低于该深度井筒内原油密度保持不变。

在测压井中地层压力可用深井压力计测定，也可以用测定水面深度来确定。如果井溢出来了，就可相应地按 $p_r = H\rho_e/102$ 或 $p_r = [H\rho_e/102] + p_y$ 计算，其中 p_y 为井口压力。

机械采油井的地层压力可用小直径压力计测压。将压力计下入到环形空间可能的最大深度，然后根据上式确定其真实值。

通常由于关井测试引起产油量下降，采油厂完不成生产任务，不可能有足够多的井直接测定地层压力值。为了弥补绘制等压图资料的不足，可根据不少于3个稳定工作制度下测得的井底压力值间接地确定地层压力值,绘制产量和井底压力关系曲线即指示曲线,然后将它外推到压力轴(图5-8),利用这一方法还可以评价多层开发层系的当前压力。在对整个层系的地层压力进行研究时,可在若干个稳定开采工作制度下测量产量和井底压力,用深井流量计分别测得每一层的产量,然后根据所得资料绘制整个层系和分别对每个小层绘制指示曲线,将其外推到纵坐标轴就可以确定当前地层压力值。下面用同时开采3个小层井的试井例子来说明这一点(表5-3)。

表5-3 采油井测试结果

工作制度编号	p_{wf} (MPa)	Q_o(t/d)			
		层系	1小层	2小层	3小层
1	17.50	191	61.2	43	86.8
2	17.66	162	51	35	76
3	17.91	115	35	21	59
4	18.17	69	19	7	43

根据表5-3的资料所绘制的指示曲线及将其外推到与纵坐标轴相交,结果见图5-13。由该图可以看出:整个层系的当前地层压力为18.6MPa,对第1小层的当前地层压力为18.5MPa,对第2小层的当前地层压力为18.3MPa,对第3小层的当前地层压力为18.8MPa。第3小层的当前地层压力偏高,高于整个层系和其他小层的,说明第3小层在关井时仍有液体流入井内,后来这些液体倒灌到第1小层和第2小层中。

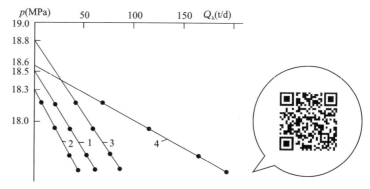

图5-13 含油小层1、2、3和整个开发层系4的指示曲线

2. 井底流动压力

在无凝析油和无水的纯气井中,井底流动压力可根据井口压力和气体密度按下式确定:

$$p_r = p_y e^{0.03415(p_g H/ZT)}$$

或按气压公式:

$$p_r = p_y e^{1.293 \times 10^{-4} \rho_g H}$$

式中:p_y为井口压力(MPa);ρ_g为气体对空气的相对密度,无因次量;H为油层中部埋藏深度(m);T为平均温度(℃);z为在平均压力和温度下的平均压缩因子,无因次量。

为了简化计算,上述指数的e值可以在气井《测试手册》中查出。

井底压力值只能在稳定工作制度下求出,取决于井别和设备,可以用直接法来确定。在注水井、气举井、自喷井以及机械采油井中,将深井测压计由环形空间下入到油层中部深度直接测定。注水井和自喷井的井底压力可以根据井口压力计算,最好是根据环形空间的井口压力(套压)计算井底压力,但要求油管和环形空间内充满同样的液体或气体才能进行计算。

机械采油井由于不易下入深井仪,井底压力值可根据环形空间的动液面位置来确定。当开采无水原油,或泵入口压力高于饱和压力时可按下式计算:

$$p_{wf} = p_s + (H - H_{dyn})\rho_o / 102$$

式中:H 为井内射开油层中部深度(m);H_{dyn} 为动液面深度(m);ρ_o 为地下原油黏度(g/cm^3);p_s 为环形空间在动液面处的气柱压力(MPa)。

注水井的井底压力可以由套压 $p_{套}$ 值计算:

$$p_{wf} = p_{套} + H\rho_w / 102$$

式中:ρ_w 为注入水在井口和井底密度的算术平均值(g/cm^3)。

此外,还可用微差压力计测井底压力变化曲线,即测量原始地层压力和当前地层压力值之间的差值。在水井和非自喷井中,还可用回声仪来测定静液面和动液面的深度计算出地层压力和井底压力值。

第三节 对井和地层温度的监测

在油田开发过程中,特别是采用对地层作用方法时,会在不同程度上改变生产层的热状况,这一改变对地下流体性质,层系的开发条件有明显的影响,因此要对生产层温度的变化进行系统监测。尤其是对注水开发的油田,注入大量冷水会使注入井及邻近开采井区生产层的温度逐渐下降。对于高含蜡,结蜡温度十分接近天然地层温度,且采用边内注水的油田,地层温度下降将引起石蜡以固态的形式在岩石孔隙中析出,并形成在地层条件下流动性很差的原油石蜡混合物,使石油难以开采。对这些油田进行正确的井温研究,可以检验其对温度场的变化速度和变化规律,评价其对采收率的影响,并在此基础上校核以前所拟定的开发管理措施。

一、对注入水温度的监测

我国约有 90% 的原油产量是由注水开发的油田产出的,注入水温度的高低直接影响水驱油效果,因此对注入水温度进行测量十分有意义。油田在开始注水后,注水井井筒里的温度很快会达到平衡,井底温度与井口温度相等,因此可通过对地面温度变化对注入地层水温度变化进行监测。地面水源的注入水温度经常呈季节性变化(图 5-14)。地面 24 节气的变化影响了注入到油层水的温度在一年

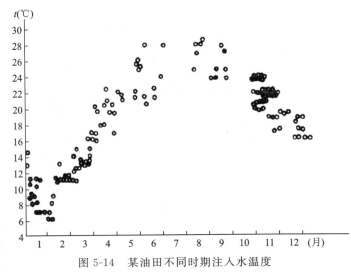

图 5-14 某油田不同时期注入水温度

内由 0～28℃ 范围内变化。图中该油田主要生产层的温度为 60～70℃，在不同季节注入水的温度要比原始地层温度低 30～60℃。以一定的周期对长期停产井，如专门钻的检查井、评价井、钻井后停产的井以及部分临时停产井测试温度曲线，可以对生产层的地热条件变化进行评价。

这样的例子在很多油田都会不同程度的出现。如江汉油田有一口注水井，注进大量的水仍不见效，工程师们分析很多地下原因，曾怀疑是否有裂缝或断层？抑或是砂层不连通？最后通过井温测试，发现是注入的水温度太低，进入地层后成冷水，比地层温度低得多，改注热水后，效果十分显著。又如苏联的一口水井，注进去的是热水，注两年后发现毫无效果，热力学专家通过对热采油层温度监测计算，发现 100℃ 的水注到井底还是比地层温度低，所以注进去的水不起作用，后来改注蒸气效果明显好转。

二、对生产层地热条件变化的监测

对生产层地热条件变化的监测可以通过对油藏热力场的研究来实现。当油藏注冷水时，油层的冷却是局部的，注水 4～5 年后，冷却半径可达 200～250m。进一步注冷水将使原油黏度增长，在地层条件下析蜡，使油井产能明显降低。

注入冷水在地层中容易形成异常温度，异常温度前缘可由当前井温曲线偏离原始地温梯度曲线来发现，这在未射孔的井中最明显。图 5-15 是苏联乌津油田观察井 515 井所测的井温曲线，在测该井的井温曲线时发现，注冷水影响最大的层是 XIII 层，井温曲线与原始地温梯度曲线相比下降了 19.5℃，而在 XIV 层只下降了 4.7℃。异常温度的变化速度和规模取决于液体渗流速度和注入水的延续时间以及地层情况，一般对于较薄地层的高渗透部分温度下降最多，因为那里有舌进现象。

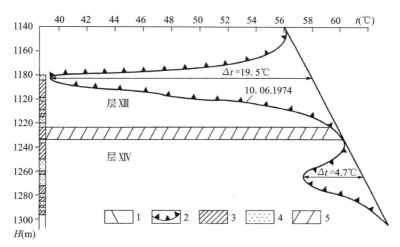

图 5-15　乌津油田 515 井注冷水生产层冷却情况
1.地温梯度；2.井温曲线；3.非渗透层；4.渗透层；5.隔层

异常温度前缘的形成和推进速度往往落后于驱油前缘的推进速度，也就是注入水在地层中的流动速度，这是因为最开始注入的水已被加热到地层温度。因此，对于水很快推进的高渗透层，岩石冷却可能并不会使其驱油条件变坏，高渗透小层的冷却会使邻近的低渗透层的温度下降,导致这些低渗透层驱油前缘的推进速度变慢,原油黏度增加,开发条件急剧变差,甚至完全停止驱油。特别是在工业性试采阶段,发现生产层系的这些开发条件变差的层有着很大意义,据此可以估计在注冷水条件下的原油损失,或者是在必要时对地层注热水。

在开采井中注冷水引起地层温度的下降可用下列方法确定:在开采井无水采油期,井筒中生产井段下部的液流温度与天然温度相比具有异常值,是由于节流效应造成的;在井筒中由井底到井口温度逐渐降低,是由于井筒附近介质的热损失造成的。井温下降程度主要取决于井的产量,即液体举升速度。油井见水将会使井底压力回升,产量逐渐减少。

对注水井(大多为停产井)的井温研究能很可靠地划分出吸水层来,对开采井资料的可靠性要差一些,因为温度在井筒中的分布取决于一系列因素:节流效应;由小层进入井筒具有不同温度的液体热量搅拌;液流与井筒周围岩石的热交换等。

对于只有一个工作小层投产井的井温曲线比较简单:在工作小层底部处由于出现节流效应可以观察到井温曲线 T 的突变,与天然地温曲线 T_0 相比移动了 Δt(图 5-16),工作小层的顶部在井温曲线上并未划分出来。

对于具有若干工作小层的开采井,上面小层的液流在曲线上有明显的变化(图 5-17)。

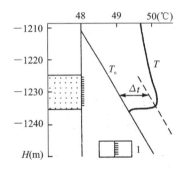

图 5-16 单层开采井的节流效应

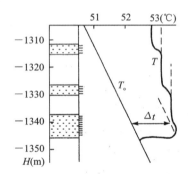

图 5-17 多层开采井的节流效应

三、在井剖面中划分工作层

1. 井温测试

用井温仪进行测试。井温仪一般有两种:测绝对温度的井温仪和测相对温度(温度变化幅度)的井温仪。

井温曲线的解释结果可以确定油层的有效厚度,还能搞清生产管柱的密封状况,通过井温曲线研究还可得到关于注水过程的珍贵资料。

图 5-18 就是由于环形空间水泥环被损坏,注到该井段的水有部分窜到其他层系,在停注井中所测的井温曲线负温度异常划出来作为吸水层段。

在注水井停注时周期性地测试井温曲线,并进行对比分析就能发现小层工作状况的变化,原先生产层是否停止工作等。图 5-19 为注水井在停注一段时间后所测得的井温曲线。由该曲线可以看到,在射开的 3 个小层中,吸水的只有一个小层即中层。

2. 同位素测井法

同位素测井法即测吸水剖面,它是搞清注水井中哪些小层吸水的一种常用方法。在注入

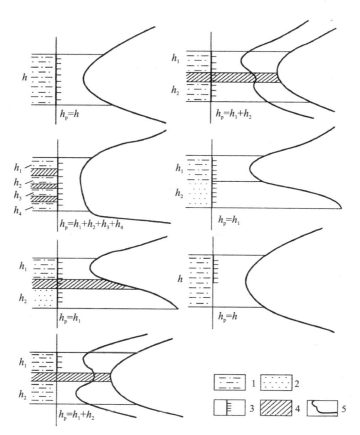

图 5-18 注水井井温曲线划分吸水层的实例
1.吸水层;2.不吸水层;3.射孔井段;4.非渗透层;5.井温曲线

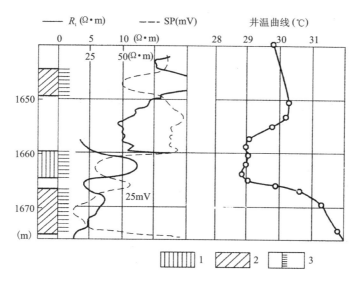

图 5-19 注水井井温曲线
1.工作层;2.不工作层;3.射孔井段

水中添加放射性物质,其中一部分被吸水层的岩石所吸附,结果在注入同位素后所测的伽马测井曲线上,这些层可根据剧烈的放射线异常划分出来。对比在注入同位素前后所测的伽马曲线,就可以很可靠地划分出这些层来。图5-20为某油田一口注水井的同位素测井结果。井中射开4个生产小层,它们具有相似的储集特征,因而合注。由伽马测井曲线上可以看到,射开的4层中只有上、下两小层吸水,同时在曲线上还可以看到,由于固井质量差,部分水进入底下未射孔的小层中,实际生产中发现这种现象很有意义,可避免水的无谓损失。

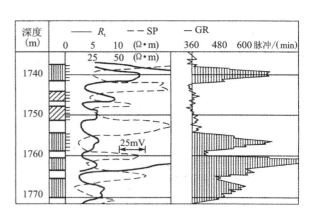

图 5-20 注水井同位素吸水剖面
（图例同图 5-19）
1.工作层；2.不工作层；3.射孔井段

3. 机械流量计与热传导流量计

机械流量计的主要部件是涡轮型的传感装置（叶轮），也有的用浮子型,圆盘型或其他型,叶轮的转动带动仪器沿着井筒移动,测量叶轮的转速就可以计算出通过不同深度截面处的流量。图 5-21 为机械流量计在开采井中所测得的流量剖面,该井射开 3 个小层,流量测试结果表明只有上层和中层两小层有液流,其中上层流量约为 $52m^3/d$（最上部约为 $5m^3/d$,中部约为 $15m^3/d$,下部约为 $32m^3/d$）,中层流量约为 $47m^3/d$（上部约为 $20m^3/d$,下部约为 $27m^3/d$,中部没有测到流量）。图 5-22 为机械流量计测得的注水井吸水剖面,该井射开 3 个小层,其中只有下部一层吸水,吸水量约为 $50m^3/d$,在剖面上可以看到其吸水能力在厚度上是不均匀的。

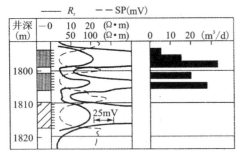

图 5-21 机械流量计测开采井产量剖面
（图例同 5-19）

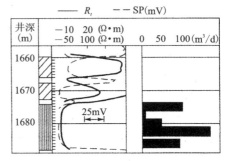

图 5-22 机械流量计测注水井吸水剖面
（图例同 5-19）

机械流量计在应用时具有一定的局限性。如对于中、低速流量的层灵敏度较低,液流中的机械杂质易污染敏感部件,对测试结果有影响,热传导流量计就没有这种缺陷,在某种情况下,无封隔器的热传导流量计的灵敏度可能高于带封隔器的机械流量计。但总的来看,机械流量计的精度要高于热传导流量计,热传导流量计主要用来作定性评价,即用来划分工作小层和不工作小层,而机械流量计可用来定量评价小层的吸水状况。

热传导流量计是用深井仪上的特殊传感装置测试温度与液流速度之间的关系曲线,其测试结果一般为对生产层段测流量剖面。由于流到井内和井筒中流体的组分不同,对产层测试的热传导流量曲线形态也不同(图5-23)。

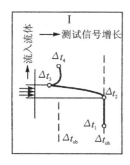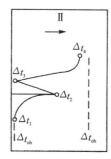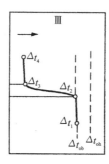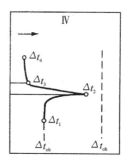

图5-23 对液流井段用热传导流量计测试的典型曲线

Ⅰ.憎水介质中含水高油流;Ⅱ.低于液流井含水高油流;

Ⅲ.高于液流井段含水低油流;Ⅳ.亲水介质中含水低油流

值得说明的是,机械流量计和热传导流量计反映的是过滤器的工作特征,所划分出来的工作井段往往小于小层实际的工作厚度,这一结论是在大量的直接和间接观察基础上确定的。也就是说,深井流量计所记录的只是射开砼眼的工作情况,而不是油层本身的工作情况,而且用流量计确定的波及系数要比实际的小得多。如果固井质量好,各小层之间有非渗透层隔开的井,射开砼眼的工作情况与油层实际小层的工作状况才能等同(图5-24);如果固井质量不好,且存在管外窜槽,射开砼眼的工作情况与油层实际小层的工作状况是不对应的,利用流量计的测试资料可能会导致错误的认识。因此在对单一厚度的油层用流量计的测试资料进行解释时,应特别注意仪器记录的工作厚度通常比油层的实际工作厚度小得多,流量计测试的数据应与其他数据结合起来使用。

用流量计测得的资料能可靠地确定:①哪些射孔层段没有液流或不吸水;②工作小层的产量是多少;③与其他测井曲线一起使用能定性判断工作层和不工作层。

四、对开采井和注入井技术状态的监测

油藏开发以后,在注水过程中会引起某些断层的活动,泥岩层遇水也会膨胀,从而使地层相应产生某些蠕动,对开采井和注入井套管产生挤压,导致套管变形,甚至错断;也可能由于注入水或地层水的腐蚀使开采井和注入井套管变形。因此应经常对开采井和注入井进行必要的工程测井,检测套管节箍、腐蚀、内径变化、射孔质量和管柱结构,随时掌握开采井和注入井的井下技术状况。

开采井和注入井的井下技术状况监测主要依靠工程测井来完成,如微井径测井、井下超声电视测井、小直径磁性定位器测井、TCW-2磁测井仪测井、井位测井等方法,检查开采井和注入井的套管状况、管外窜槽状况等。此外,还可用井温测井对开采井和注入井的技术状况进行监测。

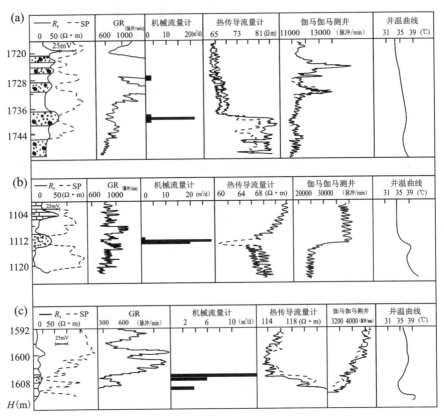

图 5-24 工作小层厚度划分实例
(a)(b)(c)分别为不同储层

对于注水井,根据井温曲线可以发现低质量固井,因为注水井中的水窜流到未射开层,在吸水射孔井段以外有温度负异常,尤其是对下部埋藏的漏失层位置能明显确定,对上部埋藏的漏失层位置确定则不太明显,因为上部岩石的热平衡已被破坏。

对于开采井,根据井温曲线可以找出由下部未射孔层沿着管外空间通过管柱损坏处流入的上部水流位置,图 5-18、图 5-20、图 5-24 中均可见到这类固井质量差的井。根据井温曲线发现低质量固井的井段后就可以采取相应的措施,防止注水井中水的无谓流失,减少开采井管柱的损坏程度。

第四节　开发过程中对流体性质变化的监测

随着油田的注水开发,在注入水的驱替作用下,油层流体性质将会发生不同程度的变化,含油饱和度随水洗程度的增加明显下降,含水饱和度明显增加;地层水的矿化度也发生变化,其变化程度与注入水的性质、原地层水矿化度的高低有关。为了及时掌握地层中流体的这些变化规律,在油田投产初期就要建立流体性质监测系统,选择有代表性的井点进行高压物性取样。大庆油田的经验是开发初期选择 1/3 的井点作为高压物性取样点,对于构造顶部和断层附近适当加密取样,作出全油田较完整的饱和压力平面分布图,多数井对原油、天然气及地层水的性质进行分析化验,每年或每隔半年分析一次,并且选择固定测点,以便进行对比分析。在实验室,用平衡闪蒸或差异释放测试来确定流体性质。建立流体性质变化监测系统是改善油田开发效果、提高油田开发水平的基本保证。

一、开发过程中对原油性质的监测

开发过程中含油饱和度会随水洗程度的增加而明显下降,含水饱和度会逐渐增加。根据大庆油田的资料,强水洗时含油饱和度可下降30%以上。因此,要对开发过程中原油性质进行监测。

通常的做法是在实验室里对深井原油取样作高压物性分析。样品在高压物性分析仪上搅拌,然后确定其饱和压力、压缩系数、含气量、密度、体积系数、析蜡温度、在不同温度下原油的气化过程等。对地下原油探井取样进行物性变化的研究还可以用光电变色仪、色谱仪、微量元素分析等快速方法进行研究。

深井相对密度计是直接测定油、水密度的一种简单快速方法。其原理是在一定井深处将地下液样取到已知体积的相对密度计小室中,当仪器取出后在天平上称重,然后换算成油、水的密度。这种方法的优点是既节省时间,在现场就可进行,又避免在实验室里对地层条件的模拟造成误差。

深井黏度计是在油矿条件下用来直接测定地下油、水的动力黏度。深井黏度计一般有两种:滚珠型和毛细管型。滚珠型是通过测量小球经过给定直线路程所需的时间来换算成黏度;毛细管型则是测定所研究的流体在端点间一定压差下,通过一定体积毛细管的时间来换算成黏度。此外,还可用旋转黏度计测动力黏度。旋转黏度计也有两类:转锤型和转杯型。

深井膨胀仪是在油矿条件下用来测定地下油和水的压缩系数的一种仪器。它的基本原理是有两个连通的容器,改变其中一个容器的压力,就会引起相邻的另一个容器的压力发生相应的变化,然后换算成压缩系数。

二、开发过程中对水性质变化的监测

开发过程中对水性质变化的监测可以用对深井取样或井口取样作化学分析的办法来实现。水分析可以在标准实验室,也可以在野外水化学实验室里进行。研究地下水中气相(CO_2,H_2S等)的变化,必须用深井取样器取样,在标准实验室中测试。

对水的性质进行研究时首先应确定其Cl^-,SO_4^{2-},HCO_3^-,Ca^{2+},Mg^{2+},Na^+离子含量,水的密度和水的pH值。

注入水可溶解地层中某些放射性盐类,或化合生成新的放射盐类,若吸附这些物质的泥质被冲到井眼附近而附着于水泥环和套管出口处,将会产生放射性高异常。而泥质被冲走的层,则可能出现比原来更低的放射性异常。

对比不同日期地下水分析结果可以搞清注水过程中地层发生的变化,并为预防意外现象发生(如井底附近析出石膏等)采取措施。

三、开发过程中对气体性质变化的监测

为了测定气体组分,需用深井取样器或在井口分离器处取样,并在实验室条件下进行分析。对于不含凝析油的气体组分分析可以用气相色谱仪。气相色谱仪在气体沿着吸附层流动时可将复杂的气体混合物划分为单组分,得到一系列的气相色谱,气相色谱为按碳序排列的峰,其中每一个峰表示一定组分在气体混合物中的百分含量,对气样作气相色谱分析一般只需 6min。

在凝析气田开发过程中对气体组分的监测必须进行两次:凝析物不稳定分离和凝析物稳定分离。

第五节 对流体界面的监测

在油田开发后期,需要调整含油气边界的推进情况、评价采出程度以及当前水淹体积等,首先必须知道油水界面、油气界面和气水界面的当前位置。正确确定油水边界线是确定含油面积、计算控制储量的关键。目前还没有一种方法可以单值、可靠地确定水侵入油藏的当前边界,但可以用多种方法组合,将各种资料集中在一起综合分析,就可以判断注入水与原油界面的当前位置。

目前有很多种确定油水界面、气水界面和水淹层位置的方法。其中有直接法,如用油井的含水率确定当前油水界面,用 RFT(Repeat Formation Tester)测试,水化学和矿场地球物理等方法确定流体界面;间接法,如用测压资料计算油水界面,用电测法确定当前油水界面位置和饱和度等。下面介绍几种常用且有效的流体界面测定方法。

一、用油井的含水率确定当前油水界面

很多学者提出用各种经验公式和数学模型,根据油井的含水率确定射开井段内当前油水界面的位置,但是用这些方法定量确定当前油水界面位置的精度都比较低。因此,油井含水率只能用来作定性判断。如果油井含水率较低,则油水界面处于射开井段的下部;如果油井含水率很高,则油水界面处于射开井段的上部。在高渗透均匀厚层中,当其垂向渗透率接近于水平渗透率时,油井见水很可能会与底水形成水锥有关。

根据油井的含水率对油层水淹状况的监测取决于油水黏度比。油水黏度比越小,油井含水率与射孔井段中水淹部分与含油部分比值之间的关系越密切;油水黏度比越大,大于 1.5 时,关系很不密切,甚至没有关系。当油井含水率很高时,在射孔井段内还留有高含油饱和度的地方,这就是油田开发最忌讳的死油区。

在采用油井含水率作为监测方法时应特别注意,油井见水不仅仅是由于工艺原因,如小层水淹;也可能是由于技术原因,如管外环形空间的固井质量差,套管不密封等,水可能来自未射孔的水层(如底水、作业水),因此,在使用时要对油井含水率作技术校核。

根据油井的含水率确定当前油水界面位置的方法最好与水化学方法一起综合应用。水

化学方法是对与油同时采出来的伴随水的密度、矿化度、人工指示剂等化学组分进行监测的一种方法。

二、RFT 测试确定流体界面

RFT 测试装置简称重复式地层测试器,是一种中途测试(Midway Testing)装置。在钻井过程中或下套管完井之前,利用地面测井车的电缆,将 RFT 装置下到不同深度的油气水层位,由电磁阀控制的运作程序,连续地完成压力测试和高压物性(p-V-T)取样工作。在 RFT 装置内有两个体积(V)为 10cm^3 的预测试室(Pretest Chamber)和两个容积分别为 3.785L 和 10.4L 的取样室(Sample Chamber),前者用于流量和压力不稳定测试,后者用于地层流体的 p-V-T 取样。

RFT 测试的基本原理是由 RFT 测试的压降曲线和压力恢复曲线的数据由电缆传至地面连续地记录下来。通过 RFT 取样室采集的地层流体样品分析,可以得到测试层位油、气、水的物理性质参数。利用 RFT 测试的压力、压力梯度和压力恢复曲线资料,可确定地层流体界面位置。

根据牛顿第二定律,由于油气层中流体密度不同,地层压力也不相同,地层压力还与深度有关,其关系式为:

$$p = 0.01\rho D$$

上式对深度 D 求导,得出压力梯度的表达式为:

$$\Delta p = \mathrm{d}p/\mathrm{d}D$$

由上式可以看出,压力梯度 Δp 与地层流体密度 ρ 成正比。因此可以利用压力梯度随深度的变化,判断地层流体性质和界面位置。因此,若利用 RFT 测相同层位不同深度的原始地层压力(或不同层位不同深度的原始地层压力)绘制的压力梯度图呈直线变化(图 5-25),就可以明显地反映出地层流体性质的差异。换句话说,不同测试产层的不同流体,具有不同的压力梯度直线。而反映不同流体性质的直线交汇处即为两种不同流体的界面位置,如油、气界面或油、水界面。这就是利用 RFT 的测压资料绘成的压力梯度图能够判断地层流体性质和确定地层流体界面位置的基本原理。

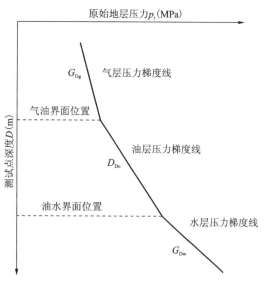

图 5-25 压力梯度与地层流体性质关系图

利用 RFT 实测的压力梯度图比理论上的图形更为复杂,图 5-26 为具有不同水动力学系统的多层油藏的压力梯度与流体性质关系图,根据直线交汇点,可清楚地判断油水界面。

在油田开发过程中,钻加密井、调整井、检查井下套管之前,都可以应用 RFT 测得不同开发阶段油水界面的位置,从而可分析油水界面的推进速度和范围,为下一步开发调整决策提供依据。

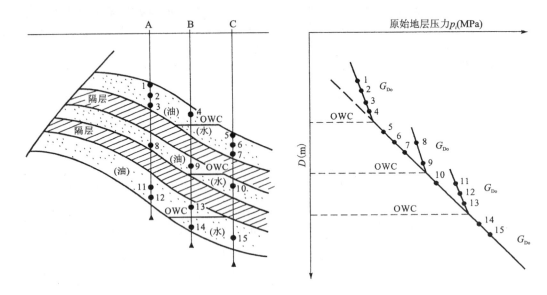

图 5-26 具有不同水动力系统的油水界面示意图

OWC 为油水界面

三、利用测压资料推断出油水界面

通常所指的油水边界即自由水面,可以根据油水边界附近的油、水井的油层中部测压资料计算得出油水界面的高程,还可以依据已钻至油水界面上的井的岩芯、岩屑录井及测井资料来确定油水界面 h 的位置。

根据流体密度不同,除用作图方法确定油水边界外,还可以根据油水边界附近的油、水井的油层中部测压资料计算得出界面高程。设 A 为水井,B 为油井,两井点间油层高差为 H_{AB},油井 B 油层中部到油水界面深 h,那么用公式:

$$p_A = p_B + \frac{h \times \gamma_o}{10} + \frac{(H_{AB}-h) \times \gamma_w}{10}$$

即可求出 h 值来。

在没有油水界面 h 的资料时,可以利用附近井的电阻率曲线、孔隙度曲线计算出该点油层的饱和度随深度的变化曲线,外推出 100% 含水时的深度,即代表油水界面的高度 h,也就是说计算出含油饱和度 S_o 为零时的深度即为油水界面的高度。

除上述方法外,还可以根据制作油藏剖面、试油试采资料验证确定油水界面。具体步骤为:在作好的油藏剖面上,把各井生产日报上的试采情况,生产井的出油情况标在井上,根据全区井射孔深度、油水产量等情况综合确定。确定油水界面的主要依据有:①测压资料计算;②油藏剖面成果;③试油试采资料。

四、用电测法确定当前油水界面的位置

电测法确定当前油水界面可用于钻基础井之后新钻的不下套管的裸眼井,如储备井、评

价井等,它是评价油层流体饱和度最有效的方法。其效果取决于测试半径(一般 2~30 个井径)、地层水矿化度和溶解盐量。电测法通常采用不同电极距组合的横向测井,为了消除侵入带的影响,通常采用2m或更长的电极距,使其测试半径足够大。在不同电极距的电阻曲线上,油水界面位于由地层含油部分的最大值转为地层含水部分的最小值处(图 5-27)。

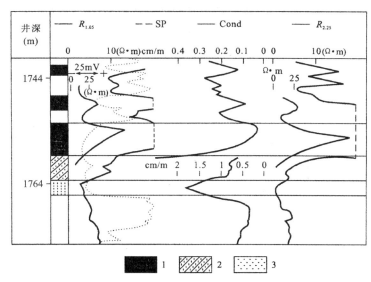

图 5-27 根据电测资料确定当前油水界面的实例
1.含水油层;2.注入水水淹段;3.含水小层

五、用放射性测井确定当前油水界面位置

中子测井是监测不同时间油水界面位置的一种地球物理方法。中子测井可用于下套管的井中,它可以将含油小层、含淡水小层与饱含高矿化度地层水的小层区分开。

目前应用最广泛的是带有固定中子源的中子测井(中子伽马测井,测热中子的中子测井)和带脉冲中子源的中子测井(脉冲中子中子测井,脉冲中子伽马测井)。由于地层含油部分与水淹部分的氯离子含量不同,中子测井可用来划分油层的含油部分和水淹部分(图 5-28)。例如在油层水淹部分 NaCl 的含量大于岩石体积的 2% 总矿化度的情况下,油水界面的当前位置可以可靠地在所有中子伽马测井曲线,测热中子的中子测井曲线,以及带脉冲中子源的中子测井曲线上划分出来。如果水淹层单位体积中 NaCl 的含量小于 0.3%(相当于孔隙度为 20% 时水中含有 15g/L 的 NaCl),用中子测井来划分地层含油部分和水淹部分几乎是不可能的。

在未射孔的井中进行中子测井效果最好。因为这时井筒中的液体组分不变,放射性测井只与储集层饱和度变化有关,测试时最好在下套管后不射孔的检查井中进行。

对开采井进行中子测井可以研究油、水饱和度随时间的变化规律。对投产的开采井可以用中子测井对下部未射开含油小层的水淹情况进行监测,但要求未射开层和上部已射开层之间的距离不小于避射厚度,要用淡水泥浆,水淹层孔隙度大于20%,且井筒中射开井段处石油或淡水的组分为均一液体。

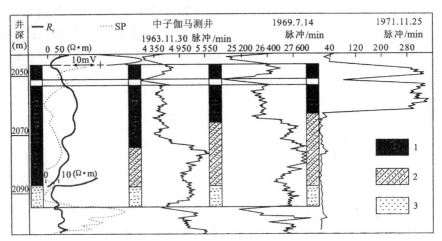

图 5-28 根据中子伽马测井监测未射孔层的水淹状况
1.含水油层；2.注入水水淹段；3.含水小层

在开采多层层系的井中划分已射开的水淹层是个很复杂的问题，需要基本方法和辅助方法的组合（表 5-4）才能正确划分。这些方法是基于井筒中液体的流动速度、混合物的组分、温度等的变化综合提出的。对于低产量的井，用氧放射性活性测井划分水淹井段能得到较好的结果（图 5-29）。在划分注入水水淹层的组合中还包括井温测井，根据井温测井只能划分出早已被大量注入水所冲刷过的水淹层。

根据放射性测井资料对油层水淹状况进行监测的主要缺点是不能对剩余油饱和度作出定量评价。

六、用中子测井确定油气界面与气水界面位置

在气田生产过程中，气层的饱和度主要用各种中子测井确定。其中应用最广泛的是中子伽马测井、双极距中子伽马测井和测热中子的脉冲中子中子测井（表 5-5）。在评价含气饱和度时广泛应用中子测井是因为气层与水层或油层不同，气层具有较低的含氢量，孔隙饱含流体的密度较低。原油的氢原子含量与水差不多，在地层压力条件下气体的氢原子含量仅为水的 1/62，密度仅为水的 1/140。

对于地质条件复杂的气田，含气饱和度大于 50% 时用双极距中子伽马测井很有效，该方法用来定量评价含气饱和度，确定气水界面位置，划分原始含气饱和度较高的水淹小层具有较高精度。如果同时用长极距（$L=70cm$）和短极距（$L=35cm$）的中子伽马测井，则对含气饱和度大于 50% 的含气小层，70cm 极距的中子伽马测井曲线指标明显高于 35cm 极距中子伽马测井曲线的指标，其差值与小层的含气饱和度呈正比。

表 5-4　确定油水界面和水淹小层的方法

井别	小层射孔情况	套管结构特征	水的矿化度(g/L)	推荐测试方法	
				基本方法	辅助方法
开采井	射开全部厚度	普通套管	>40	机械流量计,热传导流量计,伽马测井	
			<25	机械流量计,热传导流量计,伽马测井	
		塑料套管	任意	感应测井,脉冲中子测井,测热中子的中子中子脉冲测井	
		金属塑料套管	任意	在下金属塑料套管井中用极接点进行电测	氧放射性活性测井
	射开部分厚度	普通套管	>40	中子伽马测井,测热中子的中子中子脉冲测井	钠和氧放射性活性测井
			<25		氧放射性活性测井
		塑料套管	任意	感应测井	氧放射性活性测井
		金属塑料套管	任意	在下金属塑料套管井中用极接点进行电测	氧放射性活性测井
检查井	未射孔	普通套管	>40	中子伽马测井,脉冲中子伽马测井,测热中子的中子中子脉冲测井	钠和氧放射性活性测井
			<25		氧放射性活性测井
		塑料套管	任意	感应测井	氧放射性活性测井
		金属塑料套管	任意	横向测井,测热中子的中子中子脉冲测井	氧放射性活性测井
评价井	裸眼		>40	钻井时所测得的全部测井系列	
			<25	钻井时所测得的全部测井系列	

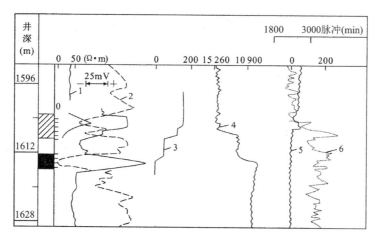

图 5-29　用氧放射性活性测井划分水淹层实例
1.电阻率;2.自然电位;3.流量曲线;4.密度曲线;
5.氧放射性活性测井(正极);6.氧放射性活性测井(负极)

表 5-5　确定油气界面与气水界面的方法

井别	地层水的矿化度（g/L）	目的	推荐基本测井方法
射开气层的开采井	>40	油气界面	中子伽马测井，测热中子的中子中子测井，测热中子的中子中子脉冲测井
		气水界面	中子伽马测井，测热中子的中子中子测井，测热中子的中子中子脉冲测井
	<25	油气界面	声波与孔隙度测井
		气水界面	在下金属塑料套管井中用极接点进行电测
未射孔的检查井	>40	油气界面	中子伽马测井，测热中子的中子中子测井，测热中子的中子中子脉冲测井
		气水界面	中子伽马测井，测热中子的中子中子测井，测热中子的中子中子脉冲测井
	<25	油气界面	中子伽马测井，测热中子的中子中子测井，测热中子的中子中子脉冲测井
		气水界面	在下金属塑料套管井中用极接点进行电测

七、在下特殊结构套管的井中对油层水淹状况的监测

目前技术最成熟的特殊结构套管是均匀分布的不导电的金属塑料套管，它既可用来作为含油井段的套管，又可用来电测获取高质量的测试结果，定量评价地层含油饱和度随时间的变化规律。

电测的测试深度要比放射性测井大得多。当油层被低矿化度淡水水淹时，对同一种情况，电测解释为 5g/L，而放射性测井解释为 25～40g/L，但放射性测井的最大用途在于它能在下套管井中进行多次测试。如果在同一口下套管的井中进行多次电测，则可得到更多的地下信息。

图 5-30 为一口井裸眼时（Ⅰ）和下金属塑料套管后（Ⅱ）所测的曲线。通过对比下金属塑料套管前后所测的标准电阻曲线，发现这两条曲线的外形十分相似，只是个别地方由于金属塑料套管导电，受非均质性的影响造成一定的差异，在下套管后所测的电阻曲线 1071.2～1072m 井段可观察到有一处最大值，这相当于长约为 0.8m 的不导电接头在井深 1065.5m 和 1078m 处的短接头，在下套管前所测的电阻曲线上基本没有反映。

八、对水淹层的监测

由于储集层含油部分和含水部分的相渗透率值不同，可利用放射线同位素或不同化学组成液体来确定油水界面，这类方法的共同点是向地层注入一定组分的液体作为指示剂。

放射线混合物用专门的喷射器制备并注入地层，在井的下一步开采中，含有放射性同位素的液体很快从具有高相渗透率带的液体中冲刷出来，对产层测井和重复测量伽马活性就可

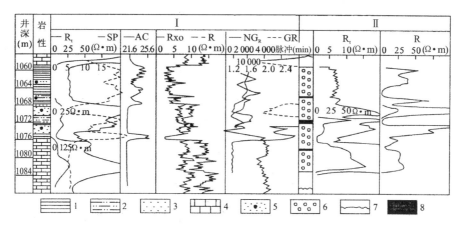

图 5-30 裸眼和下金属塑料套管后测井曲线对比图
1. 泥质板岩；2. 粉砂岩；3. 砂岩；4. 石灰岩；5. 含油砂岩；
6. 下金属塑料套管井段；7. 剥蚀面；8. 钢套管

以区分含油部分和水淹部分。

通过一定井段向地层注入指示剂，这些指示剂包含在与水（油）不相互作用的薄膜中，让井生产一段时间，使指示剂薄膜能与液体完全相互作用。在含水（油）部分，指示剂薄膜溶解，并且指示剂与液流一起由地层采出，可以用对比重复测量伽马测井曲线确定地层水淹部分的位置。

除了放射性指示剂以外，目前还采用向地层注入与地层所饱含液体不同的液体，并根据侵入带的解体速度划分含油井段和水淹井段，可以用放射性测井来监测侵入带的解体速度。目前最完善的工艺是形成含硼侵入带，在井完钻后进行标准系列测井和第一次中子测井，然后制备含硼工业液，解除泥壳，向储集层井段注入含硼液体，提升钻具并下入套管，固水泥。在固井后进行第二次中子测井，经过 8～23 天再进行第三次中子测井，进行 3 次中子测井可对含硼侵入带的形成和解体过程进行监测。第一次测井为检查测井，它是在形成示踪带以前；第二次测井可记录侵入带的形成过程及初始状态；第三次测井是在局部消除侵入带以后，并与第一次测井曲线结合起来划分井剖面中的含油小层和水淹小层。水淹小层的划分效果取决于在储集层含油井段井底附近含有工业滤液的未驱替部分，而在水淹层范围内滤液完全被驱替。

在开发过程中采用指示剂对地层注入水的推进情况进行监测，所使用的指示剂应是人工合成的，在自然界是没有的，类似三丙酮胺及其盐类的化学物质，电磁共振分光镜可以很高的灵敏度和精度记录下来，指示剂溶液（所推荐的指示剂能很好地以溶于任意矿化度的水中）通过注入井注入，然后继续注水，而由开采井跟踪取地层水样，用电磁共振分光镜进行分析指示剂的走向。该工艺可以用来确定指示剂运动的方向和速度，产层中注入水分布情况，平面上和剖面上的水动力连通情况，井间小层的三维结构特征。

值得说明的是，对于中—高矿化度地层和高—中孔隙度的渗透性地层，上述方法判断流体的运动方向有较好的效果；对于低矿化度和低孔隙度的渗透性地层，以及复杂岩性应用效果变差,需要更多第一性的信息支撑。

第六节 对开发层系波及程度的监测

油气田开发中一个最敏感的问题是能否尽可能地使油藏有效体积更全面地投入开发。众所周知,我国油田主要采用注水开发,注入水将原油驱替到井底,整个油藏实际上只是靠注入能量开采。在这种条件下,对开发层系水驱油过程波及程度的评价具有重大意义,在不同开发阶段都要对开发层系的波及程度进行监测。

一、驱替波及系数的定义

开发层系投入开发的程度可以用驱替波及系数 E_V 表示。驱替波及系数是开发层系在各种能量作用下投入开发部分的有效体积 $V_驱$ 与油藏总有效体积 $V_总$ 的比值:

$$E_V = V_驱 / V_总$$

对于利用天然能量开发的气藏和凝析气藏,在地层压力不断降低的条件下,由于地下气体的流动性很大,整个气藏可以看作一个水动力系统,所有点彼此之间相互作用,整个气藏体积都投入开采过程,即 $E_V = 1$。

对于含油层系的开发,特别是在含油面积很大、原油黏度较高的情况下,个别区块之间的连通性很差,含油层系在这一点上的压力变化对其他点并没有实质性的影响,E_V 值通常小于1。

开发层系驱替波及系数分为面积驱替波及系数和厚度驱替波及系数两种。其中面积驱替波及系数用 E_A 表示,可对层系的每一个小层分别予以确定,在数值上为驱替过程所波及的面积与在油藏范围内储集层分布总面积的比值;厚度驱替波及系数用 E_Z 表示,它是衡量水侵一致性的、表征油藏二维不均一性影响的量度,在数值上为井中受到作用的含油厚度与层系总含油厚度的比值。在注水井中,那些被注入水所侵入的小层被认为是受到作用的;而在开采井中,地层压力稳定,甚至上升时积极产油的小层被认为是受到作用的。

E_A、E_Z 和 E_V 值的大小主要取决于开发层系注水井网类型、油水流度比、油层非均质性、重力分异、毛细管力和注水速度等。

根据开发设计文件对单一层系钻井时,要研究驱替过程的波及特征。当向这些层系注水,并非全部地层厚度都吸水时,E_Z 可取为1。由于注水所形成的压力将在平面上和纵向上重新分布,对单层层系驱油过程在平面上的波及程度首先取决于油层渗透率(K)和地下原油黏度(μ_o)。在其他条件相同的情况下,注水在平面上的作用距离将随渗透率的增加和原油黏度的减小而增长,这种增加在不同方向上是相同的,因此对于小层渗流特征可以用比值 K/μ_o 即地层条件下的原油流度或小层传导系数来描述。开发经验表明,当原油流度较低时($<0.1 \text{m}^4/\text{N} \cdot \text{s}$),切割注水井井排的影响不超过1.5km,切割井排之间的宽度不超过2km;当原油流度较高时($>0.1 \text{m}^4/\text{N} \cdot \text{s}$),切割注水井井排的影响可传播到较远的距离,切割井排之间的宽度可取为4~5km。在对平面上均质结构的小层选择切割井排合理的宽度时,相应的地层渗流特征应能保证波及整个宽度。在切割油藏时采用过宽的切割距或对较宽的油藏采用边外注水,都会使远离注水井的内排井受不到注水影响。

对小层驱替面积波及程度影响较大的是小层的微观和宏观非均质性。由于小层的带状非均质性,注水井的吸水能力可能有很大差别。在层系的个别地方,由于储集层的渗透率很低,根本无法注水,这就会使某些区块没有投入到驱油中。局部地区缺失储集层,或存在低渗透层,以及在注水井与开采井之间有断层等都会限制注入水的传递。

具有非均质结构单层的驱替波及系数取决于注入井和开采井相对于小层屏障单元的位置。不考虑小层非均质性的布井,由于屏障将使其未受到注水影响区块的数量和大小都增加。此外,在储集层分布的边缘,在开采井外面的局部地区,虽然能受到注入水的影响,但仍在驱替过程以外(图5-31)。开发设计阶段在布置设计井时,要想对非均质储层的全部细节都考虑周全是不可能的。因为在设计时只考虑一般性的规律,对于具有不同厚度和渗透率的、具有特殊形状交叉带的碎屑岩储集层,最好将注水井排的方向与交叉带的走向垂直,用钻更密的基础井和储备井的方法,尽可能地减少边缘驱替未波及面积。

面积驱替波及系数还与注入体积和产出体积的比值有很大关系。如果该比值小于1,即注入量小于采出量,则远离注水井的面积受不到注水影响,或者由于分布在注水井附近屏障的影响使开采井根本未受到注水影响,因此注入体积与采出体积相适应是提高面积驱替波及系数的一个重要前提。

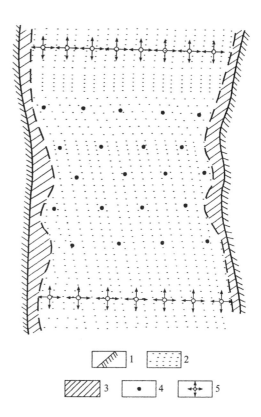

图 5-31 断续生产层的驱油过程
1.储集层分布边界;2.波及区;
3.未波及区;4.开采井;5.注水井

二、单层开发层系驱替波及图

小层驱替波及图可评价单层开发层系的驱替过程,并能反映驱替区的面积。单层层系实际驱替波及图可用下列资料绘制:关于注入体积和采出体积的比值;关于地层压力和井底压力动态,关于产量、含水率和生产油气比变化规律等资料,这些资料表示相应点和相应厚度小层的工作特征。

注入体积和采出体积的比值可以评价较均质小层、区块相对较大的油藏驱替波及情况。将油藏面积有条件地划分为几个区块,区块的数量和大小取决于注水井的位置、吸水能力和生产井的产量。假设每个区块范围内井的工作指标特征接近,不同区块性质有一定差别,对划分出来的每一区块的井确定其当前产液量和注入量,采油速度,当前和累积注采比就可对小层区块作用波及程度作出对比评价。

对地层压力进行研究可判断个别区块或整个小层作用的波及程度,并且根据波及程度将被作用的面积分类,在被作用很好的地区,生产井中的地层压力在长时期内都比较高,并在高速采油情况下还有上升的趋势;而在被作用不好的地区,地层压力有所下降;在未作用的地区,甚至在低速产油的情况下压力下降得很快,按时间顺序对比等压图,就可划分出具有不同作用波及程度的区块。在等压图上根据地层压力的急剧下降还可以确定阻止注水传播的岩性或构造屏障的位置。

对个别区块被驱替过程的波及程度还可根据井的工作指标加以判断。如产量稳定表明该井位于注水影响区;在油井高产能的情况下,油井产量下降或产量低表明作用过程波及不足,或该井位于驱替波及区以外;一组井生产油气比的增长表示该区地层压力已低于饱和压力,也说明该区位于驱替波及区之外,注水井的低吸水性也是波及不够的一个指标。

通过综合分析所有能表示井和区块生产资料,可以较可靠地在储集层分布图上画出作用波及的区块。这些区块按其波及过程的活跃程度可划分为3类:

(1)驱替作用很好波及区。在该区范围内由于注入量足以补偿很高的采出量,该区的地层压力很高,所有井能以稳定产量进行生产。

(2)驱替作用较差的波及区。由于限制注水量或有局部屏障存在,波及程度较差,导致地层压力下降,产油量偏低。

(3)未被驱替的波及区。在该区范围内注入水的影响实际上观察不到,地层压力急剧下降,产油量很低。

三、多层开发层系驱替波及图

多层层系开发时,由于各小层储集性能不同,宏观非均质性不同,要使驱替过程更全面地波及要比单层层系开发时更为复杂,其中最大的困难在于对多层层系驱替过程实际波及程度的定量评价。因此必须对每一小层分别确定驱替波及系数,然后对整个层系评价该指标,但是在这些条件下井的工作指标只反映各小层总的工作情况,即所有小层的工作情况,一般整个井的工作指标是不能用来表示个别小层的开发波及情况的。因此在研究多层层系驱替波及情况时,要综合利用所有可能的试井和观察方法,才有可能对均匀分布在层系面积上的大量井分别评价其小层的工作状况。

首先必须对只射开一个小层的注入井和开采井的工作状况进行系统的观察,这些井是由于下列原因只射开一个小层的:在井剖面上其他储集小层缺失;分布在油水过渡带;或为监测个别层的工作状况而专门设置的。这类井并不多,但它能给出关于小层工作状况的可靠资料,因此这些井备受开发地质工作者的关注。

其次由地层压力变化资料可获得小层驱替过程波及程度的重要资料。但在若干小层合采井里所测得的压力只对应于最积极工作的小层,对每个小层确定地层压力有一定的难度。这些资料可以用试井的方法获得。即开采井以一定产量稳定生产,用深井流量计对各小层产量进行测试,确定该井总井底压力的试井方法。

绘制多层层系小层波及图,需要取得以下矿场地质资料:关于层系的地质结构特征;所采用的开发系统；井中各小层的工作情况；开采井和注入井的相互干扰等。具体步骤是：首先汇总所有关于开发层系结构的数据，对多层层系的每一小层编绘能反映其在平面上宏观非均质性的小层平面图、各类储集层等值图等；然后汇总各口投产的开采井和注水井中关于小层工作情况的数据，划分工作小层和不工作小层，在工作小层之间分配开采井产量和注水井吸水量，这些区块按可靠程度分为Ⅰ、Ⅱ、Ⅲ组。

第Ⅰ组：只射开一个小层井中所取得的资料，该资料最可靠。这时所有关于井的工作情况的资料（产量或注水量、含水率、地层压力、油气比等）都可作为该小层工作情况数据，这些资料的整理最为简单，并不需要用什么特殊方法。

第Ⅱ组：射开两层或更多层，但只有一个小层工作的井的资料，该资料可靠性稍差。这时在地面所测得的产量、地层压力都是该工作小层的，该组资料的可靠性取决于该井只有一个具体小层工作的可靠程度。用前面对井和地层的测试方法测得的数据可作为直接证据。

第Ⅲ组：很多采用机械方式生产时井的测试资料，该资料可靠性最差。对只射开一个小层被驱替过程波及的井，可详细对比注水井和邻近开采井中射开小层，研究其相互作用特征，间接地划分出工作小层来。在注水井及邻近的开采井中，由于宏观非均质性，射开的可能是相当于同一个小层的，也可能不是同一个小层的；当开采井明显见效时，可以认为在注入井中相当于同一个小层的两口井是吸水的；当注入井的注水量很大时，如果井间没有相互作用，则可能注水井中的水注到对应的开采井中所缺失的小层中去了，这些井射开的同一层并未被驱替过程所波及。

关于油藏开发监测的内容很多，本章只介绍注水开发油田常用的方法，其他方法可以参考油气田开发相关文献和网站，针对具体油田采取具体监测方法。

第六章 油田开发规划方案设计

油田开发规划方案是在正确认识油田开发地质的基础上,分析油田开发状况,论证石油企业今后的发展目标,制定实现目标措施的综合性文件。油田开发规划的编制及相关问题的研究在油田开发技术领域占据着非常重要的位置,大庆油田在开发规划方案编制方面的经验颇具代表性,本章以大庆油田为例,简要介绍油田开发规划方案的编制方法。

第一节 开发规划方案编制技术的发展

随着油田开发工作的不断深入和科学技术的飞速发展,油田开发规划编制技术也有了很大的发展和进步。以大庆油田为例,主要表现在以下几个方面:

(1)依据不同的开发阶段,不同的开发特点确定开发技术政策,不断提高规划方案的符合率。

大庆油田的开发工作,自1959年9月26日在松辽盆地钻探的松基三井喷出原油从而发现大庆油田至今,已经历了近60年的开发历程。其中1976年年产油量达到了5000×10^4t,综合含水37.6%。"五五"期间的主要技术政策是"四个立足",即立足于基础井网、立足于主力油层、立足于自喷开采、立足于现有工艺技术。1980年年产量5150×10^4t,综合含水接近60%,这时的主要问题是层间差异大,层间矛盾突出。随着开发深入,含水升高,老井产量递减,油井流动压力已经很高,限制了油井产液能力的进一步发挥。"六五"期间大庆油田的主要技术政策是"三个转变",即调整措施要从以"六分四清"为主的综合调整转变到以钻细分层系的调整井为主,开采方式要由自喷开发逐步转变到全面机械采油,挖潜对象要从高渗透主力油层逐步转变到中低渗透的非主力油层。"七五"期间主要技术政策基本是"六五"的延续。到1990年主体油田的含水已超过80%,进入高含水后期开采,加密井和老井措施效果都在改变。"八五"期间制定的主要技术政策是"三个发展":一是对差油层的开发调整向井网加密的调整方向发展;二是对高含水主力油层开发向改善水驱效果方向发展;三是外围油田开发向岩性致密油藏方向发展。提出并坚持采用了一套以"稳油控水"方针指导下的结构调整综合挖潜技术。实践证明,大庆油田的开发不仅保持了"八五"期间的高产稳产,也为"九五"稳产打下了良好基础。"九五"期间立足稳产5000×10^4t,靠的是不断地稳油控水和调整挖潜措施。这些技术政策和调整方案的提出,均来自对油田开发现状及其变化规律的认识和研究,为在油田开发过程中少走弯路,发展油田开发新理论、新技术起到了决定性的作用。

(2)油田开发指标预测方法不断丰富和完善,使规划方案更具理论性。

开发指标预测是编制规划的基础,因此各油田对预测方法的研究都比较重视,提出了许多不同类型油田和不同开发阶段的开发指标预测方法,并使其不断发展和完善。最早采用的产量递减曲线法只能预测产量,水驱特征曲线法只能预测含水率,后来又逐步提出了采油指数法、采液指数法、IPR曲线法、物质平衡法、综合分析标定法、数值模拟等方法,不但可以预测产量、含水率,而且考虑压力的影响,油井、水井方面的指标都可以预测。在预测中全面考虑注采两个方面的情况及其相互关系,对这些基本方法进行分析组合,还提出了定液法、定产法、油井分类法和含水结构分析法等,满足于不同油田、不同研究目的需要。正是这些方法的使用,使得油田开发指标预测更接近于实际,开发方案更具合理性、正确性和预见性。

（3）引入经济评价工作,使方案优选方法得到稳步发展。

在计划经济体制条件下,经济效益是全国通盘考虑,大型基础行业更是如此。而企业本身立足于社会效益,对经济效益不是特别重视。实行市场经济体制改革以来,经济效益已经成为进行规划决策的中心问题。经济评价方法、经济效益分析及其变化特征研究有了很大的发展。原油成本分析、边际成本分析、方案优选、方案评价已经成为规划决策的重要组成部分。如1984年和1985年大庆油田与中国科学院应用数学研究所合作完成了《喇、萨、杏油田"六五"规划优选方法研究》,提出了一套比较适用的线性规划方法,并形成了计算机软件,应用效果很好。1989年和1990年同哈尔滨工业大学合作完成了《大庆喇、萨、杏油田开发动态规划模型的研究与应用》。应用动态规划理论,在对油田开发经济系统分析的基础上,结合油田开发规划的特点和要求,建立了以产油量、含水率、耗电量和投资为约束条件,油田规划期内老井措施与钻新井数为状态变量,7种措施为决策变量,追求规划期内总生产费用最少,反映喇、萨、杏油田及采油厂两级开发动态规划实际情况和开采特点,建立产能分配模型、老井开发规划模型、新井开发规划模型和注聚合物驱油开发规划模型。采用"分层分解、统一协调"的求解方法,以专家知识与最优规划理论相结合的手段解决各子系统的产能分配问题;采用最优化技术落实各子系统的各项措施,在满足产量要求的前提下,求得经济上最优的开发规划部署方案。

（4）计算机技术的发展提高了开发规划研究的深度和广度,工作效率和方案符合率明显提高。

进入20世纪90年代末,地质学、工程学、经济学、数学及计算机等科学领域内均有重大突破和进展,尤其是大数据和"互联网＋"技术的应用,给油田开发规划方案提供了强有力的手段。计算机技术在油田开发规划方案编制中的应用主要有以下4个方面:①在油田开发数据库支持下的动态分析工作;②油田开发辅助决策;③数值模拟研究;④其他工程计算。除此之外,开发规划方案中的每一项研究内容都与计算机技术紧密相连,离开计算机,开发规划方案无从下手。

掌握油田开发动、静态数据是搞好油田开发各项工作的前提条件。随着油田开发的不断深入,开发动态数据的积累也越来越多,靠手工对这些数据进行统计分析,其工作量是相当大的,而且容易出错,计算机技术的应用和发展为改变这种状况提供了条件。目前我国所有油田基础数据的整理和分析已经不是手工处理,取而代之的是计算机处理及人机联作。计算机不断更新换代,数据库管理也在不断更新换代。由原来的随机文件管理发展到dBASE数据库管理系统,再到FOXBASE、FOXPRO、ORACIE等,采用计算机网络技术、大数据和"互联网＋"技术,使数据资料和计算机资源大范围共享,数据处理方法也在不断更新和发展。我国的中石油、中石化和中海油三大油公司专门为油田开发规划编制工作开发了辅助决策系统。这些计算机软件系统不但可以为规划研究提供数据资料、绘制各种图幅,而且还提供了大量的技术软件。

油田开发规划方案的编制是一项既有政策性又有理论性;既要研究油田开发技术又要研究经济规律;既有深度又有广度的综合性研究工作。因此,要求从事规划编制工作的技术人员,必须全面掌握油田开发动态,有宽广的知识面和较强的综合分析判断能力。油田开发方案编制人员必须是懂技术、会管理的复合型人才。

第二节 油田开发规划方案的基本内容

按照我国油田目前的生产管理模式,油田开发规划方案有3种类型,即长远规划、阶段规划和年度规划。对于长远规划,由于时间较长,对许多情况掌握不够透彻,难以做过细的工作,一般是在阶段规划方案的基础上提出需要研究解决的问题,确定研究内容和发展方向。而年度规划则是在阶段规划(主要是五年规划)控制之下,根据出现的新情况、新问题,作一定程度的调整。因此,以五年规划为代表的阶段规划研究的内容最多、工作量最大,也最受重视。油田开发始终是干着当年,准备下年,规划五年,打算后十年。在开发当年的同时,部署下一年的区块调整方案,进行下一年的油水井措施的新技术、新设备的研究和引进;在开发当年的同时,编制五年规划方案、编制重点区块单元的加密调整方案、加紧工艺技术配套研究和引进,为后五年储备技术和能量;在开发当年的同时,加紧论证后十年的长远开发战略,进行人才储备和技术储备。大庆油田的经验是"五五"基础井网和注水保持地层能量开发为"六五"准备了调整的基础;"六五"的层系细分调整为"七五"的井网加密调整准备了基础;"七五"的井网一次加密调整为"八五"的井网二次井网加密调整准备了技术和经验;"八五"的三次采油先导试验及配套技术为"九五"及后十年的老区控水稳油整体方案准备了技术储备和人才储备。

由于阶段规划和年度规划是要求各种指标和措施要具体落实,而且这两种规划是每个油田必须进行的工作。因此这里主要讨论阶段规划方案和年度规划方案的编制。

一、阶段规划方案的编制

阶段规划方案的编制涉及的内容多、工作量大,既要对油田总的变化及发展趋势进行分析,又要对具体的技术界限进行论证;既要掌握油田地质开发状况和开采工艺水平,又要研究国家经济发展要求和世界经济形势的变化;既要给出全油田的总体指标要求,又要给出分单元的指标要求和措施安排。概括起来,编制一个完整的阶段规划方案应做好以下10个方面的分析论证。

1. 明确油田开发规划的目标

油田开发规划目标是指几项主要的油田开发指标在规划期内应达到的水平。这些主要开发指标包括规划期的总产油量、年产水平和增长或下降幅度、含水及含水上升率、采油速度和采液速度、油层压力水平、原油成本、节能降耗、投资总额等。在这些指标中，产油量作为规划目标是不可缺少的，其他指标可根据当时油田开发的具体情况和国家及世界经济形势的要求，视其重要程度也可作为规划目标作出具体规定。

2. 掌握油田开发状况

反映油田开发状况的内容可概括为以下几个方面。

(1) 油藏开发地质状况。在油田阶段规划中必须对油藏地质开发特点进行必要的描述，并根据所掌握的变化情况阐述新的认识。这些特点包括：①油藏的构造、圈闭类型和油水分布状况；②储集层的性质；③储层流体及流动特性；④油层压力和温度；⑤油藏驱动能量和驱动类型；⑥油层产液和吸水能力；⑦油田地质储量。

(2) 油田动态状况。包括油田开发历史和油田开采现状两个方面的内容。①油田开发历史。阐述油田投入开发时间、开采层位、层系井网类型和注水方式等。另外还需阐述油田井网加密调整的时间、调整层位、调整后层系井网类型和注水方式等。②油田开采现状。是指油田目前的油井、水井总数、开井数、油层及油水井压力情况，油井生产能力、注水吸水能力、油田目前采油速度、采出程度、累积产油量、产水量、注水量等指标，以及这些指标的变化过程和变化趋势。

3. 检查油田前一阶段规划执行情况

在阶段开发规划编制过程中，应针对油田前一阶段开发规划的产量、工作量及开发指标执行情况进行检查和总结，以便发现问题，指导油田今后的开发工作。

前一阶段规划执行情况包括：①原油生产任务完成情况；②增产措施工作量实施情况；③各项开发指标情况；④总结规划实施过程中的经验、认识和存在的问题。

4. 评价油田开发效果及生产管理状况

评价的目的是总结油田开发经验，找出差距、不足和存在的问题。好的经验和做法是本规划期内应该进一步发扬和推广的，存在的差距、不足和问题今后需要制订措施进行克服和解决。

评价内容包括：①分析水驱控制程度和油层动用状况，评价井网的适应性；②分析注水压力、地层压力和流动压力水平及变化趋势，评价注采系统的适应性；③分析采油速度、可采储量采油速度和剩余可采储量采油速度水平及变化趋势，评价油田开发技术政策的合理性；④分析自然递减率、综合递减率及变化趋势，评价措施安排的合理性及其管理水平、工艺技术水平；⑤分析含水和采出程度变化关系和采收率、注水利用率，评价油田开发效果；⑥分析计划指标、措施完成情况，评价油田开发管理水平。

5. 分析生产措施效果和潜力

油田开发生产措施分为新井投产和老井措施两个方面。新井又分为新区开发和老区调整两部分。老井措施主要有压裂、酸化、补孔等油层改造措施，增产、转抽、换泵、换型、调参等提高产液量措施，堵水、关井等控制含水措施，还有修井、复产等生产维护措施，以及注水调整、动态监测等资料录取措施。

这些生产措施潜力是油田开发决策的主要对象，必须对这些措施潜力进行认真细致的分析，做到潜力分布定量化，并对潜力的认识程度、措施效果、工作量大小、实施时间等进行分类排序,优先实施经济效益好的措施,减少油田开发决策的风险性。

6. 预测油田开发指标

在阶段规划编制中,必须通过油田开发分析,弄清油田主要开发指标的变化规律和特点。根据油田的具体情况,提出一套适用于本油田特点的开发指标预测方法,对规划期内老井不采取措施的条件下产量及各项开发指标进行预测。

需要预测分析的具体开发指标主要有:①产油量、采油速度、自然递减率;②含水率、含水上升率;③产液量、采液速度、产液增长率;④地层压力、流动压力、总压差;⑤注水量及注水增长率、注采比;⑥采油指数、吸水指数等。

7. 制订油田开发原则和技术界限

油田开发原则是在充分掌握油田开发状况和潜力分布的基础上,根据国民经济发展需要和上级部门要求制定的油田开发规划目标,针对油田今后的工作重点和调整挖潜方向进行高度概括总结出来的。

油田开发技术界限是油田开发主要指标在规划期内的变化范围和努力方向。这些指标包括油田含水率、含水上升率、产量递减率、采油速度、剩余可采储量采油速度、注水压力、地层压力、流动压力、最大产液量、采液速度、注采比和注采井数比等。由于油田开采阶段不同,技术界限也不相同,必须根据油田的具体情况进行分析论证。

8. 对比不同方案指标和措施安排,提出推荐方案

根据油田可采取的新井投产、油井压裂、转抽、补孔、下电泵、换泵、换型等生产措施的不同,产生不同指导思想下的方案。对比分析这些方案,确定出一个既有挑战性,又有可操作性;既可以取得较好的油田开发效果,又可以获得较好经济效益的方案作为措施推荐方案。推荐方案应符合下列要求:①主要开发指标好,且控制在技术界限之内;②生产措施安排均衡合理;③原油成本低、经济效益好;④可以完成国家指令性计划;⑤潜力应用合理。

9. 详细安排油田开发规划部署

通过前面的分析论证,提出了推荐方案,这是油田开发规划编制的结果,必须作详细叙述,以便在执行中做到心中有数。方案部署的内容可分为两个方面:①措施工段量安排。包括钻井工作量、基建投产工作量、老井措施工作量。②开发指标安排。包括产油量构成、油水井主要开发指标、注采压力系统指标、储量动用指标和经济评价指标。

10. 提出规划实施要求和科研攻关课题

(1)规划实施条件和要求。包括各种采油工艺技术条件和要求、经济条件和要求、油田施工能力的要求和地面工程系统能力的要求。

(2)科研攻关课题。按照规划期间应用与技术储备相结合的原则,确定油田开发攻关和试验研究课题。主要包括地质特征研究、测井二次解释标准、剩余油分布研究、老井调整挖潜措施研究、注采系统适应状况及调整方法研究、油田开发配套技术研究。

阶段规划方案编制完成以后要经过上级部门审查批准,如发现问题或有不同看法,应对原方案作必要的调整、补充完善,然后进行规划实施,把规划落实到实际工作中去。

二、年度规划方案的编制

年度规划是在阶段规划控制之下,根据油田开发过程中出现的新情况、新问题,在阶段规划的基础上进行调整。因此,编制年度规划方案不要求进行全面系统的分析论证,但要掌握油田开发现状及出现的新情况和新问题,并吸收新的研究成果。在此基础上提出年度的具体实施方案。归纳起来,编制年度规划应做以下7个方面的工作。

(1)油田开发现状分析:①开发现状描述。包括油田生产规模和已达到的各项开发指标。②采取的措施及达到的效果。分析检查各项增产措施工作量完成情况,同规划对比,检查符合程度。分析措施增油量,评价措施效果,同规划对比,检查符合程度,阐述原因。③指出油田开发生产中存在的主要矛盾和主要问题,分析开发规划实施中出现的新情况和新问题及对油田开发生产的影响,研究出现问题的原因,提出解决问题的方法。

(2)明确提出年度规划的目标和任务。制订出全油田年度开发工作的目标,包括年产油量、新增原油生产能力、综合含水率、注水量、地层压力变化幅度等项内容。

(3)年度规划编制的原则和技术界限。提出老油田开发调整的重点措施、新油田开发原则和重点地区、新老油田产量接替的原则、现场试验主攻方向和新油田开发前期工作准备等。确定油田产量自然递减率、综合递减率、产液量增长率、含水上升率等技术界限指标。

(4)老井产油量递减预测。根据油田开发指标变化规律,分区分油田测算老井在不采取措施条件下的产油量。

(5)油田开发工作部署和调整措施。在老井产量预测的基础上,采取老井措施、井网加密调整和新区开发等措施,以措施增产弥补老井产量递减,完成全区和全油田产油量目标。如有必要也可做出不同安排,设计几个方案进行对比分析,提出推荐方案。

(6)绘制年度开发指标预测曲线。

(7)规划实施要求。年度规划一般在上一年的第一季度完成,以便为供水、供电、道路、通信、物资供应等地面配套系统工作提供依据。年底还要根据上一年的动态状况和工作状况制订具体生产计划,即油田年度开发综合调整方案。

与阶段规划方案相比,年度规划方案更强调当年的生产动态和经济指标,为阶段规划方案制定提供技术支撑。

第三节 油田开发规划方案优选

对于解决各种类型的规划优化问题,在管理数学中已经形成一个专门的学科——"规划论"。"规划论"是研究如何以最有效的方式去利用和调配有限资源的一种数学理论。它的基本思想是在满足问题的约束条件下,选择一个最优解来实现决策目标。"规划论"的内容有"线性规划""非线性规划""动态规划"等。应用"规划论"方法解决实际决策问题,首先要确定决策对象所处状况和指标体系及其相互关系,然后根据决策目标的要求和条件,建立数学模型,最后求出数学模型的最优解。

最优化方法是目前国内外应用非常广泛的一个企业决策方法。在油田开发规划中也获得了较好的应用效果。它的主要优点在于：

(1)使规划达到较好的经济效果,可以使规划追求一个我们所确定的经济目标,例如成本最低、投资最小等。

(2)可根据油田实际情况和规划编制要求建立约束方程,使规划优选结果具有现实性。例如,建立产量约束方程、含水约束方程、用电量约束方程、施工能力约束方程等。使获得的最优解控制在这些约束范围内。从而具有可操作性,符合油田实际情况。

(3)可以实现规划编制工作的程序化和规划方案的最优化,从而节省时间和劳动工作量,提高工作效率,提高规划的编制水平和管理决策水平。

一、应用数学模型编制油田开发规划的步骤

应用数学模型编制油田开发规划,并不断研究、完善和发展新的优化方法,对推进我国石油企业管理现代化有重要的意义。应用数学模型编制油田开发规划的步骤如下：

(1)确定规划的总目标和开发原则,并在数学模型的目标函数、约束方程和状态方程中体现出来。

(2)对规划前期已有的老井,按区块或类型进行指标变化规律描述和预测。

(3)将计算规划模型所需的全部静态、动态参数输入计算机相应的文件系统中。这些参数主要包括：①各规划单元各种措施的效果数据；②各种措施的单井费用定额,用电量和有关材料设备定额等；③约束方程中的系数和约束右端数据；④状态方程中的参数；⑤目标函数中的参数等。

(4)提出规划对比方案的类型。

(5)方案优选。

二、线性规划模型

线性规划模型由一个目标函数和一系列约束方程组成。油田开发同其他的经济行为一样,追求的目标就是应用尽可能少的投入,获得尽可能多的产量。因此,把原油成本的最小值作为目标函数是比较恰当的。约束条件是为了使规划方案达到我们的要求,受当时控制的开发原则所限。根据油田开发规划研究工作的特点,在线性规划模型中应建立以下5个方面的约束方程。

(1)产油量约束：它规定规划期内油田逐年必须完成的原油生产任务。

(2)产液量(产水量或含水率)约束：它规定油田在规划期内逐年的产水量最高界限,使油田含水控制在规定的范围之内。

(3)措施工作量约束：它规定油田和各种规划单元对于各项措施的工作量界限,这个界限是油田实际的最大能力。

(4)耗电量约束：使每年增加的耗电量不超过油田的实际可能达到的耗电量。

(5)投资均衡约束：保证油田钻井和资金的花费在各年之间的安排比较符合规律,协调发

展,避免在某一年间发生畸轻畸重的不均衡状况。

(6)其他约束:根据油田开发调整方针必须建立的其他方面的约束条件。

(一)决策变量

决策变量就是决策的内容和对象。对于油田开发来说,任何规划部署方案的年产油量、含水和所需的投资、生产费用的大小等,都与规划的各种措施工作量的多少和采取这样或那样的安排组合有关,所以各种措施的工作量就是决策变量。如某水驱砂岩油田正处于中高含水开采期,主要增产措施有以下几种:①自喷井下电泵;②自喷井下抽油机;③电泵换型;④抽油机换型;⑤抽油机换电泵;⑥油井酸化压裂、调剖堵水;⑦老区钻加密调整井;⑧新区钻开发井。

虽然增产措施只有上述几种,但决策变量就不止这些了。同一种措施,对于每个规划单元来说,其单井增产效果及压力、含水等生产条件都是不同的,从数学的抽象概念来说,这就不是一个措施了。此外,我们编制的是五年规划,每个决策变量只能代表该种措施某一年的工作量,要求解每一种措施在规划期内每一年的工作安排,决策变量的数目就要增加4倍。也就是说,在编制规划的时候,我们要求得愈细,划分的规划单元愈多,则决策变量就愈多,要求输入的规划参数工作量也愈大,计算机求解所需要的时间就愈长。

在数学模型中,用 $X_{(i,k,l)}$ 三维数组表示决策变量,其下标 i 表示措施投产的年次;k 表示规划单元的序号;l 表示增产措施的序号。用 $N_{(k)}$ 表示第 k 个开发区的措施种类数。

(二)目标函数

目标函数就是描述衡量标准的数学关系式,它反映决策变量之间的关系,当决策变量取不同值时,目标函数也相应取不同值。选择最优方案就是满足一定约束条件下求目标函数的极大值或极小值。

确定目标函数,首先要确定规划所追求的目标是什么?规划的追求目标可以是多种多样的,例如追求生产成本最低,或投资最少,或耗电量最省,或产量最高,或含水率最低等,应根据油田具体情况而定。下面以大庆油田"七五"规划中应用的线性规划模型为实例,说明目标函数的建立及约束条件的确定。

大庆油田"七五"规划模型把增产措施费用最少作为目标函数。它既反映了"用尽可能少的投入,获得尽可能多的产出"这一企业管理的核心内容,又便于同决策变量建立关系。其数学表达式为:

$$Z_{\min} = \sum_{i=1}^{Y}\sum_{k=1}^{n}\sum_{l=1}^{N(k)}\sum_{t=1}^{Y} C_{(i,k,t,l)} \cdot X_{(i,k,l)} \tag{6-1}$$

式中:$C_{(i,k,t,l)}$ 为目标函数系数,它的物理意义是各年(i)各规划单元(k)各项措施(l)在各年(t)的单位措施费用。

不同年度、不同规划单元和不同种类的措施,其费用是不同的,必须分别确定。而且在规划期内上一年或几年实施的措施在后面几年也需要费用,因此,目标函数的系数 $C_{(i,k,t,l)}$ 是一个四维数组。

(三)约束方程

线性规划的一系列约束条件是指决策所要求的条件和限制因素。油田开发规划最优化问题中,规划期的原油生产任务,油田对承担各项增产措施的基建、施工能力、设备供应来源和规划的原则界限等,往往是决策的约束条件。根据约束条件,建立一系列约束方程,是为了使决策变量的求解结果符合我们要求的原则,而且不超越油田的客观可能性,为规划方案提供最大限度的可能性。

1. 产油量约束方程

产油量约束就是保证所采取的措施要完成国家原油生产任务。设每年原油生产任务分别为 $Q_1(1), Q_2(2), \cdots, Q_1(t), \cdots, Q_1(Y)$,则规划第 t 年全油田产量约束方程为:

$$\sum_{k=1}^{Y}\sum_{l=1}^{N(k)}\sum_{i=1}^{t} Q_{(i,k,t,l)} \times X_{(i,k,l)} \geqslant Q_1(t) - \sum_{k=1}^{n} Q_{2(k,t)} \tag{6-2}$$

式中:$Q_{(i,k,t,l)}$ 为第 i 年第 k 个规划单元第 l 种措施在第 t 年的单井措施产油量($\times 10^4$t);$Q_{2(k,t)}$ 为第 t 年第 k 个规划单元的预测产油量($\times 10^4$t)。

由于增产措施具有后效性,即前几年投入的措施大部分在以后各年仍有增产效果。因此,产油量约束方程的系数也是一个四维数组。式中 $t=1,2,\cdots,Y$,共 Y 个全油田产油量约束方程。

2. 产水量约束方程

同产油量约束方程类似,其表达式为

$$\sum_{k=1}^{n}\sum_{l=1}^{n(k)}\sum_{i=1}^{t} W_{(i,k,t,e,l)} \times X_{(i,k,l)} \leqslant W_{1(t)} - \sum_{k=1}^{n} W_{2(k,t)} \tag{6-3}$$

3. 措施工作量约束

各种措施的能力是有限的,因此需要在规划模型中作出规定。

$$\sum_{i=1}^{Y} X_{(i,k,l)} \leqslant G_{(k,l)} \tag{6-4}$$

式中:$G_{(k,l)}$ 为第 k 个规划单元第 l 种措施工作量上限($\times 10^4$t)。

措施工作量约束是规划模型中非常重要的条件,没有这些约束,模型的求解结果就很可能与油田的实际情况相差甚远,使规划失去实施的可能性。

此外,在约束条件方面还有耗电量约束、措施均衡约束、投资均衡约束等其他约束,需要根据油田实际情况对模型的计算结果进行补充和修改,以便获得符合油田实际情况的最优结果。

三、动态规划模型

油田地质开发特征具有明显的动态性质。如油田剩余可采储量总的趋势逐年减少,含水逐年上升,为了使油田继续稳产,各项生产措施不断增加,原油成本逐年上升等,这就要求所建立的优化模型便于进行动态描述。动态规划方法可以比较充分地反映油田开发的这些特点和规划的原则和思想。

(一)规划的阶段数

在油田实际管理工程中,一般以年为时间单位,每年搞一次大的综合调整。因此,以年为一个阶段。在动态规划模型中,五年规划其阶段数就是 5,十年规划阶段数就是 10。

(二)状态与状态变量

油田开发规划属于广泛意义下的资源分配问题。因此,确定提供给油田第 1 年至第 k 年老井增产措施井数与钻新井井数为第 k 阶段的状态。用式(6-5)表示:

$$X(k) = \begin{bmatrix} \overline{U}(k) \\ \overline{V}(k) \end{bmatrix} \tag{6-5}$$

由 $X(k)$ 构成的集合为状态集合。在状态集合内取值的变量称为状态变量。其中,$\overline{U}(k)$ 表示提供给油田第 1 年至第 k 年老井增产措施井数矩阵;$\overline{V}(k)$ 表示提供给油田第 1 年至第 k 年各规划单元钻新井井数矩阵。

(三)决策变量

同线性规划模型一样,把各阶段(年)各规划单元采取的老井措施和钻新井的井数定义为决策变量。第 k 年的决策分别用决策矩阵 $U(k)$、$V(k)$ 表示。

$$U(k) = \{U_{k,i,j}[X(k)]\} = \begin{bmatrix} U_{k,1,1} & U_{k,1,2} & \cdots & U_{k,1,6} \\ U_{k,2,1} & U_{k,2,2} & \cdots & U_{k,2,6} \\ \vdots & \vdots & \vdots & \vdots \\ U_{k,6,1} & U_{k,6,2} & \cdots & U_{k,6,6} \end{bmatrix} \tag{6-6}$$

式中:k 为决策的阶段数;i 为规划单元序号;j 为老井措施序号。

$U_{k,i,j}X(k)$ 表示在第 k 阶段初之初始状态为 $X(k)$ 时,第 k 阶段第 i 个规划单元采取第 j 种老井措施的井数。

$$V(k) = \{V_{k,i,j}[X(k)]\} = \begin{bmatrix} V_{k,1,1} & V_{k,1,2} & \cdots & V_{k,1,h} \\ V_{k,2,1} & V_{k,2,2} & \cdots & V_{k,2,h} \\ \vdots & \vdots & \vdots & \vdots \\ V_{k,6,1} & V_{k,6,2} & \cdots & V_{k,6,h} \end{bmatrix} \tag{6-7}$$

(四)约束条件

1. 产油量约束

一般来说,不同老井增产措施单井增产油量不同,不同类型新井的单井产油量也不一样。该项措施实施后,不仅在实施当年而且在规划内均有增产效果。这便是措施有效期(对新井来讲实际上是生产年限)。规定措施实施当年其有效期为 0,实施第 2 年为 1,以此类推,引入符号:

$$U_k(t) = [U_{k,i,j}(t)] \tag{6-8}$$

式中:$U_{k,i,j}(t)$ 表示第 k 阶段有效期为 t 的第 i 个规划单元采取第 j 种措施的井数。$t=0$,$1,2,\cdots,k$。不难证明有下述关系:

$$U_k(t) = [U_{k,i,j}(t)] = U(k-t+1) \tag{6-9}$$

对于新井可作类似的讨论,可相应得到:

$$V_k(t) = [V_{k,i,j}(t)] = V(k-t+1) \tag{6-10}$$

对于老井措施和新井第 k 阶段有效期为 t 的单井年增(或产)油量矩阵分别用 $\Delta D_k(t)$ 和

$\Delta \overline{D_k}(t)$ 表示：

$$\Delta D_k(t) = [\Delta d_{k,i,j}(t)] \tag{6-11}$$

$$\Delta \overline{D_k}(t) = [\Delta d_{k,i,j}(t)] \tag{6-12}$$

对于规划前一年底已钻未建，需在规划期内第 1 年建成投产的新井称之为已钻新井。已钻新井井数矩阵用 $V(o)$ 表示。这类新井不是决策变量，在模型中作为常量处理。已钻新井在第 k 阶段的单井年产油量矩阵，用 $\Delta \overline{D_k}$ 表示。

引入算符 $A \otimes \oplus B$。A、B 为行列对应相等的两个矩阵。$\otimes$ 表示 A 与 B 对应元素相乘以后形成的矩阵。$\oplus$ 表示形成的新矩阵所有元素相加形成的表达式。算符 $A \otimes \oplus (r) B$ 表示 $A \otimes B$ 所形成的矩阵每行的元素相加所构成的列的量（r 为 row 的缩写）。

因此，油田规划期内第 k 年的增产油量由三部分构成。

(1) 老井措施在规划期内第 k 年的增产油量。它包括规划期内第 1 年至第 $k-1$ 年实施的老井措施在第 k 年的增油量和第 k 年实施的老井措施在当年的增油量。用符号 $\Delta D(k)$ 表示。则有：

$$\Delta D(k) = \sum_{t=1}^{k} \Delta D_k(t) \otimes \oplus U(k-t+1) \tag{6-13}$$

(2) 已钻新井在规划期内第 k 年的产油量。用符号 $\Delta \overline{D}(k)$ 表示。则有：

$$\Delta \overline{D}(k) = \Delta \overline{D_k} \otimes \oplus V(o) \tag{6-14}$$

(3) 新井在规划期内第 k 年的产油量。它包括规划期内第 1 年至第 $k-1$ 年投产的新井在第 k 年的产油量和第 k 年投产的新井当年的产油量。用符号 $\overline{\Delta D}(k)$ 表示。则有：

$$\overline{\Delta D}(k) = \sum_{t=1}^{k} \Delta D_k(t) \otimes \oplus V(k-t+1) \tag{6-15}$$

设 Q_k，$\overline{Q_k}$ 分别表示油田第 k 年原油计划产量和老井预测产量。则 $\Delta Q_k = Q_k - \overline{Q_k}$ 表示需要老井措施和新井在第 k 年的增产油量。由式(6-13)～式(6-15)可建立油田规划期内第 k 年的产油量约束方程：

$$\overline{\Delta D}(k) + \Delta \overline{D}(k) + \overline{\Delta D}(k) \geqslant \Delta Q_k \tag{6-16}$$

2. 含水率约束

根据油田开发规划的特点和要求，与建立产油量约束方程类似的方法，分别建立油田及各规划单元的含水率约束方程。

设 $F(k,i)$ 为第 k 年第 i 规划单元的平均含水率控制上限值，$f(k,i)$ 为第 k 年第 i 规划单元的平均含水率。则 $f(k,i)$ 应满足：

$$f(k,i) \leqslant F(k,i) \tag{6-17}$$

由式(6-17)可知，若建立第 k 年第 i 规划单元的含水率约束方程，只需计算第 k 年第 i 规划单元的产水量和产液量即可。它们分别由老井预测产水量和产液量，老井措施产水量和产液量，已钻新井产水量和产液量、新井的产水量和产液量四部分构成。

(1) 老井预测产水量和产液量。设 $Q_k^{(i)}$ 和 $f_k^{(i)}$ 分别表示第 k 年第 i 规划单元老井预测产油量和平均含水率,则老井预测的产水量 $\Delta W_\circ(k,i)$ 和 $\Delta L_\circ(k,i)$ 可由下式得出:

$$\Delta W_\circ(k,i) = \frac{f_k^{(i)} \cdot Q_k^{(i)}}{1-f_k^{(i)}} \tag{6-18}$$

$$\Delta L_\circ(k,i) = \frac{Q_k^{(i)}}{1-f_k^{(i)}} \tag{6-19}$$

(2)老井措施增产水量和产液量。设 $\Delta W_k(t)$ 和 $\Delta L_k(t)$ 分别表示第 k 年 t 的老井措施在第 t 年单井年增产水量和产液量矩阵,则第 i 规划单元老井措施在规划期内第 k 年增产水量 $\Delta W(k,i)$ 和增产液量 $\Delta L(k,i)$ 可由下式得出:

$$\Delta W(k,i) = \Big[\sum_{t=1}^{k} \Delta W_k(t) \otimes \oplus (r) U(k-t+1)\Big]i \tag{6-20}$$

$$\Delta L(k,i) = \Big[\sum_{t=1}^{k} \Delta L_k(t) \otimes \oplus (r) U(k-t+1)\Big]i \tag{6-21}$$

(3)已钻新井产水量和产液量。设 $\Delta \overline{W}_k$ 和 $\Delta \overline{L}_k$ 分别表示第 k 年已钻新井单井年产水量和产液量矩阵。则第 i 规划单元已钻新井在规划期内第 k 年的产水量 $\Delta \overline{W}(k,i)$ 和产液量 $\Delta \overline{L}(k,i)$ 可由下式得出:

$$\Delta \overline{W}(k,i) = [\Delta \overline{W}_k \otimes \oplus (r) V(o)]i \tag{6-22}$$

$$\Delta \overline{L}(k,i) = [\Delta \overline{L}_k(t) \otimes \oplus (r) V(o)]i \tag{6-23}$$

(4)新井产水量和产液量。设 $\Delta \overline{W}_k(t)$ 和 $\Delta \overline{L}_k(t)$ 分别表示第 k 年的新井在第 t 年单井年产水量和产液量矩阵,则第 i 规划单元新井在规划期内第 k 年的产水量 $\Delta \overline{W}(k,i)$ 和产液量 $\Delta \overline{L}(k,i)$ 可由下式得出:

$$\overline{\Delta W}(k,i) = \Big[\sum_{t=1}^{k} \Delta \overline{W}_k(t) \otimes \oplus (r) V(k-t+1)\Big]i \tag{6-24}$$

$$\overline{\Delta L}(k,i) = \Big[\sum_{t=1}^{k} \Delta \overline{L}_k(t) \otimes \oplus (r) V(k-t+1)\Big]i \tag{6-25}$$

由式(6-17)~式(6-25)可建立油田第 i 规划单元规划期内第 k 年的含水率约束方程:

$$\frac{\Delta W_\circ(k,i) + \Delta W(k,i) + \Delta \overline{W}(k,i) + \overline{\Delta W}(k,i)}{\Delta L_\circ(k,i) + \Delta L(k,i) + \Delta \overline{L}(k,i) + \Delta \overline{L}(k,i)} \leqslant F(k,i) \tag{6-26}$$

在式(6-26)中分子、分母同时对 i 求和,可得出油田规划内第 k 年含水率约束方程:

$$f(k) \leqslant F(k) \tag{6-27}$$

式中: $f(k)$ 为油田第 k 年平均含水率,式(6-26)中分子、分母同时对 i 求和得到。$F(k)$ 为油田第 k 年平均含水率控制的上限值。

3. 耗电量约束

不同措施单井耗电量不同,各项措施投产后,不仅在投产当年,而且在规划期内均有耗电量。措施单井年耗电量分为固定耗电量与变动耗电量。固定耗电量指的是与措施有关的耗电量;变动耗电量指的是与措施产油量和产水量有关的耗电量(包括集输、脱水和注水耗电)。这里的耗电量均指措施实施后增加的耗电量。油田第 k 年耗电量由三部分组成:

(1) 老井措施在规划内第 k 年增加的电量。设 $\Delta E(t)$ 表示第 k 年的老井措施在第 t 年单井年耗电量矩阵。则油田规划期内第 k 年老井措施耗电量 $\Delta E(k)$ 可由下式得出：

$$\Delta E(k) = \sum_{t=1}^{k} \Delta E_k(t) \otimes \oplus U(K-t+1) \tag{6-28}$$

(2) 已知钻井在规划期内第 k 年的耗电量。设 $\Delta \overline{E}_k$ 表示第 k 年已钻新井单井年耗电量矩阵。则油田规划期内第 k 年已钻新井耗电量 $\Delta \overline{E}(k)$ 由下式得出：

$$\Delta \overline{E}(k) = \Delta \overline{E}_k \otimes \oplus V(o) \tag{6-29}$$

(3) 新井在规划期内第 k 年的耗电量。设 $\Delta \overline{E}_k(t)$ 表示第 k 年新井单井耗电量矩阵。则油田规划期内第 k 年新井耗电量 $\overline{\Delta E}(k)$ 由下式得出：

$$\overline{\Delta E}(k) = \sum_{t=1}^{k} \Delta \overline{E}(t) \otimes \oplus V(K-t+1) \tag{6-30}$$

令 ΔE_k 表示油田第 k 年比规划前一年允许增加耗电量的上限值。由式(6-28)～式(6-30)可建立油田规划期内第 k 年耗电量约束方程为：

$$\Delta E(k) + \Delta \overline{E}(k) + \overline{\Delta E}(k) \leqslant \Delta E_k \tag{6-31}$$

4. 投资均衡约束

不同措施单井投资不同，老井措施投资均在措施实施当年发生。新井投资分为两部分：第一部分为钻井投资，第二部分为基建及系统工程配套投资。而且两部分投资不完全在新井投产当年发生。规划期内第 1 年投产的新井，要求在当年完成钻井并建成投产。即当年发生钻井、基建及系统工程配套投资。已钻新井在规划前一年已完成钻井，只需在规划第 1 年建成投产。即已钻新井在规划第 1 年发生基建及系统工程配套投资。规划期内其他年投产的新井，钻井要求提前一年完成 1/2，当年完成 1/2。基建及系统工程配套在新井投产当年完成。即钻井投产的 1/2 提前一年发生，另外 1/2 当年发生。基建及系统工程配套投产在当年发生。由此可建立油田规划期内诸年投资约束方程。

第 1 年投资约束方程为：

$$S \otimes \oplus U(1) + (\overline{S} + \widetilde{S}) \otimes \oplus [V(1) + \lambda \otimes V(1)] - \widetilde{S} \otimes \oplus V(o) + \frac{1}{2} \overline{S} \otimes \oplus [V(2) + \lambda \otimes V(2)] < S_1 \tag{6-32}$$

第 2 年至以后各年投资约束方程为：

$$S \otimes \oplus U(k) + (\frac{1}{2}\overline{S} + \widetilde{S}) \otimes \oplus [V(k) + \lambda \otimes V(k)] + \frac{1}{2} S \otimes \oplus [V(k+1) + \lambda \otimes V(k+1)] \leqslant S_k \tag{6-33}$$

式中：S 为老井措施单井投资矩阵；$\overline{S}$ 为新井钻井单井投资矩阵；$\widetilde{S}$ 为新井基建及系统工程配套单井投资矩阵；λ 为各类新井注采井数比矩阵；S_k 为油田规划期内第 k 年投资上限值。

如果规划期有 N 年，当 $k=N$ 时，$V(N+1)=V(W)$。

（五）动态规划模型的求解方法

由于油田开发规划涉及的变量多，而且具有多阶段决策的特点，计算量非常大。采用一般的筛选方法，即使应用目前最先进的计算机，也需要十几年才能完成其中的一小部分，而分解算法和疏密格子点算法可解决这一难题。

1. 分解算法

该算法第一步是利用每个规划单元的油田开发规划 D_p 基本方程优选出若干个最优与次优方案。然后利用油田的开发规划 D_p 基本方程给出该油田的一簇最优方案与次优方案。由于建立了两级优化模型，即分单元优化模型与全油田优化模型，把一个大问题化为多个子问题，使得计算量大大减少。

2. 疏密格子点算法

为了节省计算时间，一级搜索步长取得大一些，获得最优解和次优解后，通过逐步加细格子点间距，即给出二级搜索步长，直到得到满意解为止。

油田开发过程是一个多阶段的决策过程，它要求模型能够反映出决策具有阶段性的特点。随着油田历史的延伸，油田的状态特征有明显的动态性质，动态规划模型可以给出一簇在最小费用意义下的最优方案与次优方案。动态规划模型有两个优点：一是当规划执行到某一阶段时，执行方案的状态发生变化，可在一簇解中优选出比较满意的、新的执行方案；二是模型计算出的一簇最优解与次优解可以给决策者提供广泛选择的可能性。

油田开发规划优化模型是油田开发专业知识与最优化理论相结合的产物。对油田开发规划优化问题的研究必然要经历由浅入深、由简单到复杂、由笼统到具体的发展过程，以求尽可能接近油田开发实际，以便能更准确地反映油田开发固有的规律性。问题研究得越深入，考虑的因素就越多，涉及到的变量也越多，优化模型也就越复杂。

由于不同油田的地质特征和开采状况以及指标的变化规律都是不同的，对油田开发规律性的认识是逐步发展的。最优化理论是一个很活跃的学科，处于不断发展之中。油田开发规划优化问题的研究正是在这种环境下逐步发展起来的。前面介绍的几种优化模型，基本可以描述油田开发规划问题研究的发展过程。但必须提出的是，上述几种优化模型还存在着不同程度的问题，有待进一步研究、发展和完善。特别是要根据油田的具体情况建立模型，改造模型，使油田开发规划优化方法不断发展完善。

第四节　油田开发规划设计系统

油田开发规划与设计是一项综合性、前瞻性和战略性的工作，是石油公司总结油田开发历史、正确评价开发现状、科学预测油田未来开发指标、制定开发策略、明确发展方向和发展目标、指导生产实践的综合性研究成果。油田开发规划设计文件一旦确定，制定的开发策略、开发思路、开发指标、开发工作都要按设计文件规定的内容进行，在油田开发状况没有大变化的情况下，油田开发工作应该在规划指导下组织实施，并努力完成规划目标。本节以新区开发规划方案为例,说明系统设计应包含的主要内容。

一、油田新区开发规划设计系统的内容

一个新区的开发规划方案设计应包括储层特征研究、压力系统研究、油藏类型的划分、储量的计算、储量的技术经济评价、开发方式的确定、开发井网设计、开发方案的优化等方面,涉及面广,开发指标多,相应的计算方法也复杂多样,根据老油田开发实践经验,油田新区开发规划设计系统应包含数据库、油藏特征、概念设计、经济评价4个方面的内容(图6-1)。

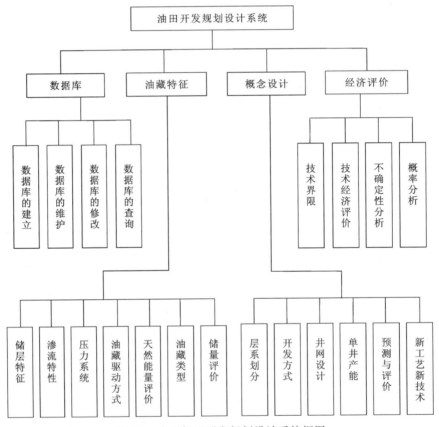

图 6-1 油田新区开发规划设计系统框图

二、油田新区开发规划设计系统基础研究

基础研究包括油藏储层特征、概念设计、经济评价与方案优选。

1. 油藏储层特征研究

(1)渗透率分布:根据岩芯数据判断渗透率分布类型,并计算分布参数如渗透率变异系数、突进系数和级差等。

(2)渗流特性研究:包括毛管压力曲线,岩石孔隙结构参数计算出平均喉道半径、结构参数、均质系数、退出效率等;相渗曲线,相渗曲线的标准化、合并处理,计算采油、采液指数,相

渗曲线的经验计算。

(3)压力系统研究:包括自喷井停喷压力、合理注水压力、合理井底流压和合理地层压力。

(4)油藏驱动类型和驱动能量研究:包括溶解气驱、天然水驱、气顶驱、人工注水驱、弹性驱和混合驱。

(5)油藏类型研究:按不同的分类标准,对油气藏类型进行划分。每种分类标准中提出相应的分类计算指标,并给出指标界限。

(6)储量测算:包括三维地质建模法、容积法、蒙特卡洛法概算油田的地质储量;储量技术经济评价和经济可采储量的计算。

2. 概念设计研究

(1)开发层系划分:包括层系划分的原则,层系划分的最优化。根据划分原则给定不同的层系划分方案,计算控制储量、采油速度、无水采油期、投资回收期等技术经济指标,确定最优的层系划分方案。

(2)开发方式研究:不同类型油藏天然能量早期评价,包括边底水能量的判别、弹性驱能量的判别、气顶驱能量的判别、溶解气驱能量的判别。

(3)井网设计:包括注采井网的选择、井网密度确定、注采井数比和水平井布井可行性。

(4)单井产能的确定:包括合理的生产压差、单井日产油量的确定;油井极限产量和极限压差确定;水锥分析确定临界产量及见水时间。

(5)方案技术经济指标预测及评价:包括动态产量、含水率、采出程度以及利润总额、投资回收期等。

(6)新工艺、新技术筛选。

3. 经济评价与方案优选

研究确定油田早期开发技术经济界限,包括单井控制可采储量、千米井深产能、单井初期产量、合理井网密度等指标。

对油藏工程总体方案进行技术经济评价,计算投资回收期、内部收益率、财务净现值、投资利润率、投资利税率及百万吨产能投资等经济指标,择优推荐最优方案和次优方案。

三、油田新区开发规划设计数据库

涉及到油田开发规划设计的数据库有:单井基础信息数据库、钻井地质信息数据库、单井小层数据库、油藏静态信息数据库、储层性质数据库、流体性质数据库、油田开发基础数据库、油田开发月综合数据库、动静液面数据库、开发方案指标汇总数据库、相对渗透率数据库、压汞法毛管压力数据库、地层凝析气性质数据库、经济指标数据库等。

本节以油田开发规划设计 ODPD(Oilfield Development Planning & Design) 系统为例(图 6-2),重点介绍单井基础信息数据库、油藏静态信息数据库、油田开发基础数据库、油田开发月综合数据库、动静液面数据库、开发方案指标汇总数据库(表 6-1～表 6-6)。其他相关静态、动态数据可以在基础研究中查找。

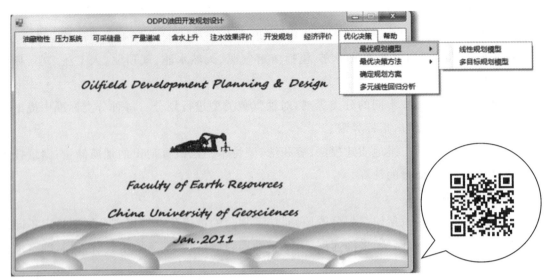

图 6-2 油田开发规划设计(ODPD)系统界面

表 6-1 单井基础信息表

序号	数据项	拼音代码	类型	宽度	小数	计量单位
1	井号	JH	C	16		
2	曾用井号1	CYJH1	C	16		
3	曾用井号2	CYJH2	C	16		
4	油田	YT	C	14		
5	区块单元	QKDY	C	20		
6	单元代码	DYDM	C	4		
7	层位	CW	C	16		
8	射孔井段顶深	SKJDDS1	N	7	2	m
9	射孔井段底深	SKJDDS2	N	7	2	m
10	射开油层顶深	SKYCDS1	N	7	2	m
11	射开油层底深	SKYCDS2	N	7	2	m
12	解释厚度	JSHD	N	5	1	m
13	有效厚度	YXHD	N	5	1	m
14	层数	CS	N	2		
15	目前井别	MQJB	C	2		
16	设计井别	SJJB	C	2		
17	投产井别	TCJB	C	2		
18	厂名	CM	C	10		
19	矿名	KM	C	10		

续表 6-1

序号	数据项	拼音代码	类型	宽度	小数	计量单位
20	队名	DM	C	10		
21	单位代码	DWDM	C	11		
22	计量站号	JLZH	C	10		
23	油品分类	YPFL	C	1		
24	投产日期	TCRQ	D			a mon d
25	采油日期	CYRQ	D			a mon d
26	三采标志	SCBZ	C	1		
27	采气日期	CQRQ	D			a mon d
28	注水日期	ZSRQ	D			a mon d
29	注气日期	ZQRQ	D			a mon d
30	气驱日期	QQRQ	D			a mon d
31	火烧日期	HSRQ	D			a mon d
32	见水日期	JSRQ	D			a mon d
33	原始地层压力	YSDCYL	N	5	2	MPa
34	饱和压力	BHYL	N	5	2	MPa
35	原始地层温度	YSDCWD	N	5	1	℃
36	变更日期	BGRQ	D			a mon d
37	备注	BZ	C	10		

表 6-2　油藏静态信息数据表

序号	数据项	拼音代码	类型	宽度	小数	计量单位
1	油田	YT	C	14		
2	区块	QK	C	20		
3	单元	DY	C	14		
4	层位名称	CWMC	C	7		
5	单元代码	DYDM	C	4		
6	发现日期	FXRQ	D			a mon d
7	确认日期	QRRQ	D			a mon d
8	地质时代	DZSD	C	10		
9	圈闭类型	QBLX	C	20		
10	油藏类型	YCLX	C	10		
11	驱动类型	QDLX	C	10		
12	地理位置	DLWZ	C	40		
13	地面海拔	DMHB	N	7	2	m
14	油藏顶部深	YCDBS1	N	7	2	m

续表 6-2

序号	数据项	拼音代码	类型	宽度	小数	计量单位
15	油藏底部深	YCDBS1　YCDBS2	N	7	2	m
16	含油高度	HYGD	N	5	1	m
17	含油面积	HYMJ	N	6	2	km^2
18	油水界面深度	YSJMSD	N	7	2	m
19	油气界面深度	YQJMSD	N	7	2	m
20	含气高度	HQGD	N	5	1	m
21	含气面积	HQMJ	N	6	2	km^2
22	原油地质储量	YYDZCL	N	9	2	×10^4 t
23	油藏单储系数	YCDCXS	N	6	2	×10^4 t/km^2·m
24	气藏单储系数	QCDCXS	N	8	4	×10^8 m^3/km^2·m
25	储量评价	CLPJ	C	2		
26	原油储量类别	YYCLLB	C	6		
27	原油储量批复年月	YYCLPFNY	C	6		a mon
28	原油储量复核年月	YYCLFHNY	C	6		a mon
29	气顶气储量	QDQCL	N	7	4	10^8 m^3
30	溶解气储量	RJQCL	N	8	4	10^8 m^3
31	完钻井数	WZJS	N	4		口
32	探井数	TJS	N	4		口
33	开发井数	KFJS	N	4		口
34	取芯井数	QXJS	N	4		口
35	油井数	YJS	N	4		口
36	注水井数	ZSJS	N	4		口
37	二维地震长度	EWDZCD	N	9		m
38	二维测网密度	EWCWMD	C	12		m
39	三维地震	SWDZ	N	8	2	km^2
40	开发储量	KFCL	N	9	2	×10^4 t
41	动用日期	DYRQ	D			a mon d
42	注水日期	ZSRQ	D			a mon d
43	水驱储量	SQCL	N	9	2	×10^4 t
44	可采储量	KCCL	N	9	2	×10^4 t
45	原始地层压力	YSDCYL	N	5	2	MPa
46	原始饱和压力	YSBHYL	N	5	2	MPa
47	露点压力	LDYL	N	5	2	MPa
48	原始气油比	YSQYB	N	5	1	m^3/t
49	原始地层温度	YSDCWD	N	5	1	℃
50	地温梯度	DWTD	N	4	2	℃/100m

表 6-3 油田开发基础数据表

序号	数据项	拼音代码	类型	宽度	小数	计量单位
1	年月	NY	C	6		a mon
2	油田	YT	C	14		
3	区块单元	QKDY	C	20		
4	层位名称	CWMC	C	7		
5	单元代码	DYDM	C	4		
6	单元生产年月	DYSCNY	C	6		a mon
7	开发年月	KFNY	C	6		a mon
8	注水年月	ZSNY	C	6		a mon
9	注气年月	ZQNY	C	6		a mon
10	气驱年月	QQNY	C	6		a mon
11	火烧年月	HSNY	C	6		a mon
12	变更年月	BGNY	C	6		a mon
13	含油面积	HYMJ	N	6	2	km^2
14	单元属性	DYSX	C	2		
15	单元种类	DYZL	C	1		
16	油藏类别	YCJB	C	1		
17	储量级别	CLJB	C	2		
18	地质储量	DZCL	N	9	2	×10^4 t
19	开发储量	KFCL	N	9	2	×10^4 t
20	溶解气开发储量	RJQKFCL	N	8	4	×10^8 m^3
21	溶解气可采储量	RJQKCCL	N	8	4	×10^8 m^3
22	注水储量	ZSCL	N	9	2	×10^4 t
23	水驱储量	SQCL	N	9	2	×10^4 t
24	可采储量	KCCL	N	9	2	×10^4 t
25	热采储量	RCCL	N	9	2	×10^4 t
26	原始气油比	YSQYB	N	5	1	m^3/t
27	油换算系数	YHSXS	N	4	2	
28	气换算系数	QHSXS	N	3		
29	标定采收率	BDCSL	N	5	2	%
30	标定核实日产油	BDHSRCY	N	6		
31	标定井口日产油	BDJKRCY	N	6		
32	人工补充能量标志	RGBCNLBZ	C	1		
33	备注代码	BZDM	C	4		

表 6-4 油田开发月综合数据表

序号	数据项	拼音代码	类型	宽度	小数	计量单位
1	年月	NY	C	6		a mon
2	油田	YT	C	14		
3	区块单元	QKDY	C	20		
4	单元代码	DYDM	C	4		
5	投产总井数	TCZJS	N	5		
6	自喷井总数	ZPJZS	N	5		
7	自喷开井数	ZPKJS	N	5		
8	自喷关井数	ZPGJS	N	5		
9	平均油嘴	PJYZ	N	4	1	mm
10	自喷日产液能力	ZPRCYNL	N	7		
11	自喷日产油能力	ZPRCYNL	N	6		t/d
12	自喷月产油能力	ZPYCYNL	N	7		t/mon
13	自喷月产水能力	ZPYCSNL	N	8		m^3/mon
14	自喷月产气量	ZPYCQL	N	8	2	$\times 10^4 m^3$/mon
15	机采井总数	JCJZS	N	5		
16	机采开井数	JCKJS	N	5		
17	机采关井数	JCGJS	N	6		
18	机采日产液能力	JCRCYNL	N	7		t/d
19	机采日产油能力	JCRCYNL	N	6		t/d
20	机采月产油能力	JCYCYNL	N	7		t/mon
21	机采月产水能力	JCYCSNL	N	8		m^3/mon
22	机采月产气能力	JCYCQNL	N	8	2	$\times 10^4 m^3$/mon
23	单元日产液能力	DYRCYNL	N	7		t/d
24	月产气量	YCQL	N	8	2	$\times 10^4 m^3$/mon
25	月产水量	YCSL	N	8		m^3/mon
26	核实月产油量	HSYCYL	N	7		t/mon
27	核实月产水量	HSYCSL	N	8		m^3/mon
28	年累计产油量	NLJCYL	N	9	4	$\times 10^4$ t
29	年累积产水量	NLJCSL	N	10	1	$\times 10^4 m^3$
30	年累积产气量	NLJCQL	N	9	2	$\times 10^4 m^3$
31	核实年累积产油量	HSNLJCYL	N	9	4	$\times 10^4$ t
32	核实年累积产水量	HSNLJCSL	N	10	4	$\times 10^4 m^3$
33	累积产油量	LJCYL	N	11	4	$\times 10^4$ t

续表 6-4

序号	数据项	拼音代码	类型	宽度	小数	计量单位
34	累积产水量	LJCSL	N	11	4	$\times 10^4 m^3$
35	累积产气量	LJCQL	N	10	6	$\times 10^8 m^3$
36	核实累积产油量	HSLJCYL	N	11	4	$\times 10^4 t$
37	核实累积产水量	HSLJCSL	N	11	1	$\times 10^4 m^3$
38	新投产井数	XTCJS	N	4		
39	新井开井数	XJKJS	N	4		
40	新井关井数	XJGJS	N	4		
41	新井日产液量	XJRCYL	N	7		t/d
42	新井日产油量	XJRCYL	N	6		t/d
43	新井月产油量	XJYCYL	N	7		t/mon
44	新井月产水量	XJYCSL	N	8		m^3/mon
45	新井月产气量	XJYCQL	N	8	2	$\times 10^4 m^3$/mon
46	新井年产油量	XJNCYL	N	8	4	$\times 10^4 t$
47	新井年产水量	XJNCSL	N	10	4	$\times 10^4 m^3$
48	新井年产气量	XJNCQL	N	9	2	$\times 10^4 m^3$
49	老井措施总井次	LJCSZJC	N	5		
50	措施有效井次	CSYXJC	N	5		
51	措施开井数	CSKJS	N	5		口
52	措施初增液能力	CSCZYNL1	N	6		t/d
53	措施初增油能力	CSCZYNL	N	5		t/d
54	措施月增液量	CSYZYL1	N	7		t/mon
55	措施月增油量	CSYZYL	N	6		t/mon
56	措施年增液量	CSNZYL1	N	9	4	$\times 10^4 t$
57	措施年增油量	CSNZYL	N	8	4	$\times 10^4 t$
58	动液面统计井数	DYMTJJS	N	5		口
59	平均动液面	PJDYM	N	6	1	m
60	静液面统计井数	JYMTJJS	N	4		口
61	平均静液面	PJJYM	N	6	1	m
62	流压统计井数	LYTJJS	N	4		口
63	平均流压	PJLY	N	5	2	MPa
64	静压统计井数	JYTJJS	N	4		口
65	平均静压	PJJY	N	5	2	MPa
66	注水总井数	ZSZJS	N	5		口
67	配注井数	PZJS	N	5		口
68	注水开井数	ZSKJS	N	5		口
69	注水关井数	ZSGJS	N	5		口

续表6-4

序号	数据项	拼音代码	类型	宽度	小数	计量单位
70	日配注水量	RPZSL	N	5		m^3/d
71	日注水能力	RZSNL	N	5		m^3/d
72	月注水量	YZSL	N	8		m^3/mon
73	年累积注水量	NLJZSL	N	10	4	$\times 10^4 m^3$
74	累积注水量	LJZSL	N	11	4	$\times 10^4 m^3$
75	月亏空	YKK	N	7		m^3/mon
76	年累积亏空	NLJKK	N	8	2	$\times 10^4 m^3$
77	累积亏空	LJKK	N	9	2	$\times 10^4 m^3$
78	观察井数	GCJS	N	8		口
79	年内安排建设井	NNAPJSJ	N	8		口
80	准备井数	ZBJS	N	8		口
81	遗留井数	YLJS	N	8		口
82	见水井数	JSJS	N	8		口
83	见水井开井数	JSJKJS	N	6		口
84	油井报废总井数	YJBFZJS	N	4		口
85	油井报废开井数	YJBFKJS	N	4		口
86	水井报废总井数	SJBFZJS	N	4		口
87	水井报废开井数	SJBFKJS	N	4		口
88	综合递减率	ZHDJL	N	5	2	%
89	自然递减率	ZRDJL	N	5	2	%
90	采出程度	CCCD	N	6	2	%
91	采油速度	CYSD	N	5	2	%
92	采液速度	CYSD	N	5	2	%
93	人工补充能量标志	RGBCNLBZ	C	1		
94	备注	BZ	C	50		
95	单井补年产油	DJBNCY	N	7	4	$\times 10^4 t$
96	单井补年产气	DJBNCQ	N	8	2	$\times 10^4 m^3$
97	单井补年产水	DJBNCS	N	7	4	$\times 10^4 m^3$
98	单井补年注水	DJBNZS	N	6	4	$\times 10^4 m^3$
99	单井补累产油	DJBLCY	N	7	4	$\times 10^4 t$
100	单井补累产水	DJBLCS	N	7	4	$\times 10^4 m^3$
101	单井补累产气	DJBLCQ	N	8	6	$\times 10^8 m^3$
102	单井补累注水	DJBLZS	N	6	4	$\times 10^4 m^3$

表 6-5　动静液面数据表

序号	数据项	拼音代码	类型	宽度	小数	计量单位
1	井号	JH	C	16		
2	测试日期	CSRQ	D			a mon d
3	监测代码	JCDM	C	3		
4	层位	CW	C	15		
5	仪器名称	YQMC	C	20		
6	仪器型号	YQXH	C	20		
7	仪器编号	YQBH	C	4		
8	套压	TY	N	5	2	MPa
9	油压	YY	N	5	2	MPa
10	日产液量	RCYL	N	5	1	t/d
11	含水	HS	N	5	1	%
12	日产气量	RCQL	N	7		m³/d
13	音标深度	YBSD	N	5	1	m
14	音速	YS	N	5	1	m/s
15	油管根长	YGGC	N	6	2	m
16	油管根数	YGGS	N	5	1	根
17	动液面	DYM	N	6	1	m
18	静液面	JYM	N	6	1	m

表 6-6　开发方案指标汇总表

序号	数据项	拼音代码	类型	宽度	小数	计量单位
1	油田	YT	C	14		
2	区块单元	QKDY	C	20		
3	层位名称	CWMC	C	7		
4	单元代码	DYDM	C	4		
5	输出格式	SCGS	C	24		
6	产能建设码	CNJSM	C	6		
7	产能类别	CNLB	C	1		
8	方案名称	FAMC	C	30		
9	编制日期	BZRQ	D			a mon d
10	二维地震长度	EWDZCD	N	9		m
11	二维测网密度	EWCWMD	C	12		
12	三维地震	SWDZ	N	8	2	km²
13	完钻井数	WZJS	N	5		口
14	取芯井数	QXJS	N	3		口

续表 6-6

序号	数据项	拼音代码	类型	宽度	小数	计量单位
15	批准日期	PZRQ	D			a mon d
16	实施日期	SSRQ	D			a mon d
17	投产日期	TCRQ	D			a mon d
18	投注日期	TZRQ	D			a mon d
19	含油面积	HYMJ	N	6	2	km²
20	原始含油饱和度	YSHYBHD	N	5	2	%
21	孔隙度	KXD	N	4	1	%
22	地质储量	DZCL	N	9	2	×10⁴ t
23	储量级别	CLJB	C	2		
24	有效厚度	YXHD	N	5	1	m
25	渗透率	STL	N	8	5	mm²
26	地下原油黏度	DXYYND	N	5		mPa·s
27	动用面积	DYMJ	N	6	2	km²
28	开发储量	KFCL	N	9	2	×10⁴ t
29	动用有效厚度	DYYXHD	N	5	1	m
30	开发方式	KFFS	C	1		
31	井网类型	JWLX	C	20		
32	井距	JJ1	N	4		m
33	排距	PJ	N	4		m
34	井网密度	JWMD	N	4	1	口/km²
35	单井控制储量	DJKZCL	N	6	2	×10⁴ t/口
36	井网控制程度	JWKZCD	N	5	1	%
37	水驱控制程度	SQKZCD	N	5	1	%
38	预测最终采收率	YCZZCSL	N	4	1	%
39	预测可采储量	YCKCCL	N	7	2	×10⁴ t
40	预测极限含水率	YCJXHSL	N	4	1	%
41	溶解气可采储量	RJQKCCL	N	8	4	×10⁸ m³
42	设计采油井数	SJCYJS	N	3		口
43	设计注水井	SJZSJ	N	4		口
44	设计观察井	SJGCJ	N	3		口
45	利用总井数	LYZJS	N	4		口
46	利用采油井	LYCYJ	N	4		口
47	利用注水井	LYZSJ	N	4		口
48	新钻采油井	XZCYJ	N	4		口
49	新钻注水井	XZZSJ	N	4		口

续表 6-6

序号	数据项	拼音代码	类型	宽度	小数	计量单位
50	钻穿层位	ZCCW	C	7		
51	采油指数	CYZS	N	5	1	t/d·MPa
52	平均井深	PJJS	N	4		m
53	生产压差	SCYC	N	4	2	MPa
54	建成年产能力	JCNCNL	N	6	1	×10^{4}t/a
55	稳产期年产油量	WCQNCYL	N	6	1	×10^{4}t/a
56	稳产年限	WCNX	N	4	1	a
57	稳产期年采油速度	WCQNCYSD	N	5	2	%
58	稳产期末含水	WCQMHS	N	4	1	%
59	稳产期末采出油量	WCQMCCYL	N	8	1	×10^{4}t
60	稳产期末采出程度	WCQMCCCD	N	5	2	%
61	总开发年限	ZKFNX	N	2		a
62	总投资	ZTZ	N	7		×10^{4}元
63	总利润	ZLR	N	8		×10^{4}元
64	稳产期末总利润	WCQMZLR	N	7		×10^{4}元
65	动态投资回收期	DTTZHSQ	N	4	1	a
66	内部盈利率	NBYLL	N	6	2	%
67	备注	BZ	C	200		

附件一 计算机考试样题见以下二维码链接。

参 考 文 献

[美]A.J 迪克斯.石油开发地质[M].冷鹏华等译.北京:石油工业出版社,1992

[美]迪基.石油开发地质学[M].第三版.北京:石油工业出版社,1992

[美]理查得.贝利.国际石油合作管理[M].辛俊和,王克宁.陆如泉,等译.东营:石油大学出版社,2003

[苏]B. ДЛЫceИкo. 油田开发设计[M]. 蔡尔范译. 中国石油天然气总公司开发生产局,1994

蔡尔范.油田开发指标计算方法[M].东营:石油大学出版社,1993

蔡志翔,韦重韬,邹明俊.潘河地区煤层气井排采制度优化[J].中国煤炭地质,2012,10:18-21

陈淦.21世纪的油田开发[J].新疆石油地质,1997,18(2):184-188

陈仕林.沁南潘河煤层气田"分片集输一级增压"集输技术[J].大气田巡礼,2011(6):35-37

陈永生.油田非均质对策论[M].北京:石油工业出版社,1993

陈元千.预测水驱油田开发指标及可采储量的方法[J].试采技术,1996,17(3):1-13

程世铭,等.中国油藏开发模式丛书:东辛复杂断块油藏[M].北京:石油工业出版社,1997

达克 L P.油藏工程原理[M].北京:石油工业出版社,1986

大庆油田石油地质志编写组.中国石油地质志--大庆油田[M].北京:石油工业出版社,1991

迪革 P A.石油开发地质学[M].甘克文等译.北京:石油工业出版社,1982

方凌云,万新德,等.砂岩油藏注水开发动态分析[M].北京:石油工业出版社,1998

方少仙,侯方浩.石油天然气储层地质学[M].北京:石油大学出版社,1998

关振良,谢丛姣,齐冉,等.二氧化碳驱提高石油采收率数值模拟及其应用[J].天然气工业,2007,27(4):142-144

洪有密.测井原理与综合解释[M].北京:石油大学出版社,1993

胡银镀.采油地质基础[M].北京:石油工业出版社,1992

焦李成.神经网络系统理论[M].西安:西安电子科技大学出版社,1995

金毓荪.油田分层开采[M].北京:石油工业出版社,1985

赖枫鹏,岑芳,黄志文,等.现代油藏管理在油田企业中的应用[J].西部探矿工程,2006,123(7):287-290